中央宣传部　新闻出版总署　农业部
推荐“三农”优秀图书

全方位养殖技术丛书

肉鸭生产技术指南

丁　雷　主编

中国农业大学出版社

主　　编　丁　雷

副 主 编　陈红菊　岳永生　宋憬愚

编写人员　（以姓氏笔画为序）

丁　雷　万国权　万朝阳　王　琦

王　慧　陈红菊　宋　锦　宋憬愚

苏永涛　金　弋　赵德炳　岳永生

总 序

畜牧业是以植物性和动物性产品为原料，通过动物生产获得人类必需动物产品的产业，其主体是养殖业。在发达国家，畜牧产值占农业总产值的比例多在60%以上，个别人多地少的国家甚至超过80%。畜牧产品作为国民经济支柱产业的食品加工业的原料供应已占到80%，人均年消费的食物中，肉、蛋、奶分别达到100 kg、150 kg和300 kg，占总量的80%。这说明，现代畜牧业已成为农业乃至国民经济的重要组成部分，其发展水平也成为一个国家或地区发展水平的重要标志。

我国畜牧业的发展大致经过家庭副业、专业饲养和规模化饲养3个阶段，目前正在更广泛的区域向现代集约型方向转变，特别是改革开放以来的20多年，我国畜牧业得到迅速发展。主要表现在：①畜牧生产总量稳定增长，如2002年肉、蛋、奶总产量比1978年提高6～11倍，人均占有量和年均消费量也都有大幅度提高；②畜牧业科技含量明显提高，如主要畜禽的良种覆盖率、饲料转化率和发病死亡率等生产指标得到有益的改变，科技进步对畜牧经济增长的贡献率超过45%；③畜牧业在农业生产体系中的主导地位已基本确定，如畜牧业产值占农业总产值的比例由1949年的12.4%、1978年的15.0%上升到2000年的30%以上；④畜牧产业化格局初具雏形，如社会化服务体系日趋完善、规模化经营不断提高和多渠道开拓市场初见成效等。

但是与发达国家相比，我国畜牧业也面临着生产结构失调、草原资源严重退化、饲料资源不足（尤其是蛋白质饲料资源缺乏）、畜（禽）种资源被无控制地杂交化、科技推广工作薄弱、疫病损失严重等问题，既影响到当前畜牧生产的产业化经营，也影响到我国畜牧业的可持续发展。实践证明，只有通过推广和实行标准化、规范化生产技术，不断提高畜牧业的科技含量才能切实解决这些问题，使我国的畜牧业跨上一个新的台阶，大大缩短与发达国家的差距。

根据我国国情，并借鉴发达国家的经验，笔者认为我国未来畜牧业发展的策略应是：①改变以粮为主的传统观念，建立种草养畜、以牧为主的农业生产体系，提高资源利用效率；②改变以猪、鸡为主的畜（禽）种结构，建立以食草畜禽为主、稳定食粮畜禽的畜牧生产体系，提高市场适应能力；③改变以品种改良为主的单一增产措施，建立良种良法配套的实用技术推广体系，提高整体科技含量，力争用10～15年的时间，使我国畜牧业基本实现良种化、产业化，生产水平跨入世界先进行列。

为了适应农村产业结构调整的需要和提高当前畜牧业从业人员的技术水平，中国农业大学出版社策划出版了这套畜禽全方位养殖技术丛书。本丛书畜（禽）种涉及到猪、鸡、鸭、鹅、羊、兔等，并以各畜（禽）种的关键生产环节为主题单独成册，内容上坚持以技术操作性强、文字简明易懂和学以能致用为原则，注重吸收现代畜牧科学的新技术和新方法，并与生产中的传统常规技术相结合使之综合配套。

相信这套丛书能够全方位、多层次地满足读者需要，为广大畜牧业从业人员规范生产技术、提高养殖效益提供帮助。

王建民

2003年3月18日于泰安

前　言

养鸭是一项投资少、见效快、效益高的致富产业。我国是世界上鸭生产量和消费量最大的国家。据 1999 年统计，我国鸭饲养量达 5.62 亿只，约占世界总量的 75%，鸭肉、鸭蛋、鸭绒产量均居世界首位。中国羽绒出口贸易量占世界总量的 50%，羽绒制品远销欧美 20 多个国家，是世界最大的鸭绒原料生产国。

在肉鸭养殖方面，我国肉鸭种类相当多，北京鸭是其中最著名的肉鸭标准品种，世界上许多优良的肉鸭品种都有北京鸭的血统，对世界肉鸭品种的形成起了很大作用。近 20 年来，我国还先后从英国、法国、美国、澳大利亚等国家引进了樱桃谷肉鸭、奥白星肉鸭、美宝鸭、狄高鸭、巴巴里番鸭等肉用型种鸭，而且国内许多科研(院)所和生产单位紧密合作，以本地鸭种或引进鸭种为素材，对肉用型鸭进行了一系列品种选育工作，创造了许多优良的肉鸭品种。这些肉鸭品种的生产性能均有了较大的提高，对我国肉鸭的养殖生产起到了较大的促进作用。我国肉鸭生产水平在近 20 年来也大大提高，养殖规模也由过去的几千只的散养逐渐发展成为以几万只、几十万只的规模化生产养殖为主。

为了加快养鸭业的大发展，适应加入 WTO 后经济发展的需要，我们收集了国内、外肉鸭养殖的最新资料，结合本地生产实践经验，编撰了《肉鸭生产技术指南》。希望能给各养殖户和生产场家以参考和指导。本书在编写过程中，参考和引用了诸多专家的资料，在此一并致谢。

由于编写时间短，水平有限，书中尚有不妥之处，敬请读者和专家批评指正。

编　者

2003 年 8 月

目　录

概　述

一、我国肉鸭生产现状与前景

（一）生产量和消费量居世界首位　我国是世界上鸭生产量和消费量最大的国家。据联合国粮农组织（FAO）畜牧业统计资料显示，1995 年全世界养鸭存栏 7.15 亿只，我国为 4.63 亿只，其数量居世界首位。1998 年世界鸭肉总产量达到 249 万 t，中国鸭肉产量达 173.8 万 t，占世界鸭肉总产量的 69.8%，鸭蛋 500 万 t，鸭肉、鸭蛋人均占有量分别达 1.4 kg 和 4.04 kg。1999 年统计我国鸭饲养量达 5.62 亿只，约占世界总量的 75%，鸭肉、鸭蛋、鸭绒产量均居世界首位。中国羽绒出口贸易量占世界总量的 50%，羽绒制品远销欧美 20 多个国家，是世界最大的鸭绒原料生产国。加入 WTO 后，欧洲及美国市场进口关税下降，将有利于中国鸭肉及羽绒产品的出口，有利于中国利用丰富的鸭品种资源，扩大国际市场份额。

（二）肉鸭品种资源丰富，生产性能不断提高　我国肉鸭种类相当多，北京鸭是其中最著名的肉鸭标准品种，世界上许多优良的肉鸭品种都有北京鸭的血统，对世界肉鸭品种的形成起了很大作用。近 20 年来，我国还先后从英国、法国、美国、澳大利亚等国家引进了樱桃谷肉鸭、奥白星肉鸭、美宝鸭、狄高鸭、巴巴里番鸭等肉用型种鸭，而且国内许多科研（院）所和生产单位紧密合作，以本地鸭种或引进鸭种为素材，对肉用型鸭进行了一系列品种选育工作，创造了许多优良的肉鸭品种。这些肉鸭品种的生产性能均有了较大的提高，对我国肉鸭的养殖生产起到了巨大的促进作用。

（三）肉鸭的饲养技术不断改进，生产水平和规模不断提高 传统的肉鸭养殖以放牧为主，补喂些稻谷、玉米、大麦等原粮。随着营养与饲料科学的发展，许多厂家已生产出鸭用配合饲料。由于采用配合饲料技术，加之选用良种，肉鸭饲养期已由原来的90天缩短至目前的40～50天，上市活重却由过去的1.5 kg左右提高到目前的3 kg以上，生产水平大大提高。养殖规模也由过去的几千只的散养逐渐发展成为以几万只、几十万只的规模化养殖为主。

（四）鸭产品的深加工　我国约有95%的鸭蛋和80%的整鸭是经过加工上市的。传统的加工产品如北京烤鸭、松花皮蛋、盐水鸭、南京板鸭、双黄咸蛋等，驰名中外。加工的鸭肉产品有腌腊制品、熟食鸭制品、罐装鸭制品、生冻鸭制品、旅游快餐食品5大类，共有40多个品种。为适应消费者对低脂肪高瘦肉鸭产品的需求，许多鸭产品在加工过程中采用脱脂新工艺，使鸭肉产品具有除腥、降脂、味浓、显瘦的新特色。我国鸭蛋消费主要在南方各省，以腌制品为主，其加工制品别具风味，在国际市场占有优势，但必须改进管理方式，提高蛋品质量。在北方，鸭蛋产品主要以松花皮蛋为主。

（五）鸭病防治技术　在发展养鸭的同时，鸭病防治技术的研究不断深入。现在对鸭生产危害较大的病毒性肝炎、鸭疽、番鸭细小病毒病、小鹅瘟等病的传染和流行得到了有效的控制，保证了养鸭业健康快速发展。

总之，我国养鸭业应当采取因地制宜、多层次发展的方针，在经济条件优越、肉鸭或蛋鸭产品市场宽广的大、中城市，采用集约化生产方式和先进的饲养管理技术，以发展配套系优质肉鸭或高产蛋鸭为主；在肉鸭或蛋鸭的主产地区推广优良品种，并与地方品种杂交改良；改单一谷物饲料为配合饲料或颗粒饲料养鸭，改肉用仔鸭季节性生产为全年均衡生产；大力拓展鸭产品深加工和综合利用的途径，走产业化发展道路，做到从生产、加工到销售一条龙，力争以最小的投入，实现较高的经济效益。

二、养鸭的经济效益

养鸭是一项投资少、见效快、效益高的致富产业。鸭抗病力强、耐寒、易饲养，因而饲养房舍和设备可以因陋就简。养鸭的孵化室和育雏舍与养鸡相似，其他房舍和设备的投资仅为养鸡生产投资的 1/5～1/3。

肉鸭生长快，生产周期短，饲料转化率高（如樱桃谷 SM_2 型商品肉鸭饲养 47 日龄，活重可达 3.45 kg，饲料转化率为 2.32∶1）；蛋鸭性成熟早，繁殖力强，高产蛋鸭如绍鸭、金定鸭 4 月龄左右就开始产蛋，年产蛋量 280～300 枚，高产品系可达 300 枚以上。饲养 1 只肉仔鸭可获利 1～1.5 元，如再加工成盐水鸭或烤鸭、板鸭等，又将增加 4～6 元；一般饲养 1 只良种蛋鸭 1 年可获利 10 元以上，如再加工皮蛋、成蛋，获利可增至 19～20 元；如再利用活拔羽绒及肥肝生产技术养鸭，经济效益将更加可观。

第一章　鸭的特性与肉鸭品种

第一节　鸭的形态特征

一、体型外貌

鸭体型外貌是其生理结构的反映，是识别鸭品种的主要依据。形态结构与生产性能是相关联的。鸭的身体与鸟类一样，呈流线型外形，全身覆盖羽毛，分头、颈、躯干、四肢和尾5部分。

(一)头部　鸭头部较大，呈圆形，除喙之外，其余部分覆盖短羽。耳孔外被耳羽覆盖，防止头部入水取食时水浸入耳中。喙扁长、角质，可以啄开泥而夹住食物，是采食与防卫的器官。喙分上下两片，上大下小，合拢时相邻的边缘有锯齿状的空隙，可以借助舌的运动啜呷或潜水觅食时排水过滤食物。上喙尖端有一坚硬的喙豆，色略暗，用以帮助采食。喙的颜色因品种而异，有黑色、灰色、橙黄色等。喙基部两侧为鼻孔。眼圆而大，反应敏捷。鸭舌发达，边缘长有尖刺，有利于捕食。

(二)颈部　鸭颈部细长，被有细羽，活动自如，利于在水中采食。鸭颈的粗细、长短与性别、品种有关，一般公鸭、肉鸭的颈较粗短，且颈羽色彩鲜艳(蛋鸭)；母鸭、蛋鸭的颈较细长。

(三)体躯　鸭体躯分为胸、背、腰、荐、肋、腹等部分，随着品种、性别、年龄及生产类型不同，体躯各部分的结构也不同。通常公鸭体型较大，肌肉发达，胸深，背阔，肩宽，体躯呈长方形，前躯稍向上提起；母鸭体型较小，体躯较细长形，羽毛紧密，胸挺突，前躯提起，后躯发达，臀部近似方形，尤其是产蛋阶段，其后躯加厚加宽，致使全身上下左右呈楔形。肉鸭体躯深宽而下垂，背长而直，前躯稍稍提起，肌肉发达。蛋鸭体型较小，体躯细长，后躯发达。

（四）四肢 鸭前肢变为翼，外覆羽毛，称为翼羽。鸭翼比鸡翅短小，紧贴于体躯，故鸭的飞翔能力通常没有鸡强，只能做一些低飞、短程的直线飞行。鸭翼羽包括主翼羽 10 根，副翼羽 14 根。主翼羽尖窄而坚硬，副翼羽大，主翼羽与副翼羽之间有一根最短的羽毛，称为轴羽。翅羽更换次序是，先换靠近轴羽的第一根主翼羽，后更换翼羽。全部翅羽在短期内更换完毕的鸭，叫做新翅型；一两根地更换的鸭，叫做掺翅型；不更换翅羽的鸭，叫做旧翅型。

鸭的后肢由腿、胫、趾和蹼构成。腿与胫较短，并偏向躯体后端，以便保持在陆地上的平衡以及在水中倒立时拨水采食。鸭的趾部、蹼部裸露，具有四趾，三前一后，前三趾间有蹼，有利于划水、采食与行走。

（五）尾部 鸭的尾短小，为一小的肉质突起，位于泄殖腔的后上方。被尾羽覆盖。尾羽又称舵羽，较鸡的短小，共 18 根。公鸭的尾羽中央有 2～4 根向上卷曲的羽毛，称为雄性羽，又称为卷羽，常作为白羽肉鸭雌雄鉴别的重要标志。在尾的背面有发达的尾脂腺，能经常分泌油脂。鸭常用喙将油脂涂抹在羽毛、喙和脚鳞上，以保持润滑、柔软而不沾水。

二、消化生理特点

鸭的消化系统包括喙、口腔、舌、咽、食管、腺胃、肌胃、小肠、大肠、泄殖腔等器官组成的消化道及肝脏、胆囊、胰脏等消化腺，没有唇、齿、软腭和结肠，主要功能为采食、消化食物、吸收营养以及排泄食物残渣等。

(一)口腔　鸭的口腔前端是扁平角质的喙,其背侧隆起而腹侧面深深凹入,末端为圆形(有的还有下钩的喙豆,如番鸭),便于啄食饲料。上下喙边缘的角质板形成许多锯齿状的横褶,在舌的参与下形成口腔的过滤结构,便于鸭在水中采食饲料后将泥水从喙的两侧滤出,而将饲料留在口腔中。口腔的顶壁为硬腭,向后与咽的顶壁直接相连为咽腔。鸭口腔内无齿且唾液腺不发达,因而鸭在采食时常常要饮水,以湿润饲料,便于吞咽。鸭口腔底有舌,厚长而软,占据口腔底大部分,内有发达的舌内骨,采食时参与吞咽作用,将食物向后推移。饲料在唾液与水的湿润下进入食管,因鸭舌上没有味觉乳头,所以鸭的味觉不发达,基本不能辨别饲料是否发霉变质或是否有毒,而大口吞食。但鸭舌神经对水温反应极为敏感,不喜饮高于气温的水,但不拒绝饮冰冷的水。另外,鸭的口腔内无唇,无软腭,无齿,食物不经过咀嚼而整个吞入,同时口腔内不能形成负压,鸭在饮水与吞咽食物时要抬头伸颈,借助食物的重力将食物块或水自行流入食管,喉头的肌肉迅速将喉口闭合,这样食物不会误入气管而引起噎食。

(二)咽　鸭咽腔由背侧壁、腹侧壁和外侧壁共同围成,位于舌根后界与食管之间,下颌间隙后部。鸭咽部有很多小的唾液腺可分泌少量含淀粉酶的唾液。

(三)食管　鸭食管较长,平均为 30 cm 左右,约占体长的1/2,位于颈部颈皮下偏右侧,从咽开始沿颈部进入胸腔,到达腹腔左侧,与胃相连。食管下分布有食管腺,可分泌黏液,参与食物的软化。鸭无嗉囊,其食管中部形成一纺锤形的膨大部,其主要功能是储存食物,同时使饲料在进入腺胃之前先进行湿润软化,食物在此停留 3～4 h,然后有节律地被推进至胃中。膨大部的下方有环形括约肌,通过其收缩与舒张来控制食物流入胃中的速度。

(四)胃　鸭胃可分为腺胃和肌胃两部分。

腺胃，又称前胃。鸭胃体积较小，储存食物有限，是一个前端偏细、后端逐渐膨大的袋状器官，位于腹腔前腹部的左上部。腺胃壁较厚，由外向内依次可分为浆膜层、肌层与黏膜层。肌层的外纵肌较薄，内环肌较厚；黏膜层内含有大量的胃腺，可分泌大量的胃液，参与食物的软化与湿润。食物先在腺胃中被胃液中的蛋白酶和盐酸消化分解，然后与消化液混合经贲门进入肌胃。

肌胃，又称后胃或砂囊、鸭肫。位于腺胃后部，其两面扁平，中央隆起。肌胃周缘较钝，形成环面，可明显地区分为左前缘与右后缘。肌胃壁厚，大多由平滑肌构成，收缩力强，因肌红蛋白特别丰富而呈暗红色。黏膜内有肌胃腺，其分泌物与脱落的上皮细胞在酸性环境下硬化，形成一层厚的类角质膜——胶皮（又称鸭内金），其主要功能是对食物进行机械性消化。肌胃收缩时，在强大压力下，粗糙的角质膜在肌胃内沙砾的配合下，将胃内食物搓揉磨碎，与分泌自胃腺的消化液充分地混合消化。实验证明，沙砾在肌胃中作用明显，如果将肌胃中的沙砾全部移去，则饲料在肌胃中的消化率将下降 25%～30%，因此在日常饲喂过程中要注意添加适量的沙砾，以帮助其消化。磨碎的食物随着肌胃的收缩经幽门被推入小肠，继续被消化。

（五）肠　鸭的肠管较长，为 250～270 cm，是体长的 5～6 倍，可分为小肠和大肠。

鸭小肠包括十二指肠、空肠和回肠，整个小肠占肠道总长度的 90%左右。小肠第一段为十二指肠，呈倒“U”字形，其前端升部与肌胃的幽门相通，后端降部与空肠、回肠相通，胆管与胰管一起开口于十二指肠和空肠的交界处。空肠是肠管中最长的一段，长 150～160 cm，悬吊于空肠系膜上，盘曲于十二指肠、盲肠、直肠、肝、肌胃、性腺和腹腔顶壁侧面之间，一部分肠袢与右侧膜壁相贴。空肠与回肠之间无明显界限，一般以卵黄憩室为分界线，向上靠近十二指肠的为空肠，向下与大肠相通的为回肠。食物中的营养成分的消化与吸收主要在小肠中进行。小肠壁内的肠腺能分泌含多种消化酶的消化液，如淀粉酶、肠蛋白酶、凝乳酶等，而且小肠黏膜形成无数的皱襞和绒毛突起，使得绒毛长度可达肠壁厚度的5倍多，这种特殊的结构使得小肠内膜的面积大大增加，对消化液的分泌、食物的彻底分解与消化吸收具有重要意义。

鸭大肠可分为盲肠和直肠。盲肠两条，左右各一，与空肠肠袢相接，左、右盲肠借助于两条短的回盲韧带与回肠相连。盲肠肠管外径变化较大，起始都较细，近盲端较粗，内有发达的淋巴组织，形成所谓的盲肠扁桃体，能将小肠内未被消化酶分解的食物及纤维素进一步消化，并能吸收水和部分电解质。直肠位于脊柱的正下方，并转向左侧，贴左侧腹壁的后部，其腹侧与部分空肠相邻；在右肾与左侧输卵管之间向后延伸，接近腹壁后部时，从右背侧斜行伸延达体正中线左侧，通入泄殖腔粪道。食物残渣在直肠中被吸收水分并形成粪便后送入泄殖腔，排出体外。

（六）泄殖腔　鸭泄殖腔是消化道末端膨大、特化而成的球状空腔，前端连直肠，后端通过泄殖孔与外界相通，输尿管、输精（卵）管、法氏囊均开口于此，公鸭的阴茎也藏于其中。因此，泄殖腔是消化、生殖、泌尿3个系统的共同通道，外口为肛门，其中含有较多的淋巴结。

（七）消化腺　鸭的主要消化腺包括胰脏、肝脏和胆囊。

胰脏位于十二指肠系膜的侧面，夹在十二指肠升、降袢之间，在十二指肠袢的右腹侧。胰脏色泽淡黄或粉红色，近似三棱形，外观完整，质地柔软，可分泌胰液，内含多种消化酶。胰液通过胰导管进入十二指肠的末端。

肝脏是鸭体内最大的消化腺，位于腹腔前部中央的腹侧，其背侧与睾丸（公）或卵巢（母）、腺胃、肌胃、肺等器官相邻，腹侧紧贴胸骨和下腹壁。肝脏是暗红色，分左右两叶，分别与胆管与十二指肠末端相通，右叶的胆管膨大形成胆囊。肝脏的功能之一是分泌胆汁，储存于胆囊中，然后通过胆管排入小肠。胆汁是一种稍黏、味苦、色呈黄绿的液体，其中不含有消化酶，但它能增强胰脂肪酶的活性，使脂肪乳化，帮助消化脂肪，有利于鸭对脂肪及脂溶性维生素的吸收。另外，肝脏还参与蛋白质、糖原的合成与分解代谢，能储存一部分糖、蛋白质、多种维生素和少量铁元素，并有一定的解毒功能。鸭肝脏中可聚集大量脂肪，因而可以通过人工填肥方式使鸭肝增加到原来的 5～6 倍，生产出高质量的鸭脂肪肝。

三、生殖生理特点

鸭进行体内受精，卵生，胚胎在体外发育。由于家鸭均已失去就巢性，因此，必须进行人工孵化。

（一）公鸭的生殖器官

公鸭的生殖器官由睾丸、附睾、输精管和交媾器组成，没有副性腺和精索等结构。

1. 睾丸　鸭的睾丸位于腹腔内，停留在发生原位，以短的睾丸系膜挂在同侧肾脏前部和中部的腹侧面，有时向后伸至肾后部头侧的腹面，无睾丸下降现象。睾丸左右成对，呈椭圆形或蚕豆状，通常左侧比右侧略大，随鸭的年龄和性活动的不同有较大变化。幼鸭时只有米粒大小，淡黄色，到性成熟时大为增加，到繁殖季节时显著增大，左侧达 5 cm×3 cm，右侧 4.5 cm×3 cm，重 30～40 g，因其中含大量精子，此时睾丸颜色也转为淡黄白色，质地柔软。在夏、秋季节换羽时，睾丸萎缩，颜色稍深。

睾丸由许多精细管和其间成群分布的间质细胞构成，没有睾丸纵隔和睾丸小隔，不能形成睾丸小叶。在性成熟之前的睾丸中精细管的管径较小，性成熟之后变粗。睾丸的血液供应来自睾丸动脉，由 3～4 条睾丸静脉分别汇入背内侧的髂总静脉或后腔静脉而连接于附睾。

2. 附睾　鸭的附睾不像哺乳动物那样明显，较小，成对，呈扁带状，紧贴在睾丸的背内侧缘，被系膜遮盖，左侧比右侧略大。在其内分布有许多短导管构成睾丸旁导系统，精细管末端略直，从几处汇入睾丸网，并由睾丸网发出输出小管，经附睾小管，最后与附睾管相连。

3. 输精管　鸭的输精管是一对弯曲的细管，其弯曲度是前小后大，起至附睾，沿肾内侧腹面向后伸延，至肾后部与同侧输尿管相伴而行，直至泄殖腔。其末端变直且膨大的部分称为脉管体，进入泄殖腔部分是乳头突起，称为射精管，位于输尿管外侧。在多数情况下，左侧输精管在左输尿管的外侧，右输精管在右输尿管的外侧或内侧，但少数个体到骨盆部时，原位于输尿管内侧的输精管则横过输尿管腹侧，转到输尿管的外侧后行。

精子由精细管产生，通过精管网到输出管、附睾和输精管并在输精管内发育成熟，与脉管体分泌的精清混合成为精液。

4. 交媾器　公鸭交媾器由阴茎和一对输精管乳头组成。

成年鸭阴茎较发达，呈螺旋状扭曲，在静止时较小，退缩至体正中线的左侧，当兴奋勃起后可闭合成管，由泄殖腔中伸出，长度可达 5.3～7.6 cm，此时海绵组织内充满淋巴液。在阴茎表面由大小螺旋纤维淋巴体按顺时针方向相向旋转排列成一条螺旋状的浅沟，即阴茎沟，沟底部光滑，深约 2 mm，沟的末端一直延伸至阴茎的尖部，并与腺管末端的开口相通。

输精管乳头是由精管末端形成的一个尖端向后的圆锥形突起，该乳头突出于泄殖腔腹外侧壁，输尿管泄殖腔口的后端外侧。当射精时，由输精管乳头排出的精液进入泄殖道，并通过泄殖道内的裂隙状开口进入勃起阴茎的左右基部纤维淋巴体之间的沟，继而进入螺旋状的阴茎沟内，排出体外。

(二)母鸭的生殖器官

母鸭的生殖器官由卵巢、输卵管、子宫与阴道构成。在胚胎早期，左右各有一个卵巢和一条输卵管，在发育过程中，右侧的逐渐退化，少数尚可看到部分退化痕迹，只有左侧的卵巢与输卵管发育成熟。

1. 卵巢 鸭卵巢的位置、大小与鸭生殖机能状态有密切关系。幼鸭的卵巢较小，为扁平椭圆形，表面呈桑葚状，卵泡较小，颜色较淡，呈灰白色。成年鸭左卵巢由卵巢系膜悬吊于腰椎腹侧，其前端与胸腹膈和左肺紧接，腹侧接腺胃与脾，背侧与左肾前部、降主动脉和后腔静脉相连。左侧卵巢外形似串状葡萄，由成千上万个大小不等的黄色卵泡构成，每个卵泡内含有一个卵细胞，但通常只有少数能达到成熟而排出，接近成熟的卵泡突出于卵巢表面，并以卵巢柄与卵巢相连。

随着鸭年龄的增长，卵巢的体积增大明显。当进入产蛋期间，卵巢直径可达 4～6 cm，重达 40～70 g，卵泡迅速生长成熟并完全突出于卵巢表面（与家畜不同），在卵泡游离端的表面有一条宽 0.2～0.3 cm、呈弓状的灰白色狭带，称为卵带。

当排卵时，卵带裂开，卵母细胞由裂口处逸出，卵排出后的卵泡壁皱缩，卵泡膜很快萎缩，形成瘢痕组织。当产蛋期结束时，卵巢回缩，又恢复到静止期的形状与大小，直到下个产蛋期到来又开始生长发育。

2. 输卵管 左输卵管是一条长而弯曲的管道，由背韧带悬吊于腹腔顶壁，其形状大小也因鸭生殖机能状态而异。幼鸭输卵管发育不充分，未性成熟母鸭输卵管全长 10～15 cm；产蛋阶段的母鸭左侧输卵管发育完全，血管明显，管道长达 50～70 cm，重约 52 g，且平滑肌发达，有较强的伸展能力，占据着腹腔的大部分空间，背侧与左肾腹面相邻，左外侧接左腹壁，右侧接肠管，腹侧与肌胃和脾相邻。输卵管壁的结构由外到内依次为浆膜层、肌层和黏膜层，其中黏膜层是输卵管最主要的部分。根据形态结构和功能特点的不同，由前向后可将输卵管划分为漏斗部、膨大部、峡部、子宫部和阴道部等 5 部分。

(1)漏斗部:又称喇叭口,为输卵管的起始部。前端大,呈漏斗状(或伞状),由平滑肌构成,具有很大的活动性,可使脱离卵巢的卵子被接纳入输卵管内,向后逐步过渡成为狭窄的漏斗管。在产蛋阶段,其总长度为 7～8.5 cm。漏斗中央有一个呈长裂隙状的开口,称为输卵管腹腔口,当充分张开时直径可达 5～8 cm,紧贴在卵巢的后方。

(2)膨大部:又称蛋白分泌部,为输卵管中最长最弯曲的一段,长 25～35 cm,直径 2～2.3 cm,其典型特征是管径比漏斗管部大得多,故称膨大部。与漏斗部管状区相接处有分支的管状腺,能形成"精子宫",精子在此处等待 15 min,与卵子结合完成受精。膨大部管壁的黏膜层较厚,形成较多皱襞,且含许多腺体。卵子在通过蛋白分泌部时,停留 3 h,被包上卵白(蛋白),继续向膨大部的末端行进。

(3)峡部:又称管腰部,位于膨大部与子宫部之间,为膨大部末端管腔变细的一段,长度为 75～85 cm,直径 1～1.5 cm,管壁含有丰富腺体,能分泌角质蛋白,构成蛋白外壳膜。受精卵在此约停留 15 min,把已包上蛋白的卵黄包围起来。

(4)子宫部:又称壳腺部或蛋壳分泌部,相当于家畜的子宫。未开产的母鸭子宫壁厚,产蛋母鸭子宫腔内大,是膨大的囊状,长为 10.1～12.4 cm,直径为 4.8～5.4 cm。子宫部的后端进入子宫阴部连接部,呈"S"状弯曲,并以其尖端突向阴道。已包上蛋白、内外壳膜的卵黄在此处停留时间较长,约 20 h,水及矿物质穿过蛋壳膜进入蛋白,使蛋逐渐膨胀,并产生稀蛋白的外层,然后壳腺再向蛋壳膜外表分泌钙质,形成硬壳,这个过程一直延续到产蛋前。

(5)阴道部:为输卵管最末端狭窄的肌肉管道,开口于泄殖腔背壁的左侧,是卵通向泄殖腔的通道。成年鸭阴道长为 4.5～5.5 cm,直径 2.4～2.8 cm。当卵黄通过输卵管到达阴道部时,已形成一个完整的蛋,只等待产出体外。

第二节 鸭的生态特性

一、喜水合群

鸭是水禽，天性喜欢在水中觅食、嬉戏，求偶交配更离不开水，因此，一定的宽敞水面，良好的水源是饲养好鸭的主要环境条件之一。对于舍饲的种鸭或蛋鸭，可设置一些小型人工水浴池，供其交配。而现代化大规模肉鸭生产不必设置水池，可全部旱养。

鸭天性喜群居生活，很少单独行动，且性情温驯，不喜殴斗。因而经过训练的鸭在放牧条件下可以成群行数里而不乱。如果在放牧过程中有个别鸭远离群体不能归队时，则会高声鸣叫，一旦得到同伴的应答，则会寻声而归群。

二、反应敏捷，易驯化

鸭具有良好的反应能力，比较容易驯导。但对应激反应敏感，常常因受惊而相互挤压，导致不必要的伤亡。在雏鸭阶段，其对突然出现的人或事，甚至强光、艳色等都会表现出惊恐不安，迅速站立，拥挤于墙角的应激反应。因此在育雏阶段应尽可能保持鸭舍环境安静，以免因惊吓而导致鸭群相互践踏造成损失。产蛋阶段更要特别注意防止一些动物如狗、老鼠的侵入，否则影响产蛋。

三、耐寒怕热

鸭全身覆盖羽毛，这些羽毛起着隔热保温作用。因而鸭耐寒性比家畜要强得多，而且由于鸭的腹部具有较厚的绒羽，即使在严寒的冬季，鸭仍能下水游泳。鸭的皮下脂肪比鸡厚，尾脂腺发达，当鸭在梳理羽毛时，经常用喙压迫尾脂腺，挤出分泌物，再用喙将分泌物擦遍全身羽毛，来润泽羽毛，使羽毛不被水浸湿，从而起到防水御寒作用。在我国绝大多数地区，冬季只要水不结冰，鸭都有下水游泳、采食的习惯。但番鸭怕冷而不太怕热，即使是成年番鸭，冬季舍温都必须保持在 15℃以上。

四、抗病力强

鸭的抗病力较强，在正常饲养管理、严格执行兽医卫生防疫制度条件下，发病率比鸡低 1/3。但常常由于环境不良、饲料营养不全或发霉变质等原因而出现应激反应、啄癖等。因此，在鸭的饲养过程中要保证饲料全价，减少各种应激因素的影响。

五、消化力强，饲料来源广

鸭食性相当杂，饲料来源很广，可利用饲料种类比鸡、鹅等家禽都多，除了能采食各种精饲料、粗饲料与青绿多汁饲料外，还经常采食一些昆虫、蚯蚓、小鱼、小虾、螺类等带腥味的动物性饲料，尤其是对螺、蚌等软体动物具有较好的摄食能力，采食后能提高产蛋量与生长速度。

但鸭舌内的味觉神经不发达，对发霉、变质饲料的辨别能力不强，对饲料的适口性要求不高，对异物与食物的辨别能力不强，常常把异物当成饲料采食，因此饲养时坚决不能投喂发霉、变质的饲料，在雏鸭阶段使用的垫料，如碎稻草等，也不能切得太短，通常切成长 5～6 cm，以防雏鸭误食而影响其生长发育。

六、无就巢性，多夜间产蛋

家鸭无就巢性(番鸭就巢性较强)，产蛋多在夜间 12 时至清晨 3 时，产蛋后稍歇即离开。这与其他禽类大多数在白天产蛋的习性不同。因而在产蛋阶段对鸭可进行白天放牧夜间圈养，从而增加产蛋时间，以便收集鸭蛋。

鸭产蛋时如果多数产蛋窝被占用，有些鸭会把蛋产到舍内地面或运动场上，因而鸭舍内产蛋禽（箱）要备足。

七、生长发育快，饲料转化率高

鸭新陈代谢十分旺盛，在众多家禽中肉鸭的早期生长速度最快。在饲料充足、饮水正常、良好饲养管理条件下，大型肉用鸭樱桃谷肉鸭 40～45 日龄时体重可达 2.75～3.5 kg，相当于初生重的 60～70 倍，其生长速度明显高于肉用仔鸡。

鸭的食性广，饲料报酬高，例如，樱桃谷肉鸭 5 周龄时料肉比为(2.29～2.30)：1，7 周龄时达(2.88～3.0)：1。如采用舍饲与放牧相结合的方式进行饲养，鸭能采食到大量的天然饲料，因而饲养成本更低。

八、性成熟早，繁殖力强

在禽类中，鸭是性成熟较早的种类，蛋用型鸭如金定鸭、绍鸭 100～110 天达性成熟，早于一般蛋用型鸡；而肉用鸭要晚些，如北京鸭需 150～180 天达性成熟，与一般蛋用型鸡性成熟年龄相似；番鸭则需要更长时间。

鸭是家禽中繁殖力较强的水禽。通常蛋用型鸭每年平均产蛋量可达 280～300 枚，1 只蛋用种母鸭 1 年所产的种蛋可孵出雏鸭 200 只左右；肉用型鸭每年产蛋 200～220 枚，1 只肉用种母鸭 1 年所产的种蛋可孵出雏鸭 120～130 只。公鸭的配种能力也是鸡所不能比拟的，一只蛋用型公鸭可配母鸭 20～30 只，在良好饲养管理条件下也可保证种蛋受精率达 90%以上。

第三节 鸭的品种

我国是世界上养鸭历史悠久的国家之一，早在两千多年前的西周古籍中就有了关于鸭的记载。到了明代养鸭业已经很普遍了。

我国劳动人民精心培育的地方品种鸭达40种之多。北京鸭作为世界著名的标准品种被美国、英国、日本等国家引进，我国的养鸭业对全世界的养鸭业做出了一定的贡献。

一、家鸭的起源与驯化

家鸭在分类学上属于动物界，脊索动物门，脊椎动物亚门，鸟纲，雁形目，鸭科，鸭属。家鸭的祖先是分布于亚欧大陆的野生候鸟——绿头鸭，俗名野鸭、大麻鸭。绿头鸭是野鸭中的大型种类，能游善飞，体长50 cm以上，体重1～1.4 kg，因雄鸭的头颈呈金属绿色而得名。家鸭是野鸭的变种，是经过长期的人工驯养而形成的。在长期的驯化过程中，逐渐积累、保存，创造了对人类有利的变异而改变了其原来的野生性状。在解剖结构上家鸭与野鸭极相似，但体重增大，脂肪比例增高，产蛋力增强，并失去了飞翔能力、就巢性(俗称赖抱)及自孵育雏等本能，而是由人工或母鸡代为孵化。

家鸭最早驯化于中国，其次是欧洲和美洲，于公元60年左右已完全驯化成家禽，现已广泛分布于世界各地。我国养鸭业十分发达，就饲养数量、品种资源、传统饲养和产品加工技术而言，均堪称世界养鸭业历史最悠久和最发达的国家之一。联合国粮农组织(FAO)畜牧业统计资料显示，我国养鸭存栏量居世界首位。为了更好地发展养鸭业，我国从1976年开始，先后从国外引进了卡叽—康贝尔鸭、樱桃谷肉鸭、狄高鸭、巴巴里鸭、丽佳鸭等不同国家的品种，丰富了我国的品种资源。由于本书只涉及肉鸭生产技术，因此这里只介绍肉用型鸭和兼用型鸭的品种。

二、肉用型鸭品种

(一)北京鸭

1. 产地与分布　北京鸭是世界最优良的肉鸭标准品种，是现代肉鸭生产的主要品种。我国北京市郊区为其原产地，现广泛分布于全国各地和世界各国。北京鸭具有羽毛纯白、生长迅速、繁殖率高、胴体美观、肉质优良、适应性强和适于圈养等优点，尤其适合加工烤鸭。目前中国农业科学院畜牧研究所下设北京鸭原种场。

2. 外貌特征　北京鸭体型硕大丰满，挺拔健壮，羽毛丰满，羽色纯白而带有奶油色光泽。头较大，颈粗，中等长度，体躯长方形，前躯昂起与地面约呈 30°角，背宽平，前胸突出，胸骨长而直；背宽平；两翅较小，紧附于体躯两侧；尾短而上翘。母鸭腹部丰满，腿粗短，蹼宽厚。喙、胫、蹼橘黄色或橘红色。眼的虹彩呈蓝灰色。

3. 生产性能

产蛋性能：经选育的鸭群年产蛋量可达 200～240 枚，核心群产蛋量可达 296 枚；经强制换羽后，第二个产蛋期可产蛋 100 枚以上。平均蛋重 90～95 g，蛋壳白色。

生长性能：经长期选育，体重等生产性能指标变化较大。我国及国外选育的配套系，其大型父本品系的公鸭体重 4 000～4 500 g，母鸭 3 500～4 000 g；母本品系的公、母体重稍轻一些。北京鸭初生雏鸭体重 58～62 g，3 周龄体重 1 750～2 000 g；肉用仔鸭 49 日龄体重 3 600 g，料肉比 3∶1；56 日龄体重 4 000 g，料肉比 2.75∶1。“Z 型北京鸭”配套系 7 周龄体重 3 300～3 430 g，料肉比 2.79∶1，与英国樱桃谷超级肉鸭 SM 商品代的生产性能相似。成年公鸭全净膛率 77%～78%，母鸭 76%～77%。公鸭填鸭全净膛率 73.8%，母鸭 74.1%；胸腿肌占胴体的比例，公鸭为 18%，母鸭为 18.5%。此外，北京鸭及其与番鸭杂交产生的半番鸭均有生长快、肉质好、饲料利用率高，而且肥肝性能良好的特点，填饲 2～3 周每只可产肥肝 300～400 g。

繁殖性能：北京鸭母鸭开产日龄为 150～180 天。公、母鸭配种比例 1∶5。种蛋受精率 90%以上。受精蛋孵化率 80%～90%。一般生产场一只母鸭可年产 80 只左右的肉鸭或填鸭。

4. 应用前景　北京鸭是世界著名的肉用型鸭标准品种，现在国际上许多有名的肉用型鸭品种都含有北京鸭的血统，如樱桃谷肉鸭、丽佳鸭、枫叶鸭、奥白星鸭等均是以北京鸭为主要素材选育而成，然后以各自公司名称命名的肉鸭品种。北京鸭肌纤维细腻，特别适合制作成烤鸭或烧鸭，皮脆肉嫩，味道鲜美，驰名中外。国内有些地方还利用北京鸭生产冻全鸭、板鸭和鸭肥肝。

（二）樱桃谷肉鸭

1. 产地与分布　樱桃谷肉鸭是由英国樱桃谷公司以引进我国北京鸭和埃里斯伯里鸭为亲本，经杂交选育而成的配套系肉鸭，先后有 L_2 型、SM 型、SM_2 型、SM_{2i} 型、SM_3 型等几个品系推向市场，现已远销 60 多个国家和地区。樱桃谷肉鸭具有适应性广，抗病力强，增重快，饲料转化率高，屠宰率高，瘦肉率高等特点。目前樱桃谷肉鸭国内各省、市均有生产。在河南省华英祖代种鸭有限公司、四川绵英种鸭有限公司和南京宁英祖代种鸭有限公司现有樱桃 SM_2 肉鸭。

2. 外貌特征　樱桃谷肉鸭的外形与北京鸭大致相同。雏鸭绒毛淡黄色，成鸭羽毛洁白；头大、额宽、鼻背较高，喙橙黄色，少数呈肉红色；颈平而粗短。体躯呈长方形，体躯倾斜度小，几乎于地面平行，体型硕大，属大型肉鸭；翅膀强健，紧贴躯干；背宽而长，从肩到尾部稍倾斜，胸部较宽深；肌肉发达，脚粗短，胫、蹼橘红色。

3. 生产性能

产蛋性能：樱桃谷肉鸭父母代种鸭 SM_{2i}24 周龄开产，每只母鸭饲养 42 周产蛋 235 枚，年产蛋 210～220 枚，蛋重 75 g。近年来，英国樱桃谷公司培育出 CVSuper-M（SM 系超级肉鸭），其父母代每只母鸭 66 周龄产蛋 220 枚。

生长性能：父母代成年公鸭体重 4 000～4 500 g，母鸭3 500～4 000 g，开产体重为 3 100 g。商品代 49 日龄活重 3 090 g，全净膛率 72.55%，半净膛率 85.55%，瘦肉率 26%～30%，皮脂率 28%，料肉比 2.81 ∶ 1；CVSuper-M（SM 系超级肉鸭）商品代肉鸭 53 日龄活重 3 300 g，料肉比(2.6～2.8)：1。其商品代生产性能，如表 1-1 所示。

表 1-1 樱桃谷肉鸭商品代生产性能

指标	产品类型	42 天	47 天	53 天
活重(kg)	SM_{2i}	3.10	3.40	3.60
	SM_3	3.2	3.48	3.72
饲料转化率	SM_{2i}	2.06：1	2.32：1	2.66：1
	SM_3	2.00：1	2.36：1	2.60：1
胸肉率(%)	SM_{2i}	19.8	21.6	23.3

繁殖性能：种鸭性成熟期 182 天，父母代 SM_{2i} 种鸭每只母鸭年提供初生雏 184 只；父母代 SM_3 种鸭每只母鸭年提供初生雏 241 只；父母代 CVSuper-M(SM 系超级肉鸭)每羽母鸭年提供初生雏 155 只。

(三)狄高鸭

1. 产地与分布　狄高鸭是由澳大利亚狄高公司以中国北京鸭为素材，采用品系配套方法选育而成的大型优良肉用型鸭种。从 1987 年开始我国广东省南海市种鸭场每年从澳大利亚引进父母代种鸭。该型鸭具有生长快、早熟易肥、体型硕大、屠宰率高等特点。尤其该品种喜干爽，抗寒耐热能力较强，能在陆地上交配，适于旱地圈养或网养。

2. 外貌特征　狄高鸭外形近似北京鸭，雏鸭绒羽黄色，脱换幼羽后，羽毛乳白色；喙、胫、蹼橘红色；体躯稍长，前昂，头大而扁长，颈粗，胸宽挺，胸肌丰满，背长阔，腿粗而短，尾梢翘起。

3. 生产性能

产蛋性能：狄高鸭父母代种鸭 26 周龄开产，33 周龄进入产蛋高峰，产蛋率达 90%。年产蛋 200～230 枚，平均蛋重 88 g。

生长性能：狄高鸭初生雏鸭重 55 g，30 日龄体重 1 114 g，60 日龄体重 3 000 g，料肉比(2.9～3.0)：1。半净膛率 92.86%～

94.04%；全净膛率 79.76%～82.34%；胸肌重 273 g，腿肌重 352 g，腹脂重 45 g。

繁殖性能：母鸭性成熟期 182 天。公母配种比例 1∶5，种蛋受精率 90%以上，受精蛋孵化率 85%以上，父母代种鸭每只母鸭年提供商品代鸭苗 160 只左右。

（四）丽佳鸭

1. 产地与分布　丽佳鸭是由丹麦丽佳公司育种中心育成的新型肉用配套系，为著名肉用型鸭。目前有 3 个配套系，其 L_1、L_2 配套系种鸭为新型优良肉用配套系，我国福建省泉州市丽佳良畜有限公司已建丽佳鸭父母代鸭场。L_B 系为瘦肉型鸭配套系。丽佳鸭耐热、抗寒、适应性强，适于舍饲与半放牧。

2. 外貌特征　体型外貌近似北京鸭，体型大小因品系而异。雏鸭绒羽嫩黄色。成年鸭体长而宽，体羽白色，带有奶油色光泽。头大颈粗，背宽翅小，胸部丰满而突出，胸骨长而直。母鸭腹部丰满，腿短粗，蹼宽厚。喙、胫、蹼橘黄或橘红色。

3. 生产性能　丽佳鸭生长速度居肉鸭之冠。L_B 系瘦肉型配套系，瘦肉率比北京鸭高 20%，肉鸭 7 周龄料肉比 2.41∶1，为诸肉鸭之冠。丽佳鸭父母代生产性能见表 1-2，丽佳鸭商品代生产性能见表 1-3。

表 1-2　丽佳鸭父母代生产性能

生产指标	L_1	L_2	L_B
母鸭开产时体重(kg)	2.9	2.7	2.15
公鸭与母鸭交配时体重(kg)	3.8	3.2	3.2
入舍母鸭产蛋量(40 周龄，枚)	200	220	220
入舍母鸭可孵蛋数(40 周龄，枚)	190	210	200
每只入舍母鸭可供 1 日龄雏鸭(只)	142	170	168
平均孵化率(%)	80	85	84
饲养期死亡率(%)(直至 20 周龄)	3.5	3.5	3.5
产蛋时每月死亡率(%)	1.0	1.0	1.0

引自：陈国宏、焦库华等，《科学养鸭与疾病防治》，2001 年。

表 1-3　丽佳鸭商品代生产性能

系别	日龄	活重(kg)	全净膛重(kg)	料肉比	死亡率(%)
L_1	49	3.7	2.63	2.75∶1	2.5
	52	3.75	2.67	2.80∶1	2.6
	56	3.8	2.7	2.85∶1	2.7
L_2	49	3.3	2.35	2.6∶1	2.5
	52	3.35	2.375	2.7∶1	2.6
	56	3.4	2.4	2.75∶1	2.7
L_B	49	2.9	2.04	2.41∶1	2.5
	52	3.0	2.18	2.74∶1	2.6
	56	3.1	2.35	2.85∶1	2.7

引自:陈国宏、焦库华等,《科学养鸭与疾病防治》,2001 年。

(五)芙蓉鸭

1. 产地与分布　芙蓉鸭是由上海市农业科学院畜牧兽医研究所培育而成的,是我国新型瘦肉型鸭配套系,因制种过程中引入了野鸭血统,所以肉质鲜嫩,带有野鸭风味,颇受消费者青睐,现有 SR_1、SR_2、SR_7 3 个系。

2. 外貌特征　芙蓉鸭体型较大,体羽白色。头颈粗短,胸宽厚,肌肉丰满。

3. 生产性能　芙蓉鸭早期生长快,8 周龄活重可达 2.5 kg,屠宰率达 82%,料肉比(2.85～2.89)∶1,肌肉含脂率低,是目前国内肉鸭品种中含脂率最低的。其父母代和商品代生产性能见表 1-4和表 1-5。

表 1-4　芙蓉鸭父母代生产性能

项　目	SR_1	SR_2	SR_7
0～24 周龄育成率(%)	95.2	94.2	95.2
25～26 周龄存活率(%)	98.3	92.9	98.5
受精率(%)	90.3	88.5	92.2
孵化率(%)	73.3	70.5	74.1
26～65 周龄入舍母鸭产蛋数(枚)	188.1	209.7	193.8

引自:陈国宏、焦库华等,《科学养鸭与疾病防治》,2001 年。

表 1-5 芙蓉鸭商品代生产性能

项　目	SR_{102}	SR_{712}
8 周龄活重(kg)	2.97	2.83
料肉比	2.85∶1	2.89∶1
胴体胸肌率(%)	15.33	15.45
皮肤＋皮脂(%)	29.3	29.82

引自：陈国宏、焦库华等，《科学养鸭与疾病防治》，2001 年。

(六)奥白星肉鸭

1. 产地与分布　奥白星肉鸭又称奥白星超级肉用种鸭，是由法国克里莫公司培育而成的。1996 年四川成都克里莫雄峰育种有限公司首次从法国引进四系配套的奥白星 63 型祖代种鸭，因此奥白星肉鸭在国内又称为雄峰肉鸭。目前四川成都克里莫雄峰育种有限公司下设有奥白星父母代种鸭场。奥白星肉鸭体型大，早期增重快，饲料转化率高，屠宰率高。

2. 外貌特征　奥白星 63 型肉鸭雏鸭绒羽金黄色，4 周龄前后逐渐变成白色羽毛，成年鸭全身羽毛白色，喙橙黄色。奥白星 63 型肉鸭体型硕大，挺拔健壮，体躯长方形，倾斜度小，几乎与地面平行；前胸突出，肌肉丰满，背宽平；双翅较小，尾羽短而翘；公鸭尾部有 2～4 根向背部卷曲的性指羽；母鸭腹部丰满，腿短粗，蹼宽厚。

3. 生产性能

父母代生产性能：父母代种鸭性成熟期为 24 周龄，开产体重 3 kg，饲养 42～44 周，产蛋期内产蛋量 220～240 个，种蛋受精率 92%～95%。公母配种比例 1∶(5～6)。

商品代生产性能：商品代 45～49 日龄，体重 3 300～3 700 g，料肉比(2.4～2.6)∶1，胴体屠宰率(去头、颈、爪及内脏)67.8%，胸肉率(带皮)13.57%。

(七)枫叶鸭

1. 产地与特点　枫叶鸭又名美宝鸭,是由美国美宝公司培育的优良肉用型鸭品种。枫叶鸭具有早期生长快,瘦肉率高,繁殖力强,抗热性能好,毛密而洁白等特点。目前已有广东省三水市畜牧科学研究所、珠海市广海种鸭场、湛江市畜牧局种鸭场等单位引进饲养。

2. 外貌特征　枫叶鸭雏鸭绒羽淡黄色,成年鸭全身羽毛白色。枫叶鸭体型较大,体躯前宽后窄,呈倒三角形,体躯倾斜度小,几乎与地面平行。背部宽平,公鸭头大颈粗,脚粗长,母鸭颈细长,脚细短;喙大部分为橙黄色,小部分为肉色,胫和蹼为橘红色。

3. 生产性能

产蛋性能与繁殖性能:种鸭 25～26 周龄开产,平均每只母鸭 40 周产蛋 210 枚,平均蛋重 88 g,蛋壳白色。公母配比 1∶6,种蛋受精率 93%,受精蛋孵化率 90%。每只母鸭年提供商品代鸭苗 160 只以上。

生长性能:商品代肉鸭 7 周龄活重 3.25 kg,料肉比为2.8∶1,半净膛屠宰率 84%,全净膛屠宰率 75.9%,腿肌率 15.1%,胸肌率 9.1%,腹脂率 1.95%。

4. 利用前景　广东省三水市畜牧科学研究所 1988—1993 年先后分 5 批从美国引进枫叶鸭,并以其为素材选育三水白鸭。1996—1999 年,从建立零世代开始,已进行了 2 个世代的选育,进展效果良好。

(八)天府肉鸭

1. 产地与特点　天府肉鸭是四川农业大学培育成功的二系配套大型肉鸭新品系,采用建昌鸭与四川麻鸭杂交配套选育而成。天府肉鸭具有生长速度快,饲料报酬高,胸、腿肉比率较高,饲养周期短,适于集约化饲养,经济效益高等优点。父母代的繁殖性能和商品代的肉用性能分别达到或超过樱桃谷肉鸭和狄高肉鸭的生产水平。天府肉鸭是制作烤鸭、板鸭的上等原料。

2. 外貌特征　天府肉鸭体格大，体质坚实紧凑，羽毛紧密，头秀颈长，胸部发达、突出。公鸭体型狭长，性指羽2～4根，向背弯曲。母鸭腹部丰满，羽色较杂，以褐麻雀色居多，在颈下部2/3处有一白色颈圈，胫、蹼呈橘红色。

3. 生产性能

产蛋性能与繁殖性能：父母代种鸭26周龄开产，年产合格种蛋230～250枚，蛋重85～90 g，受精率达90%以上。

生长速度：天府肉鸭生长整齐度好。35日龄和49日龄体重分别达到2.31 kg和2.84 kg，料肉比分别为2.31∶1与2.84∶1。在35～49日龄体重与料肉比呈显著正相关。随着体重的增长，维持需要增加，因而料肉比增加。

天府肉鸭上市体重是影响养鸭经济效益的主要原因之一，因而何时出栏上市是广大养殖户急切关心的问题。从屠体品质的角度推荐，以水盆鸭出售，可在4周龄左右上市；以烤鸭和板鸭为目的，大约在6周龄上市为宜；用于生产分割肉，则应以7～8周龄较为理想。

（九）仙湖3号

1. 产地与特点　仙湖3号是佛山科学技术学院以仙湖2号鸭、樱桃谷肉鸭及狄高鸭商品肉鸭为素材，采用家系选育与个体选择相结合的育种方法培育而成的二系配套瘦肉型鸭新品系。该鸭具有生长快、饲料报酬高、繁殖率高、适应性广、抗病力强等优点，适合水边圈养、陆地旱养以及舍内网上饲养等。

2. 外貌特征　仙湖3号肉鸭体型大，外形与北京鸭、樱桃谷肉鸭相似。雏鸭绒羽浅黄色，成鸭全身羽毛是白色，少数鸭间有黑色杂羽；鸭喙橙黄色，少数呈肉色。胫、蹼均为橘红色。体躯长方形，体躯倾斜度较小，几乎与地面平行；颈短而粗，胸部宽阔，肌肉丰满，背长阔，腿短粗。

3. 生产性能

产蛋性能与繁殖性能:父母代母鸭 175～182 日龄开产。种鸭 40 周龄的产蛋量为 210～220 枚,公母配比 1∶(5～7),种蛋受精率 90%以上,受精蛋孵化率 93%。每只母鸭年平均可提供商品鸭苗 170 只左右。

生长性能:父系种鸭 49 日龄活重 3.688 kg,料肉比 2.77∶1,56 日龄胸腿肌率 27.16%;母系种鸭 49 日龄活重 3.57 kg,49 日龄料肉比 2.93∶1,56 日龄胸腿肌率 27.14%;配套杂交生产的商品肉鸭 49 日龄活重 3.3 kg,料肉比 2.57∶1,49 日龄胸腿肌率 28.3%。

(十)瘤头鸭(番鸭)

1. 产地与分布　瘤头鸭学名麝香鸭、疣鼻栖鸭,原产于南美洲和中美洲热带地区,我国俗称番鸭或洋鸭、火鸭。国外称火鸡鸭、蛮鸭或巴西鸭。瘤头鸭与普通家鸭不同属,属鸭科栖鸭属,是新大陆属的惟一代表,也是驯养鸭中惟一保留就巢性的鸭种。瘤头鸭分布于气候温暖多雨的南美洲和中美洲亚热带地区,是不太喜水而善飞的森林禽种,至今在墨西哥、巴西和巴拉圭还可见到野生瘤头鸭。国外以法国饲养较多,其中以克里莫瘤头鸭最著名。我国饲养的瘤头鸭由海外洋舶引入,在福建至少有 250 年以上的饲养历史,在台湾、广东、江西、广西、浙江、江苏、湖南和安徽等地均有饲养。瘤头鸭因胴体瘦肉多,已受到现代家禽业的重视。在北方饲养,冬季需舍饲保温。由于瘤头鸭肉质细嫩,味道鲜美,蛋白质含量高达 33%～34%,被群众视为强力滋补的佳品。目前,福建省福州市福建农林大学下设番鸭种鸭场。

2. 外貌特征　瘤头鸭与家鸭的体型外貌有明显区别。体型前后窄,中间宽,呈纺锤状,站立时体躯与地面呈水平状态。自眼至喙的周围无羽毛,喙基部和头部两侧有红色或黑色皮瘤,不生羽毛,雄鸭的皮瘤肥厚延展较宽,比雌鸭发达,故称瘤头鸭。头大,颈粗且稍短，头顶部有一排纵向长羽，受刺激时竖起呈刷状。胸宽而平，腿短而粗壮(脚爪硬而尖)，步态平稳，胸腿肌肉很发达。翅膀发达，长达尾部，能做短距离飞翔。腹部不如家鸭发达，尾狭长。

我国瘤头鸭的羽色主要有黑白两种。此外，有少量黑白夹杂的花羽。黑羽瘤头鸭的羽毛带有墨绿色光泽，喙肉红色有黑斑，皮瘤黑红色，胫、蹼多为黑色，眼的虹彩浅黄色。白羽瘤头鸭的喙呈粉红色，皮瘤鲜红色，胫、蹼橘黄色，眼的虹彩浅灰色。黑白花的瘤头鸭喙为肉红色带有黑斑，皮瘤红色，胫、蹼黑色。

瘤头鸭公鸭叫声低哑，呈"滋滋"声，母鸭在抱孵时常发出"唧唧"声，公鸭在繁殖季节可散发出麝香气味，因而被称为"麝香鸭"。

3. 生产性能

产蛋性能：瘤头鸭的母鸭 180～210 天开产，一般年产蛋量为 80～120 枚，高产可达 150～160 枚，蛋重 70～80 g。蛋壳玉白色，蛋形指数 1.38～1.42。

生长性能：瘤头鸭初生雏重 40～42 g，早期生长速度较快，3～10 周龄时增重最快，10 周龄后增重开始减慢。公、母增重差异较大，8 周龄时公、母鸭体重分别为 1.31 kg 和 1.05 kg，10 周龄时公、母鸭体重分别为 2.78 kg 和 1.84 kg。成年公鸭体重 3.5～4.0 kg，母鸭 2.0～2.5 kg。公鸭全净膛率 76.3%，半净膛率 81.4%，母鸭全净膛率 75%，半净膛率 84.9%。公鸭胸腿肌占全净膛屠体重的比率 29.63%，母鸭可达 29.74%。肌肉蛋白质含量达 33%～34%，肉质细嫩，味道鲜美。10～12 周龄的瘤头鸭经填饲 2～3 周，平均产肝可达 300～350 g，公鸭肝重高于母鸭，料肝比(30～32)：1。瘤头鸭较其他鸭耐填，肝大质好，等级高，在产肝的同时，体重比填饲前增加 50%～70%。

瘤头鸭行动迟钝，可水养，也可旱养，能飞翔，胆大不怕人，一般做家庭零星饲养，并可用做杂交亲本。如用人工授精技术使公瘤头鸭与母家鸭杂交生产的属间杂种鸭，称为"半番鸭"或"骡鸭"，具有生长快、饲料报酬高、肉质好和抗逆性强的特点。在南方，特别是台湾省和福建省饲养较多。以公瘤头鸭和母北京鸭杂交生产的半番鸭 8 周龄平均体重达 2.16 kg，生长速度快于其他杂交组合。以公瘤头鸭为父本与北京鸭、金定鸭进行三元杂交生产的“番北金”杂种鸭，3 月龄平均体重达 2.24 kg，杂种优势率达 23.78%，生长速度快于泥鸭。但因瘤头鸭与其他家鸭不同属，因而杂交受精率低，一般为 60%左右。

繁殖性能：母鸭开产日龄 180～270 天。公、母鸭配种比例 1∶(6～7)，种蛋受精率 85%～94%，孵化期 35 天，受精蛋孵化率 80%～85%。母鸭有就巢性，种公鸭利用年限 1～1.5 年。公瘤头鸭与母家鸭杂交由于公、母鸭体重差别较大，多采用人工辅助配种和人工授精繁殖半番鸭，受精率 60%～80%。

(十一)克里莫瘤头鸭

1. 产地与分布　克里莫瘤头鸭由法国克里莫公司培育而成。该鸭体质健壮，适应性强，容易饲养，而且肉质好，瘦肉多，脂肪少，肉味鲜而香，在法国境内占养鸭总数的 80%。目前，四川省成都克里莫有限公司下设全番鸭、100%全白羽骡鸭父母代种鸭场。

2. 外貌特征　克里莫瘤头鸭有白色(R_{51})、灰色(R_{31})和黑色(R_{41})3 种羽色，均为杂交种，外形与克里莫瘤头鸭相似。

3. 生产性能

产蛋性能：年平均产蛋量 160 枚。

生长性能：成年公鸭体重 4.9～5.3 kg，母鸭 2.7～3.1 kg；仔母鸭 70 日龄体重 2.2～2.3 kg，仔公鸭 4.0～4.2 kg，料肉比 2.7∶1；半净膛率 82%，全净膛率 64%；肉用仔鸭成活率 95%以上。13 周龄时强制填饲玉米，经 3 周左右平均肥肝重可达 400～500 g。

繁殖性能：种母鸭 196 日龄开产，种蛋受精率 90%以上，受精蛋孵化率 72%以上。

（十二）野鸭品种　野鸭是多种野生鸭的通俗名称，泛指鸭科鸭亚科的多种鸟类，其中有产业价值的重要狩猎禽种类有绿头野鸭（对鸭）、针尾鸭（中鸭）、绿翅鸭（八鸭）、花脸鸭（元鸭，也叫王鸭）、罗纹鸭（三鸭）、斑嘴鸭、赤膊鸭、赤颈鸭、白眉鸭、琵嘴鸭以及赤嘴潜鸭、白眼潜鸭、青头潜鸭、凤头潜鸭等，其中绿头野鸭为常见的较大型野鸭。

1. 绿头鸭

(1)产地与分布：狭义的野鸭仅指绿头野鸭，其人工驯养的历史很长，现在的家鸭，除番鸭外，都起源于绿头野鸭。目前人工饲养的主要是绿头野鸭。绿头野鸭又名大绿头、大红腿鸭、官鸭、对鸭、大麻鸭、青边等，绿头鸭繁殖在我国的东北地区、内蒙古、青海和新疆等地。越冬在长江以南地区。

(2)外貌特征：绿头野鸭雏鸭全身为黑灰色绒羽，脸、肩、背和腹有淡黄色绒羽相间，喙和脚灰色，趾爪黄色。成年雄鸭的头羽和颈羽暗绿色带金属光泽，光彩夺目，颈基有一条白色领环与栗色胸部相隔；体羽棕灰色带灰色斑纹，肋、腹灰白色；镜羽紫蓝色，上下缘有宽阔的白边；尾羽大部分白色，仅中央两对尾羽绒黑色，并向上卷曲如钩状，为雄鸭特有，称之为雄性羽，可据此鉴别雌雄。雌鸭体型较小，背面羽毛呈棕褐色，并缀有暗黑色斑点，各羽带有浅棕色宽边，腹面浅棕色，并杂以褐色斑点，末端向上卷曲；镜羽与雄鸭相同；尾毛与家鸭相似，但羽毛亮而紧凑，有大小不等的圆形白麻花纹；颈下无白环，尾羽不上卷，眼的虹膜棕褐色；雄鸭嘴橄榄绿色，嘴甲黑色，蹠跖红色；雌鸭嘴黑褐色，嘴端暗棕黄色，蹠跖橙黄色；雌雄的爪均黑色。

(3)生产性能：

产蛋性能与繁殖性能：野鸭在我国北方地区繁殖，冬季在长江流域或长江以南的地方越冬。绿头鸭繁殖力很强，母鸭多产蛋于水边或树上的弃巢，雌雄交配后产蛋，公、母鸭配比为 1∶1，在越冬区2月份配对,4月下旬开始繁殖。夏季为产蛋淡季,母鸭第一个产蛋期在9～12月份,第二个产蛋期在1～6月份,每窝产蛋8～14枚,年产蛋量可达100枚以上。蛋呈灰绿色或黄棕色。种蛋孵化期为28天。

生长性能:雄鸭成年体重590～770 g,雌鸭成年体重120～700 g。

2. 美国野鸭

(1)产地与分布:美国野鸭是人工驯化的野鸭,产自美国,目前已在我国大面积推广,并已成为野鸭养殖的主要品种。美国野鸭属候鸟类,性情温顺,产蛋量大,饲料利用率高,生长速度快,70日龄体重可达1.27 kg。成熟也早,最早165日龄开始产蛋。美国野鸭肉质鲜嫩,味美可口,脂肪较少,肌肉率高,富含多种人体必需的氨基酸、脂肪、糖分、无机盐、维生素及微量元素,特别是没有家鸭那种令人不愉快的臊味,是传统的滋补食品,具有较高的经济和食用价值。而且美国野鸭抗病力强,对高温、高湿和寒冷干燥的气候有较强的适应能力。

(2)外貌特征:外貌形态似绿头鸭。

(3)生产性能:

产蛋性能:年产蛋量100～150枚,高产者达200枚以上。蛋重55～65 g,蛋壳青色。

生长性能:成年公鸭体重1.35～1.50 kg,母鸭成年体重为1.6～1.7 kg。美国野鸭肉质细嫩,味道鲜美,无鸭膻味,属高蛋白、低脂肪的野味上品。鸭肉含蛋白质高达29.5%,含脂肪仅2.8%。成活率高达95%以上,料肉比为3.5∶1,商品肉用仔鸭60日龄平均体重为1.25 kg。

繁殖性能:父母代母鸭150～160日龄开产,公鸭160日龄性成熟。公、母鸭配比为1∶10。种蛋受精率可达85%～90%。母鸭繁殖季节性强,2～5月份为第一个产蛋期,产蛋量占全年的

70%～85%；8～10月份为第二个产蛋期，占全年产蛋量的30%左右。

三、肉蛋兼用型鸭品种

（一）高邮鸭

1. 产地与分布　高邮鸭是我国较大型的麻鸭品种，为蛋肉兼用型，以产双黄蛋著称。原产于江苏省高邮、宝应、兴化等县，分布于江苏北部京杭运河沿岸的里下河地区，全国许多省（市）均有引进，以广东、云南、贵州、湖南、江西、安徽等省饲养较多。高邮鸭肉质好，觅食能力强，耐粗杂食，善潜水，生长快，产蛋大，且产较多的双黄蛋，饲料报酬高，适于放牧饲养。

2. 外貌特征　高邮鸭体躯呈长方形，胸深背阔肩宽，发育匀称，具典型的肉蛋兼用型种鸭体型。喙豆黑色，虹彩深褐色，爪黑色。公鸭体型较大，头、颈上部的羽毛深绿色，有光泽，背、腰、胸部均为褐色芦花羽，腹羽黑色，喙青绿色，胫、蹼橘红色，有"乌头白裆青嘴雄"之称。母鸭颈细长，羽毛紧密，后躯发达，体羽褐色，杂有黑色细斑，呈麻雀色，胫、蹼灰褐色。雏鸭羽色为黑斗星，青喙，黑喙豆，黑线背，黑尾巴，黑胫，黑蹼，黑爪。

3. 生产性能

产蛋性能：年平均产蛋量140～160枚，高产群可达180枚。平均蛋重75.9 g，其中70 g以下者占15.3%，78 g以上者占4%，双黄蛋约占0.3%。蛋壳白色者居多，约占82.9%，青壳蛋占17.1%左右，蛋形指数1.43。

生长性能：高邮鸭成年鸭体重，公鸭2.3～2.4 kg，母鸭2.6～2.7 kg。生长速度较快，一般在放牧条件下，70日龄体重可达1.5 kg，在较好的饲养条件下可达1.8～2 kg，以40～70日龄期生长最快。采用配合饲料饲喂，50日龄平均体重可达1.78 kg。屠宰半净膛率为80%左右，全净率为70%左右，料肉比1.5∶1。

繁殖性能：高邮鸭繁殖力较强，公鸭 70 日龄后即有性行为，母鸭开产日龄 110～140 天。公母配比 1∶(25～33)，受精率 92%～94%，受精蛋孵化率 85%以上。

(二)建昌鸭

1. 产地与分布　建昌鸭是肉用性能优良，以生产“大肥肝”著称的肉蛋兼用型麻鸭，素有“大肝鸭”的美称。原产于四川省的西昌、德昌、冕宁、米易和会理等县，西昌古称建昌，因而得名“建昌鸭”。产区位于青藏高原和云贵高原之间的安宁河河谷地带，属亚热带气候。当地素有腌制板鸭，填肥取肝，食用鸭油的习俗，经过长期的选择，育成了以肉为主，肉蛋兼用的品种。

2. 外貌特征　建昌鸭体型中等大小，体躯宽阔，头大颈粗。公鸭头、颈上部羽毛墨绿色，具光泽，颈下部 1/3 处有一白色颈圈，尾羽、性羽黑色，喙墨绿色，前胸及鞍羽红褐色，腹羽银灰，故有“绿头、红胸、银肚、青嘴公”之称。母鸭羽毛褐色，有深浅之分，以浅褐色麻雀羽居多，喙橘黄色。

建昌鸭中还有约 15%的白胸黑鸭，前胸白色，体羽乌黑，喙、胫、蹼黑色。近年来，四川农业大学又从建昌鸭中分离出一个白羽品系。

3. 生产性能

产蛋性能：建昌鸭年均产蛋量 150 枚左右，平均蛋重 72.9 g。蛋壳以青壳者居多，占 60%～70%，壳厚 0.35 cm，蛋形指数 1.37。

生长性能：建昌鸭成年公鸭体重 2.2～2.5 kg，母鸭 2～2.3 kg。生长较快，初生体重 37.4 g，1 月龄体重 302.5 g，2 月龄体重达 962.5 g，3 月龄体重 1 655.8 g，4 月龄公鸭重 1 844.0 g，母鸭 1 694.7 g。其相对增重高峰期出现在 8 周龄前，13 周龄后则增重急剧下降，28 周龄时接近成年体重。肉用仔鸭 8 周龄活重 1.3～1.6 kg。6 月龄半净膛屠宰率公鸭为 78.9%，母鸭为 81.84%，全净膛屠宰率公鸭为72.3%，母鸭为74.08%。6月龄胸、腿肌总重公鸭为327.38 g，母鸭为318.60 g。胸、腿肌占屠体重的比例，公鸭为25.84%，母鸭为24.27%。56日龄肉料比为1∶3.07，7月龄填肥21天的料肉比为11.07∶1。

肥肝：7月龄建昌鸭填肥14天平均肝重229.24 g，最大者达455 g，肝料比为1∶23.81，填肥21天平均肝重324.36 g，最重达545 g。

繁殖性能：公鸭性成熟日龄120天左右，母鸭开产日龄150～180天，公母配比1∶28，受精率90%左右，受精蛋孵化率85%左右。

（三）巢湖鸭

1. 产地与分布　巢湖鸭主产区在安徽省中部的巢湖附近，分布于巢湖周围的庐江、巢县、肥西、肥东、舒城、无为、和县、含山等县。产区地理位置属江淮分水岭以南、大别山以东、长江北岸的低洼湖沼冲积平原地带，具有良好的放牧条件。巢湖鸭体质健壮，行动敏捷，抗逆性强，采食性能好，是制作无为熏鸭和南京板鸭的良好材料。

2. 外貌特征　巢湖鸭体型中等大小，呈长方形，结构紧凑。公鸭的头、颈上部羽毛呈墨绿色，有光泽，前胸和背、腰部羽毛褐色，镶有黑色条斑，腹部白色，尾羽黑色，喙黄绿色，虹彩褐色，胫、蹼橘红色，爪黑色。母鸭体羽浅褐色，缀黑色细条纹，呈浅麻细花形，翼部有蓝绿色镜羽，眼上方有白色或浅黄色眉纹。

3. 生产性能

产蛋性能：巢湖鸭母鸭年产蛋量160～180枚，平均蛋重70 g，蛋壳以白色居多，占87%，青壳蛋占13%。

生长性能：巢湖鸭成年公鸭体重2.1～2.7 kg，母鸭1.9～2.4 kg。肉用仔鸭70日龄活重1.5 kg，90日龄活重2 kg。全净膛屠宰率72.6%～73.4%，半净膛屠宰率83%～84.5%。

繁殖性能：巢湖鸭母鸭开产日龄140～160天，公、母配比早春为1∶25，清明后为1∶33。种蛋受精率90%以上，受精蛋孵化率89%～94%。公鸭利用年限为1年，母鸭为3～4年。

（四）大余鸭

1. 产地与分布　大余鸭主产区在江西省南部的大余县，分布于赣西南的遂川、崇义、赣县、永新等县和广东省的南雄县。以大余鸭腌制的南安板鸭（大余旧称南安）在广东、港澳和东南亚地区久负盛名，其特色是皮薄肉嫩，骨脆可嚼，腊味香浓，耐人寻味。

2. 外貌特征　大余鸭体型中等大小，不具白色颈圈。翼部有墨绿色镜羽，喙青色，胫、蹼青黄色。公鸭头、颈、背部羽毛红褐色，少数个体头部有墨绿色羽。母鸭体羽褐色，杂有较大的黑色雀斑，故有“大粒麻”之称。

3. 生产性能

产蛋性能：大余鸭年产蛋量180～220枚，平均蛋重70 g左右，蛋壳白色。

生长性能：大余鸭成年体重2～2.2 kg。在放牧条件下，90日龄仔鸭活重1.4～1.5 kg，再经1个月的育肥饲养，体重达1.9～2 kg，即可屠宰加工板鸭。半净膛屠宰率公鸭为84.1%，母鸭为84.5%；全净膛屠宰率公鸭为74.9%，母鸭为75.3%。

繁殖性能：母鸭开产日龄180～200天，公母配比1∶10，种蛋受精率81%～91%，受精蛋孵化率90%以上。

（五）临武鸭

1. 产地与分布　临武鸭产于湖南省临武县，分布于武水河两岸的肉蛋兼用型地方品种。临武鸭食性广，易肥育，加工成板鸭味道鲜美。

2. 外貌特征　临武鸭体型中等偏小，体躯较长，结构匀称，胸部发达，后躯挨地。头大眼突，喙扁而宽，呈黄褐或黄红色，上腭宽于下腭，尖端微向下钩，中段微微上拱，采食有力，被称为“拱嘴鸭”、“钩嘴鸭”和“挖嘴鸭”。颈较细长，翅膀收缩有力，翅尖交叉，尾羽呈三角形，尾尖上翘。母鸭毛色以黄褐色为主，杂有白、绿色斑，具白色颈圈；公鸭头、颈上部羽毛绿色发亮，颈圈明显，腹部多棕黄色或灰白色。

3. 生产性能　成年公鸭体重 1.770 kg，母鸭 1.813 kg。开产日龄 140～160 天，年产蛋 160～180 枚，蛋重 67.4 g。

（六）昆山鸭

1. 产地与分布　昆山鸭又称昆山大麻鸭。系江苏省苏州地区培育的品种，采用北京鸭与当地娄门鸭杂交，经 14 年的选育和推广，于 1978 年通过鉴定。

2. 外貌特征　昆山鸭体型大，似父本北京鸭，头大，颈粗，体躯呈长方形，宽而且深。羽毛似母本娄门鸭。公鸭头、颈上部羽毛墨绿，有光泽，体背部和尾羽墨褐色。体侧灰褐色有芦花纹，腹部白色，翼部镜羽墨绿。母鸭全身羽毛深褐色，缀黑色麻雀斑纹，眼上方有白眉，翼部有墨绿色镜羽。昆山鸭的喙呈青绿色，胫、蹼橘红色。

3. 生产性能　成年公鸭体重 3.5 kg，母鸭 3 kg。开产日龄 180 天左右，年产蛋 140～160 枚，平均蛋重 80 g 左右。蛋壳浅褐色，少数青色。60 日龄仔鸭体重 2.4 kg 左右。

（七）沔阳鸭

1. 产地与分布　沔阳鸭系湖北省沔阳县畜禽良种场经 20 年选育而成的肉蛋兼用型鸭种，先以高邮鸭作父本，荆江鸭作母本杂交，杂种鸭自群繁殖 3 年后，再次用高邮鸭级进杂交，最终培育而成。

2. 外貌特征　沔阳鸭体型中等大小，体躯长方形，背宽胸深。胫、蹼橘黄色。公鸭头、颈上部的羽毛绿色，有光泽，体背部羽毛深褐色。臀部羽毛黑色，胸、腹和副主翼羽白色。喙黄绿色，虹彩浅褐色。母鸭羽毛以褐色为主，分浅麻色和深麻色两种，主翼羽均为黑色。喙青灰。眼上左右一道白眉。

3. 生产性能　成年体重 2.2～2.3 kg，开产日龄 140～

150 天，年产蛋量 160～180 枚，第一年平均蛋重 74.5 g；第二年 79.6 g。蛋壳以白色居多，占 93%，青壳蛋仅 7%。公母配比 1∶(20～25)。种蛋受精率 90%以上，受精蛋孵化率 85%以上。公鸭利用年限 1 年，母鸭 4～5 年。

（八）桂西鸭

1. 产地与分布　桂西鸭产于广西的靖西、德保、那坡等地，是大型麻鸭品种。

2. 外貌特征　桂西鸭体型中等大，有 3 种羽色，呈深麻雀色的称“马鸭”；呈浅麻雀色的称“凤鸭”；呈黑背白腹的称“乌鸭”。

3. 生产性能　成年体重 2.4～2.7 kg，开产日龄 130～150 天，年产蛋量 140～150 枚，蛋重 80～85 g，白壳蛋居多，有少数青壳蛋。公、母配比 1∶(10～20)。肉用仔鸭 70 日龄体重 2 kg 左右。

（九）四川麻鸭

1. 产地与分布　四川麻鸭是体型较小的肉蛋兼用品种。中心产区位于四川省绵阳、温江、乐山、宜江、内江、达川等地，广泛分布于四川省水稻田产区。四川麻鸭早熟，放牧能力强，为四川省生产肉用仔鸭的主要品种。

2. 外貌特征　四川麻鸭体型较小，体质坚实紧凑，羽毛紧密，颈长头秀，喙橘黄色，喙豆多为黑色。胸部发达，突出。胫、蹼橘红色。公鸭体型呈狭长方形，性羽 2～4 根，向背弯曲。公鸭羽毛较为一致，常分为两种：一种是“青头公鸭”，此公鸭的头和颈的上部1/3 或 1/2 处的羽毛为翠绿色，腹部为白色羽毛，前胸为赤褐色羽毛；另一种是“沙头公鸭”，此种公鸭的头和颈的 1/3 或 1/2 处的羽毛为黑白相间的青色，不带翠绿色光泽，肩背为浅黄色细芦花斑纹，前胸赤褐色，腹部绒羽为白色，性羽为灰色。

母鸭羽色较杂，以麻褐色居多。麻褐色的母鸭的体躯、臀部的羽毛均以浅褐色为底，上具椭圆形黑色斑点，黑色斑点由头向体躯后部逐渐增大，颜色加深。在颈部下 2/3 处多有一白色颈圈。腹部为白色羽毛。麻褐色母鸭中颜色较深者称为“大麻鸭”，羽毛泥黄色；斑点较小者称为“黄麻鸭”，其他杂色羽毛约占50%。

3. 生产性能

产蛋性能：在放牧条件下，年平均产蛋150枚左右，500日龄平均产蛋131枚，蛋重72～75 g，蛋壳以白色居多，少数为青色，蛋形指数1.4。

生长性能：四川麻鸭初生体重40 g，30日龄体重443 g，60日龄体重1 214 g，90日龄体重1 568 g。100日龄开始填肥2周可增重540 g，增重率39.85 %，瘦肉率25.21%，皮脂率22.32%；90～100日龄的全净膛率63.1%，公鸭胸、腿肌占屠体重的29.10%，母鸭为31.84%。胴体含水量为60.70%，粗脂肪为22.43%，粗蛋白为16.04%，灰分为0.85%。利用建昌鸭作父本，四川麻鸭作母本，其杂种一代在活重、平均日增重等方面具有明显的杂种优势。

繁殖性能：孵化季节在3～8月份，公、母鸭配种比例1∶10，受精率在90%左右，种蛋孵化率平均85%左右。母鸭利用年限2～3年，公鸭利用年限1年。

（十）云南鸭

1. 产地与分布　云南鸭是中型肉蛋兼用型地方鸭品种，中心产区位于云南省西北部，分布于全省各地区。除生产食用蛋之外，有很大部分仔鸭经人工填饲生产腊鸭。

2. 体型外貌　母鸭羽色分黄麻和黑麻两种，黄麻色羽蹼多数，有少数白羽个体。公鸭头和颈上部羽毛绿色带有光泽，颈下部有白色羽环，胸、背羽毛深褐色，腹部羽毛灰白色、尾羽黑色，镜羽黑绿色。喙、胫、蹼橘黄色。虹彩红褐色，部分灰色。

3. 生产性能

产蛋性能：云南鸭种母鸭年产蛋150枚左右，蛋重72 g左右，蛋壳分青色和白色两种。

生长性能：云南鸭仔鸭70日龄体重1 500 g，成年公鸭

1 840 g，母鸭 1 680 g。110 日龄用于加工腊鸭的肉鸭体重为 1 700～2 000 g，屠体全净膛率 77%左右。

繁殖性能：母鸭性成熟期为 150 日龄左右。公、母鸭配种比例 1∶12，种蛋受精率 70%～90%。

（十一）松香黄鸭

1. 产地与分布　松香黄鸭是由广东省佛山市农业科学研究所用东莞鸭母鸭和北京鸭公鸭杂交育成的肉蛋兼用型新鸭种。主要分布在广东省佛山市。

2. 外貌特征　松香黄鸭母鸭羽毛以黄红色为特征，故称松香黄鸭，又称红毛鸭，喙、胫、蹼均为橘红色，少数鸭喙为青色，虹彩为蓝色，皮肤黄白色。公鸭以灰色头、灰色尾、棕色胸、白色腹为特征，喙、胫、蹼、虹彩及皮肤的颜色与母鸭相同。

3. 生产性能

产蛋性能：松香黄鸭年产蛋量 200 枚左右，平均蛋重 80 g，蛋壳为乳白色。

生长性能：松香黄鸭初生重平均为 55 g，60 日龄体重 1 700～2 000 g，经 10 天左右的填肥，平均体重可达 2 500 g 以上。

繁殖性能：松香黄鸭母鸭开产日龄为 150～160 天。

（十二）白沙鸭

1. 产地与分布　白沙鸭是广东省澄海市白沙良种场用当地的潮汕麻鸭母鸭与北京鸭杂交育成的肉蛋兼用型新品种，具有体型大、产肉能力强、肉质好、产蛋多等优良性能。在高温潮湿气候和稻田放牧饲养条件下，其生长发育、生产性能表现正常，成活率 95%以上。主要分布在广东省汕头市。

2. 外貌特征　白沙鸭为褐色麻羽，眼上方有由白色羽组成的斑纹，似眉毛，故又称此鸭为白眉鸭。

3. 生产性能

产蛋性能：白沙鸭母鸭年产蛋 170～210 枚，平均蛋重 80 g。

生长性能：白沙鸭初生雏鸭重 50 g，70 日龄时平均体重 1 800 g。

第二章　营养与饲料

鸭的营养来源于饲料。鸭通过采食饲料，消化吸收其中的各种营养物质，转化为自身的物质，以满足生长发育的需要，并形成鸭产品。因而饲料是确保鸭生长代谢、产蛋、产肉或生产肥肝等生命活动的物质基础。饲料中的营养成分不同，其作用也不同，只有在了解饲料中的营养物质组成及鸭的营养需要的基础上，科学配制日粮，才能达到降低成本，生产出更多更好鸭产品的目的。

第一节　饲料中的营养物质

饲料中的营养物质可以分为 6 类，即水分、蛋白质、脂肪、碳水化合物、维生素和无机盐。而按其功能则分为能量物质、维生素、无机盐和水。归纳如下（表 2-1）：

表 2-1　饲料中的营养物质

- 饲料
  - 干物质
    - 矿物质（粗灰分）
    - 有机物
      - 含氮物质（粗蛋白）
        - 纯蛋白（真蛋白）
        - 氮化物（非蛋白）
      - 无氮物质
        - 粗脂肪
        - 碳水化合物
          - 粗纤维（存在于植物中）
          - 无氮浸出物
            - 淀粉
            - 糖
  - 水

饲料中的碳水化合物、脂肪和蛋白质称为能量物质。鸭采食饲料后，其能量在体内的转移形式为（图 2-1）：

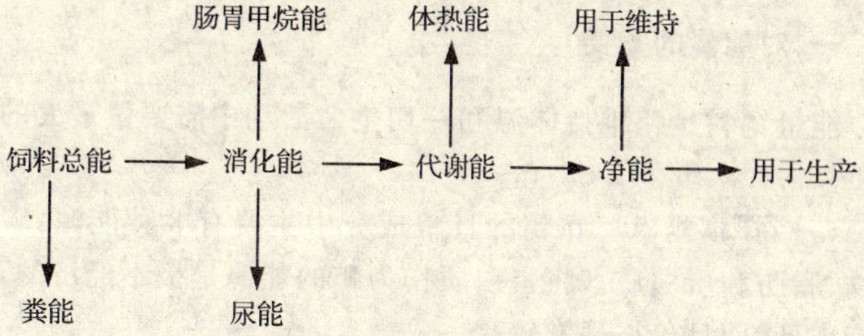

图 2-1　能量在体内的转移形式

饲料中的有机物经测热器测定，其化学能转变为热能，即饲料总能。食进的饲料一部分被消化转化为消化能，而另一部分未被消化则转化为粪能，粪能占总能比例主要与采食的饲料性质有关。消化能中参与代谢的部分为代谢能。代谢能用来衡量鸭的饲料营养能量。根据鸭的真代谢能来制定饲养标准和计算饲料配方。代谢能中一部分为体热能，另一部分为净能；净能用于鸭的产蛋、产肉、产羽和肥肝，体热能是饲料能量在动物体内代谢过程中不可避免的损耗。通常，饲喂鸭的日粮若不平衡，将会显著提高代谢能中热增耗的比例。只有当各种营养物质达到平衡时，才能使鸭处于最佳生长发育及生产状态。否则，若缺乏某种营养物质，不仅会造成饲料浪费，还会使鸭的生长发育受阻，出现异常或病态，导致产蛋率下降，蛋质量差，受精率、孵化率降低等一系列不良后果。因而，鸭的营养与饲料问题是养鸭生产中最为重要的一个环节。

第二节　鸭的营养需要

鸭具有消化力强、代谢旺盛、体温高、生长发育快、成熟早、产蛋多、易肥育等特点，因而，同样体重的鸭与其他家畜相比，鸭需要更多的各种营养物质。

一、对能量的需要

能量饲料是鸭维持体温和一切生命活动中需要量最大的营养物质。

（一）日粮能源　在鸭的日粮成分中主要有3种能源：碳水化合物、脂肪和蛋白质。将蛋白质作为鸭的能源是极不经济的，不仅产能率低，而且价格通常较高。

1. 碳水化合物　鸭对能量的需求主要由富含碳水化合物的植物提供。碳水化合物包括粗纤维和无氮浸出物，主要组成有（表2-2）：

表2-2　碳水化合物的内容

- 碳水化合物
  - 糖
    - 单糖
      - 丙糖——甘油醛、二羟基丙酮
      - 四糖——赤藓糖
      - 戊糖——阿拉伯糖、木糖、核糖
      - 已糖——葡萄糖、半乳糖、甘露糖、果糖
      - 双糖——蔗糖、乳糖、麦芽糖、纤维二糖、海藻糖
    - 三糖——棉子糖
    - 四糖——水苏四糖
  - 非糖类
    - 同多糖
      - 戊聚糖——阿拉伯树胶、木聚糖
      - 已聚糖
        - 葡聚糖——淀粉、糊精、糖原、纤维素
        - 多聚糖——菊粉、果聚糖
        - 半乳聚糖
        - 甘露聚糖
    - 杂糖类——半纤维素、树胶、粘多糖、果胶质类等

粗纤维即纤维素和半纤维素、木质素等，其中所含的能量不能被鸭所利用，因为鸭的消化道中没有分解纤维素的酶，只能靠盲肠中的微生物对半纤维素进行部分分解，所以，鸭对粗纤维的利用率很低。如果日粮中所含粗纤维过高，会加快食物通过消化道的速度

从而影响鸭对其他养分的吸收。但适量的粗纤维可以改善日粮结构，刺激胃肠蠕动，有利于酶的消化作用，并能防止鸭发生啄癖。一般粗纤维的适宜含量雏鸭不超过3%，青年鸭、产蛋鸭不超过6%。

而无氮浸出物中的多糖类淀粉是最大量的可消化能源；单糖类、双糖类也都极易消化，是供给鸭体热能、维持体温的主要养分，其在体内分解后，能释放出大量热量，也可转变为糖原储藏于肌肉和肝脏中，剩余的则转变为脂肪储积在体内。故在鸭的肥育期需要供给充足的富含淀粉的饲料。当碳水化合物充足时，可减少蛋白质的消耗，有利于鸭的正常生长和保持一定的生产性能。而当碳水化合物及脂肪供应不足时，鸭就会分解体内的蛋白质，以满足对热能的需求，从而造成蛋白质的浪费。但是对蛋鸭来说，饲料中碳水化合物不宜过多，以免使鸭生长过肥，影响产蛋。

2. 脂肪 脂肪是鸭体组织、器官、激素和蛋的主要成分。如神经、血液、肌肉、肝、脑、卵子和精子等都含有脂肪。脂肪在蛋内约占11.2%。脂肪是储存能量的最好形式，鸭将剩余的脂肪和碳水化合物转化为体脂肪，储存于皮下、肌肉肠系膜和胃的周围，能起到保护内脏器官，防止体热散发的作用。脂肪还是脂溶性维生素的溶剂，它能促进维生素A、维生素D、维生素E、维生素K及胡萝卜素的吸收和利用。在鸭的营养需要中只有一种必需的脂肪酸即亚油酸，它是一种不饱和脂肪酸，存在于植物性油脂中。当亚油酸不足时，雏鸭易患脂肪肝病和呼吸道病，种鸭也表现出产蛋量降低，孵化率下降。

脂肪的能值很高，是淀粉的2.25倍。在日粮中添加适量的脂肪不仅可以增强饲料的适口性，还能产生称为“额外热能效应”的有益作用。对鸭的研究已证实，如果日粮中代谢能和蛋白质维持在一定的水平，饲料利用率将随日粮中添加脂肪水平的增加而直线提高。与其他家禽相比，鸭对脂肪的代谢能力表现更强，尤其是，鸭在不同日龄均对米糠中的油（含量>16%）的消化利用率极高。

(二)日粮能量对进食量的影响　大量资料均证实,对鸭来说,日粮能量水平是决定饲料进食量的主要因素。相对其他家禽而言,鸭对低能日粮的接受能力更强。一项研究实验表明:当日粮代谢能在 9.20～12.89 MJ/g 变化时,48 日龄鸭的平均活重差异并不明显。鸭能使大体积的日粮有效地通过消化道,它根据日粮的能量浓度调节采食量的能力较强。但是,饲喂低能日粮的鸭饲料转化率明显降低。

限制鸭的能量摄入量将使鸭的生产降低,降低的幅度与限制的严格程度成正比。在限制能量摄入量的实验中,其他的营养素如蛋白质、矿物质、维生素、无机盐均保持不变时,得出的结论是:能量的摄入量水平对生长、增重起着至关重要的作用,这对种鸭育成期的体重控制是一个极为重要的营养理论依据,而且已经在实际生产中得到充分利用。

鸭对能量的需求(采食)常随环境条件的变化而增减,但对蛋白质、无机盐的需求量却一般不随环境条件而变化,主要由产蛋率、生长率的高低来决定。假如在某一时期根据鸭的营养需要和采食量制定了配合饲料,当时饲料中的能量和蛋白质恰能满足其需要,后来,温度降低了,鸭体需要较多的能量,因而增加了采食量,此时蛋白质的摄入量也随之增加,但是鸭对蛋白质的需求并未增加,因而造成了蛋白质的浪费;反之温度升高,采食量减少,蛋白质就会不足,也影响鸭的正常发育和产蛋。因此,鸭的这种根据能量自动调节其采食量的特性,虽然保持了其本身的能量需求平衡,却影响了对蛋白质及其他营养物质的需求平衡。因而应根据不同季节,不同生长发育阶段,及时调整鸭日粮中的能量水平。

二、对蛋白质的需要

(一)蛋白质的功能及其来源　蛋白质是鸭体一切组织如肌肉、血液、皮肤等和各种器官以及酶、激素、抗体、色素等的主要组成成分，是重要的结构物质，几乎占细胞干重的 1/2；同时也是鸭蛋、羽毛等鸭产品的重要组成成分。因而，蛋白质是维持机体正常代谢、生长发育、繁殖和形成蛋、肉、羽等鸭产品最需要的营养物质。当鸭体内碳水化合物或脂肪不足时，蛋白质还可氧化释放出能量，来满足鸭体的能量需要。但鸭必须从饲料中摄取蛋白质，经过体内的同化作用重新组成鸭体蛋白质，而不能用碳水化合物、脂肪或其他养分来代替。当鸭摄取的饲料蛋白质不足时，其体内蛋白质的分解比合成多，正常的生理功能就不能保障，表现为雏鸭、中鸭贫血，生长发育减慢，停滞甚至退膘；成年鸭开产期延迟，产蛋率下降，蛋重减轻，品质变劣，孵化率低，鸭体内免疫蛋白减少，抗病力降低，严重时体重降低，产蛋停止，甚至死亡。但蛋白质过量也会引起消化障碍，而出现拉白屎和尿酸盐沉淀等症状，并导致蛋白质的浪费，饲料成本高；同时，还因排泄大量含氮物而污染环境。

（二）蛋白质的品质与限制性氨基酸　鸭对蛋白质的需要包括必需氨基酸和非必需氨基酸在内的全部氨基酸的需要。日粮中完整的蛋白质被酸分解，最终以游离氨基酸的形式进入血液，被输送到肝脏和其他体细胞，以合成鸭体所需要的各种蛋白质。蛋白质的品质是由氨基酸的种类和含量所决定的。目前已知饲料中的氨基酸种类有 22 种，其中有 13 种氨基酸在鸭体内不能合成或合成的速度及数量不能满足正常生长的需要，必须从饲料中摄取，这类氨基酸称为必需氨基酸。它包括赖氨酸，蛋氨酸，色氨酸，组氨酸，苏氨酸，精氨酸，异亮氨酸，亮氨酸，苯丙氨酸，缬氨酸，胱氨酸，酪氨酸和甘氨酸。另一些氨基酸在鸭体内能合成，或需要量较少，不必由饲料供给，也能维持正常生长，称为非必需氨基酸。

质量好的蛋白质不仅含有各种必需氨基酸，而且配合比例也比较恰当。例如，动物性蛋白质的氨基酸组成就比较合理，其中所含必需氨基酸比较完全，尤其是赖氨酸、蛋氨酸的含量较高；而植物性蛋白质所含必需氨基酸种类少，而且比例也失衡，品质就差些。含有全部必需氨基酸的蛋白质，称为全价蛋白质。在非全价蛋白质饲料如植物性饲料中，通常赖氨酸、蛋氨酸、色氨酸缺乏或含量不足，就会限制其他各种必需氨基酸的利用率，这样的氨基酸被称为限制性氨基酸。如在鸭的13种必需氨基酸中有12种达到了营养需要量的100%，而赖氨酸只达到需要量的60%，因此，日粮蛋白质中的全部氨基酸有效利用率就会受到限制，整个降低到60%，剩余的40%在肝脏中进行脱氨，并合成尿素，随尿排出体外。在鸭的氨基酸需要中，含硫氨基酸（蛋氨酸和胱氨酸）是最为限制性的，其次为赖氨酸。因而在日粮中适量添加蛋氨酸、赖氨酸、胱氨酸，能有效地提高饲料蛋白质的利用率，故这几种氨基酸被称为蛋白质饲料的强化剂。可见蛋白质的利用率取决于氨基酸含量是否齐全，比例是否平衡。各种必需氨基酸平衡的全价蛋白质饲料，被鸭同化在体内，变成体蛋白的量就多、被排出或浪费的就少。但是，许多单一饲料中所含蛋白质中的氨基酸种类往往不齐全或不适量，所以日粮中饲料成分单纯时，蛋白质的利用率就低，如能采食多种饲料，饲料蛋白质中的氨基酸能够取长补短，相互补充，使日粮中各种必需氨基酸齐全且适量，就能提高蛋白质的利用率和营养价值，这种作用称为氨基酸的互补作用。

有些氨基酸在鸭体内除合成蛋白质外，还可以形成维生素和激素等，供鸭体生长所需。如色氨酸可形成烟酸；酪氨酸可合成甲状腺素和肾上腺素，也是形成黑色素所必需的；蛋氨酸是一种甲基化剂，能代替日粮中的部分胆碱。

（三）氨基酸需要量的测定与能量蛋白比　鸭的氨基酸需要量的测定方法常用成年鸭喂无氮日粮，测出鸭内源氨基酸的排出量及排出模式；用低氮日粮测出成年鸭在维持状态下的皮屑损失氮，再测定排泄物中的肌酸肌酐总量推测出甘氨酸、精氨酸和蛋氨酸的损失，这三项之和即为氨基酸的维持需要量。生长所需的氨基酸模式则可根据生长鸭的体重和体氮含量、胴体氨基酸分析获得。分析羽毛的氨基酸组成和羽毛生长量得到羽毛的氨基酸需要量。维持需要量和生长需要量之和为鸭的氨基酸需要量，再根据鸭饲料采食量，从而得到饲料中氨基酸的需要水平。

在确定鸭日粮蛋白质水平时，通常要与能量结合起来考虑。与鸡类似，鸭日粮中适宜的能量蛋白比（ME/CP）对于鸭的生长、饲料转化率及其经济效益的作用都显得比单独的蛋白质需要量更为重要。因此，我们用能量蛋白比来表示鸭的蛋白质需要量。雏鸭的ME/CP为14时较为适宜，而生长育成期鸭的ME/CP为17～19时所产生的综合效果最佳，这也是最为实际的选择范围。

常规的蛋白质原料如豆粕、鱼粉、肉骨粉等，是鸭的较好蛋白质来源，人工合成的商品氨基酸也在鸭的生产中得以广泛利用。

三、对维生素的需要

维生素是维持机体生命活动过程中不可缺少的一类有机物质，它的主要生理功能是调节机体的物质和能量代谢，参与氧化还原反应。另外，许多维生素是酶和辅酶的主要成分。

鸭体不能合成维生素，必须从食物中获得，虽然鸭对维生素的需要量极其微小，但其对各种生命活动均有重大影响。当缺乏时，会引起相应的维生素缺乏症，发生代谢紊乱，影响正常的生长发育、受精、产蛋和种蛋的孵化，严重时可导致鸭死亡。鸭在逆境因素刺激下，如转群、拥挤、预防接种、高温、潮湿和运输等条件下对维生素的需求会成倍增长，因此应及时补充。

维生素有20多种，根据其溶解特性可分为两大类：即脂溶性维生素和水溶性维生素。脂溶性维生素在鸭体内有一定储存，但不稳定；水溶性维生素在体内不能储存，很快随尿排出，需经常由饲料来供给。

（一）脂溶性维生素　脂溶性维生素主要有维生素A、维生素D、维生素E和维生素K等。

1. 维生素A　维生素A又名视黄酸、抗干眼维生素、抗传染病维生素或生长维生素等。维生素A能保持黏膜的正常功能,促进鸭的生长发育,维护视觉器官、呼吸系统、消化系统和生殖系统黏膜的健康;增强鸭体对疾病的抵抗力;提高产蛋、产肉、孵化和成活率,对骨骼的形成也有作用;还能增进食欲,促进消化,预防夜盲症等。当维生素A缺乏时,鸭表现为运动肌肉功能和神经失调,关节僵硬、肿大,行走蹒跚,生长发育不良,眼睛流泪、红肿,患夜盲症或干眼炎;产蛋率和孵化率下降,公鸭配种能力下降,输尿管和肾脏尿酸沉积,精神不振、羽毛蓬松等。雏鸭和青年鸭对维生素A的需要量为每千克日粮含1 500 IU。

维生素A存在于动物性饲料中,以鱼肝油和蛋类中最为丰富。青绿多汁饲料如胡萝卜、南瓜、青菜、苜蓿、甘薯、黄玉米及嫩草等含有丰富的胡萝卜素,在体内经水解后能转变成维生素A。因此,放牧和饲喂这些饲料的鸭群一般不必添喂维生素A。

由于天然维生素A不稳定,饲料中的含量变化大,在工厂化饲养的过程中,鸭往往发生维生素A缺乏症,此时,应添加适当量的维生素A以高于营养需要规定的标准(一般超出2倍),并以较稳定的合成维生素A为好。1 IU维生素A相当于0.3 μg维生素A醇,或0.344 μg维生素A醋酸脂,或0.6 μg β-胡萝卜素,或1 μg粗胡萝卜素。

2. 维生素D　维生素D又称抗佝偻病维生素,是几种脂溶性固醇衍生物的综合名称。维生素D包括维生素D_2、维生素D_3、维生素D_4和维生素D_5。其中以维生素D_2与维生素D_3的生理活性最高,维生素D_2俗名为麦角钙化醇,维生素D_3俗名为胆钙化醇。维生素D_2的效能比维生素D_3高20～30倍。它与鸭体内的钙、磷代谢有关,能帮助钙、磷的吸收、促进骨骼和蛋壳的生长和形成。维生素D对任何年龄的鸭子都很重要。如果缺乏维生素D,骨组织的形成会受阻,雏鸭出现生长发育不良,双腿无力,喙、脚及骨质变软，腿骨弯曲，发生佝偻病。种鸭则产薄壳，软壳或畸形蛋，产蛋率下降，孵化率降低。雏鸭和青年鸭对维生素 D_3 的需要量为每千克日粮含 200 IU，产蛋鸭为每千克日粮含 500 IU。

维生素 D 在鱼肝油、蛋黄和动物肝脏中最为丰富，通常用鱼肝油作为维生素 D 的补充剂和缺乏症的治疗药物。鸭体表皮组织和羽毛中的 7-脱氢胆固醇经紫外线照射，可以转变为维生素 D_3 而被吸收；青饲料中的麦角固醇经阳光照射可转变为维生素 D_2，所以，放牧的鸭群不会缺乏维生素 D。雏鸭在室内育雏期间，每天有 20 min 的阳光照射，就可以满足对维生素 D 的需要。在舍内饲养和阳光照射不足的季节，应注意补充鱼肝油等。

1 IU 维生素 D 相当于 0.025 μg 结晶维生素 D。

3. 维生素 E　维生素 E 又称为抗不育维生素或生育酚。其中以 α-生育酚的活性最高，而且分布也最广。若以 α-生育酚的活性为 100，则 β-生育酚的活性为 40，γ-生育酚的活性为 8。一般所称的维生素 E 即指 α-生育酚。

维生素 E 的功能是有助于维持生殖器官的正常机能和肌肉正常的代谢作用。维生素 E 又是一种有效的体内抗氧化剂，对鸭的消化道及机体组织中的维生素 A 有保护作用。且与硒的代谢和作用有关系。故维生素 E 能保持种鸭正常的生殖功能，提高产蛋率、种蛋受精率和孵化率，同时也促进雏鸭的生长并增强其生活能力。当缺乏时，可能引起细胞组织软化、渗出性素质病以及肌肉营养不良。公鸭缺乏时，睾丸退化，配种能力下降，种蛋孵化率降低或丧失。鸭对维生素 E 的需要量大约为每千克日粮 10 mg。

维生素 E 可用化学方法合成，或从植物油中分离。在蛋黄、植物油和谷物子实的胚芽中含量丰富，在青绿饲料和油饼中含量也较多。鸭的日粮中如含有一定比例的谷物和油饼，又有充足的青饲料，就不会缺乏维生素 E。当缺乏时，可在日粮中添加 0.5%的植物油。

1 IU 维生素 E 相当于 1 mg *DL*-α-生育酚醋酸酯或 1.49 mg α-生育酚。

4. 维生素 K　维生素 K 又称为抗出血维生素，在自然界中存在的维生素 K 有两种，存在于植物中的叫叶绿醌，称维生素 K_1，另一种存在于动物肠道细菌中，叫甲基萘醌类，称维生素 K_2。人工合成的种类也很多，其中以甲基萘醌即维生素 K_3 的活性最强，比维生素 K_2 的效力高 3.3 倍。

维生素 K 参与凝血作用，促进伤口血流迅速凝固，防止流血过多。当缺乏维生素 K 时，易患出血病，鸭因凝血时间延长，导致大量流血，引起贫血症。雏鸭出壳后 2 周内肠边细菌少(细菌有合成维生素 K 的功能)，容易出现维生素 K 缺乏症。在发生鸭球虫病时，肠道出血多，往往造成维生素 K 的缺乏，这时每千克日粮可加入 2 mg 的维生素 K。

在青饲料、苜蓿粉、大豆、肉骨粉、鱼粉和动物肝脏中含有丰富的维生素 K_1；在肠道内由细菌等可以合成维生素 K_2；维生素 K_3 和维生素 K_4 为人工合成的，可作为补充剂或添加剂使用。

(二)水溶性维生素　水溶性维生素主要有 B 族维生素和维生素 C。B 族维生素是辅酶的组成部分，与体内的代谢活动关系密切。

1. 维生素 B_1　维生素 B_1 又称硫胺素、抗神经炎素，是鸭体碳水化合物正常代谢所必需的，可使神经组织中碳水化合物供应充足，维持神经细胞的正常机能，避免乙酰胆碱受到胆碱酯酶的破坏而维持正常的肠蠕动，保持良好的食欲，促进生长。缺乏时，正常神经机能受到影响，鸭表现为食欲减退，体重减轻，羽毛松乱、无光泽，发生多发性神经炎，严重时，腿、翅、颈发生痉挛、头向后极度弯曲呈“望星状”、瘫痪、倒地不起。雏鸭对硫胺素的需要量很大。

维生素 B_1 在糠麸、青饲料、胚芽、草粉、豆类、发酵饲料和酵母粉中含量丰富，日粮中配有一定量的糠麸及豆粕类，并常喂青绿饲料，一般不会出现维生素 B_1 缺乏症。

2. 维生素 B_2　维生素 B_2 又称核黄素，呈黄绿色。它对体内氧化还原、细胞呼吸作用有重要影响，是 B 族维生素中最易缺乏的一种。缺乏时最明显的症状是脚趾向内侧弯曲，软腿瘫痪，以膝关节触地行走，生长不良，成年鸭产蛋量下降，蛋的孵化率降低；出壳雏鸭脚趾蜷曲，绒毛稀少，卵黄吸收不良。

核黄素在豆科植物、大麦、小麦、麦麸、米糠、豆饼、谷芽、青干草粉、酒糟、酵母、鱼粉、血粉、蚕蛹渣、发酵产品中含量较多。但核黄素易在碱性环境中被光和热破坏，在产蛋鸭体内不能储存，因此要经常补给。如发生缺乏症，可在每千克日粮中加入 4 mg 维生素 B_2，或加喂一些酵母。

3. 维生素 B_3　维生素 B_3 又称泛酸，是辅酶 A 的组成部分，与碳水化合物、脂肪和蛋白质代谢关系密切。缺乏时，雏鸭生长缓慢，羽毛粗乱，皮下出血、水肿，发生皮肤炎，嘴角及眼睑周围结痂，种鸭产蛋率、孵化率降低，胚胎在孵化后期死亡。

泛酸在青饲料、糠麸、花生饼、大豆饼、小麦、苜蓿、干草、谷实中含量较多，谷实的副产品中也都含有泛酸，但玉米中泛酸含量少。

泛酸与维生素 B_2 的利用有关，当一种缺乏时，另一种的需要量增加。泛酸虽在植物中分布较广，但并不稳定，受热易被破坏。鸭饲料中常需添加酵母、发酵残渣、糠麸等以防泛酸缺乏。

4. 维生素 B_6　维生素 B_6 也称吡哆素，有 3 种衍生物，即吡哆醇、吡哆醛、吡哆胺，是蛋白质和氮代谢中的一种辅酶成分。缺乏时生长停滞、肌肉动作不协调、抽搐，皮肤发炎、羽毛粗糙，母鸭产蛋减少，种蛋孵化率下降。

维生素 B_6 在糠麸、苜蓿、绿干草粉、胚芽、谷类及其副产品和酵母中含量丰富，日粮中一般不会缺乏。

5. 维生素 B_{12}　维生素 B_{12} 是惟一含有金属的维生素，内含有钴，又名钴胺素。与核酸、甲基的合成代谢有关，也参与碳水化合物、脂肪的代谢，维持血液中的谷胱甘肽，有助于提高造血机能。它能促进体细胞的形成，提高鸭对日粮中植物性蛋白质的利用率，对鸭子的生长有显著的促进作用。当缺乏动物性饲料时，添加钴胺素也可以获得较好的饲料报酬。当缺乏维生素 B_{12}时，雏鸭表现为贫血、消瘦、食欲不振、饲料利用率低，生长停滞甚至死亡。成鸭有时外观不表现出特殊症状，但产蛋量下降，蛋重减轻，蛋形变小，孵化率下降，孵化 18 天时胚胎死亡率很高。鸭对维生素 B_{12}的需要量按每千克日粮的含量计算，雏鸭和青年鸭为 0.009 mg，成鸭为 0.003 mg。

维生素 B_{12}在动、植物体内均不能合成，只有微生物能够合成，但动物组织能储存维生素 B_{12}，因而在鱼粉、肉骨粉、血粉、蚕羽粉、动物心、肝、肾及其他动物性饲料以及酵母、发酵产品中含量丰富。当日粮中动物性饲料少时，应添加维生素 B_{12}。

6. 烟酸　烟酸又称尼克酸或维生素 PP、维生素 B_5，是所有活细胞都必需的一种维生素。它对体内碳水化合物、脂肪和蛋白质的代谢起主要作用，并有助于产生色氨酸。鸭对烟酸的需求量比鸡高。缺乏时，鸭表现为食欲不振，生长停滞，口腔黏膜发炎呈暗红色，羽毛蓬乱、稀少、缺乏光泽，并伴有下痢和屈腿内弯现象，膝关节肿大，但骨质坚实，区别于软骨症。两腿内弯程度随日粮中烟酸缺乏程度而异，严重时不能行走，甚至瘫痪。

烟酸在糠麸、大麦、小麦、谷物饲料、花生饼、菜子饼、向日葵饼、粗面粉、发酵副产品、青苜蓿中含量较多。

7. 胆碱　胆碱是一种含甲醛的化合物，为蛋氨酸等合成甲醛的来源，也是构成磷脂和卵磷脂的成分，与传递神经冲动和肝脏中脂肪的转运有关，为雏鸭生长所必需。鸭对胆碱的需求量比其他维生素大很多，缺乏时，易患脂肪肝症和滑腱症，雏鸭生长减缓，母鸭产蛋减少。

一般天然饲料中都含有胆碱，菜子饼、豆饼、棉子饼、葵子饼、糠麸、大麦、小麦及鱼粉、饲料酵母中含量丰富。胆碱和蛋氨酸可相互提供甲醛，都可做体内甲醛的来源，两者也都有促进生长的效果。当日粮中缺乏蛋氨酸，或饲喂高脂肪低蛋白的饲料时，必须添加胆碱。鱼粉、大豆粕和酒糟残渣是胆碱的良好来源。目前多使用工业生产的氯化胆碱。

8. 生物素　生物素又称维生素 H、维生素 B_7，在鸭体内参与蛋白质和碳水化合物的代谢，并与脂肪合成有关。在生鸡蛋清中含有一种蛋白，可以与生物素紧密结合，从而使生物素失去作用，这种蛋白称为抗生物素蛋白，因而不可让鸭食用生鸡蛋清。当鸭体内缺乏生物素时，表现为易患皮炎，脚发红，骨骼畸形，运动失调。

生物素分布很广，一般饲料中含量都比较丰富。高温及氧化剂易使生物素丧失活性，有啄蛋癖的鸭易缺乏生物素，在以小麦或非玉米为主的日粮中应添加生物素。

9. 叶酸　叶酸又称抗贫血因子、蝶酰谷氨酸，它以辅酶形式参与许多代谢反应。叶酸与维生素 B_{12}共同参与核酸代谢和核蛋白的形成。缺乏时雏鸭生长缓慢，有色羽毛缺乏色素，血红蛋白含量降低，贫血、口腔黏膜苍白，胫骨弯曲骨粗短，出现典型的颈部麻痹。叶酸在动植物饲料中含量都较丰富，日粮中一般不缺乏。

10. 维生素 C　维生素 C 又称抗坏血酸，与细胞间质、骨骼原的形成和保持有关，并促进形成蛋壳。高温条件下会破坏蛋壳上胶原基质的形成，碳酸钙就沉积在胶原基质上。因此，在热应激条件下，补加维生素 C 能提高存活率、产蛋率和蛋壳厚度。在发生传染病时饲喂维生素 C，能改进鸭的机体状况，提高抗病力。维生素 C 也常作为抗应激药剂，能缓解应激影响。正常情况下，鸭体内能合成维生素 C，因而不会发生维生素 C 缺乏症。

四、对矿物质的需要

矿物质是指一些金属或非金属元素，它们在饲料中以有机盐或无机盐的形式存在，虽然需求量甚少，但却是鸭进行正常生长发育、产蛋和繁殖等生命活动所不可缺少的。矿物质主要存在于鸭的骨骼、组织和器官中，有控制体液平衡，调节渗透压、调节酸碱平衡和激活酶系统等作用，又是骨骼、血红蛋白、甲状腺激素及蛋壳的主要成分，对肌肉和神经的敏感性有重要影响，并且与维生素的功能有关。动物所需的必需矿物元素有 16 种，人们把占鸭体重 0.01%以上的元素称为常量元素，如钙、磷、氯、钠、钾、硫、镁 7 种；而把占鸭体重 0.01%以下的元素称为微量元素，如铁、铜、锌、锰、碘、硒、钴、钼、氟共 9 种。

(一)常量元素

1. 钙　钙是构成骨骼和蛋壳的主要成分，它对于凝血及与钠、钾一起保持酸碱平衡和维持正常的心脏机能很重要，还有调节神经和肌肉的功能。缺钙时，雏鸭易患软骨病；种鸭和蛋鸭则骨质疏松，甚至瘫痪，产薄壳或软壳蛋，且产蛋率下降。但鸭对过量钙的耐受性较差，钙过多也会影响雏鸭生长和对锰、锌的吸收。在日粮中钙的需要量，雏鸭为 0.9%～1.0%，产蛋鸭约为 3.3%。老龄鸭对钙的吸收能力较差，需钙量较多。气温高时，鸭呼出二氧化碳多，不利于钙的吸收，需钙量较高，钙与日粮中的代谢能水平有一定联系，日粮代谢能高时(12.97 MJ/kg)，含钙量应高，为 4.1%～4.6%；日粮代谢能低时(11.51 MJ/kg)，则含钙量也要相应低些，为 3.2%～3.7%。

钙在鸭体内的存留率为 50%～70%，谷物、糠麸中含量很少，饲料中容易缺乏，应注意补充。一般粉状钙易吸收，利用快，应尽可能喂些碎粒状钙。

2. 磷　磷主要以与钙结合的形式存在于骨组织中，在碳水化合物和脂肪代谢中起重要作用，并参与细胞重要成分的组成和维护机体酸碱平衡。缺磷时，鸭生长缓慢，食欲减退，严重时关节硬化，骨质松脆。磷与钙关系密切，日粮中钙含量低会增加磷排泄量，而钙含量过高又会降低磷的吸收率。所以，饲料中只有保持适当的钙、磷比例，才能保证鸭对钙和磷的需要。

磷在植物性饲料中主要以植酸磷的形式存在，而鸭对植酸磷的利用率极低，玉米和豆粕中植酸磷的含量分别为 0.08%和 0.22%，但鸭对其的利用率基本上等于零。小麦和大麦中含内源植酸酶，所以，其中植酸磷的利用率可达 15%～30%。由此可见，常用饲料原料中磷含量的 60%～75%都不能被鸭利用。近年来，常用在饲料中添加植酸酶的方法，提高磷的利用率，同时还可降低饲料成本。一般鱼粉和骨粉中磷的含量较高。鸭饲料中容易缺乏，可用磷酸钙、磷酸钠补充。

3. 氯和钠　氯和钠常以食盐的形式供给。氯化钠具有维持鸭体内渗透压和酸碱平衡；促进食欲等作用。钠多存在于细胞外的体液中，对心脏活动起调节作用。鸭对缺钠日粮的反应尤为明显。缺钠时，心肌的收缩和伸长停滞，生长停滞，产蛋下降；缺氯时，食欲下降，生长迟缓。而食盐量过多也易引起食盐中毒。鱼粉中含有食盐，因而配制日粮时应加以考虑。食盐应不超过日粮的 0.37%。

4. 钾　钾在红细胞内含量最多，在细胞内形成缓冲体系，是维持细胞内渗透压的主要离子。对神经和肌肉的兴奋以及细胞分裂和发育均有特殊作用。一般饲料中不缺钾。

5. 硫　硫存在于鸭体蛋白质、羽毛和蛋内，饲料中主要靠含硫氨基酸(蛋氨酸和胱氨酸等)中的硫来满足鸭对硫的需要。缺乏时将影响蛋和羽毛的生产。放牧的鸭群能吃到动物性蛋白饲料，不会缺硫，但在舍饲期，则应补充些鱼虾、蚯蚓、鱼粉、豆饼、干酵母等含硫较多的饲料以补充硫。

6. 镁　镁是体内许多酶机能活动所必需的，一般饲料中容易缺乏镁，应注意补充。

(二)微量元素

1. 铁　铁参与血红蛋白的形成，是各种氧化酶的组成成分，与血液中氧的输入和细胞的生物氧化过程有关。缺乏时发生营养性贫血。过量时，鸭采食量减少，体重下降，干扰磷的吸收。饲料中以谷实类、豆类、鱼粉等中含铁量丰富，一般不缺乏。

2. 铜　铜是酶的组成成分，参与多种酶的活动，能促进铁的吸收和血红蛋白的形成，缺乏时引起贫血、骨质疏松和生长不良。过量时发育不良，出现溶血症。一般饲料中不易缺乏。

3. 锌　锌参与酶系统的作用，有助于锰、铜的吸收，与骨骼、羽毛的生长发育有关。缺乏时雏鸭采食量减少，生长迟缓，羽毛生长不良，蛋壳变薄，甚至产软蛋。锌主要来源为动物性饲料、饼粕类、糠麸或含锌化合物。一般日粮中比较容易缺乏，而且鸭对锌的需要量要比鸡高一些。

4. 锰　锰是鸭生长、繁殖和防止脱腱症所必需的微量元素。一旦缺乏时，鸭腿骨粗短，跖关节肿大，易产生脱腱症。种鸭缺锰时，蛋壳变薄，孵化率降低。雏鸭对锰的需要量为每千克饲料含纯锰 55 mg，种鸭为 33 mg。糠麸、豆类、胚芽中含有锰，但日粮中常缺乏，可添加硫酸锰补充，每千克饲料用量：雏鸭为 150 mg，成鸭为 90 mg。

5. 碘　碘是酶的活性元素，能维持甲状腺的正常功能。缺碘时，甲状腺肿大，体重下降，胚胎后期死亡。一般日粮中不易缺乏碘。

6. 硒　硒与维生素 E 相互协调，是谷胱甘肽过氧化物酶的组成成分，是谷氨酸转化为半胱氨酸所必需的元素，并具有防治肌肉萎缩与渗出性素质病以及提高种蛋受精率和孵化率等作用。硒是鸭最容易缺乏的微量元素之一，我国东北等一些地区土壤中缺硒，产出的饲料(玉米)中也缺硒。缺硒时，鸭表现为血管通透性差，心肌损失，心包积水，心脏扩大。补硒的方法是在饲料中按0.1 mg/kg添加亚硒酸钠，但亚硒酸钠毒性很强，必须严格控制添加量，并与饲料彻底混匀。否则，若添加量超过5 mg/kg时，鸭生长受阻，羽毛蓬松，神经过敏，性成熟延迟，种蛋孵化后出现畸形胚胎，添加量超过0.1 mg/kg时，人食用鸭肉、鸭蛋后会有不良影响。

7. 钴　钴是维生素B_{12}的主要原料。缺乏时，不仅会影响鸭肠道内微生物对维生素B_{12}的合成，还会引起鸭生长迟缓和恶性贫血，容易发生骨短粗症。

五、对水分的需要

水是鸭必需的营养成分之一，是鸭生存不可缺少的物质，也是鸭体及鸭产品的主要构成成分，如鸭体内含水量：初生雏约75%，成年后降至48%～55%，鸭蛋含水量约74%。水是一种溶剂，它参与鸭生理活动的全过程，鸭体内营养物质的消化、吸收、运输，利用及废物排出，体温调节等都依赖水的作用。水还有维持鸭体正常形态，润滑组织器官等重要功能。禽类失去全部脂肪和一半的体蛋白仍能生存，如失去10%的水分便会死去。鸭与其他家禽相比，有频繁饮水的习惯，采食时也需要借助水来进行吞咽，因此，养鸭不能断水。鸭如果饮水不足，会导致食欲下降，对饲料的消化率和吸收率降低，肉鸭生长减缓，蛋鸭产蛋量减少，严重时可引起死亡。各种饲料中虽然都含有一定的水分(日粮含水量一般为10%)，但仍不能满足鸭体的需要，所以必须把水作为营养物质对待，持续不断地供给清洁的饮水，尤其在夏季，但严禁使用被农药或病原污染的水。

鸭的饮水量因年龄、饲料种类、饲养方式、采食量、产蛋率高低、季节的变化及健康状况而异。一般鸭的饮水量为饲料量的5倍左右，夏季饮水量会更高。

第三节 鸭的饲料

鸭常用的饲料有：能量饲料、蛋白质饲料、矿物质饲料、维生素饲料及添加剂等。

一、能量饲料

凡干物质中粗纤维含量不足18%，粗蛋白含量低于20%的饲料均属于能量饲料。主要包括谷类子实、糠麸类及块根、块茎类等。这类饲料是鸭日粮中用量最多的，为能量的主要来源。

（一）谷实类　谷实类饲料基本上都属于禾本科植物成熟的种子。其营养特点是无氮浸出物含量高，一般占干物质的70%～80%，主要是淀粉，占干物质的50%～60%，淀粉是这类饲料中最有饲用价值的养分；蛋白质含量低（一般为7%～13%），且品质差；粗纤维含量低，平均为2%～6%；矿物质及维生素不平衡。常见的谷类饲料有：玉米、小麦、大麦、燕麦、高粱、稻谷、小米等。

1. 玉米　玉米含能量高，纤维少，仅2%；无氮浸出物高达72%，且主要是淀粉，消化率高；脂肪含量高达3.5%～4.5%，其利用能值是谷实类中最高的，是鸭的优质饲料。但玉米中蛋白质含量低（7%～9%），品质差，缺乏赖氨酸和色氨酸。目前已培养出高赖氨酸玉米品种。黄色玉米与白色玉米比较，前者胡萝卜素和叶黄素含量丰富，喂黄玉米的鸭其皮肤、喙、脚和蛋黄呈现黄色，其着色效果优于苜蓿粉和蚕粪类胡萝卜素。玉米中矿物质含量较少，含钙极少，铁、铜、锰、锌、硒等微量元素含量也较低；含维生素A、维生素E和维生素B较多，而缺乏维生素D和维生素K，维生素B_2和烟酸也比较少。

玉米的用量占日粮的35%～65%。在夏季，玉米的比例应适当减少，否则会使蛋鸭过于肥胖，影响产蛋量，特别是在动物性蛋白不足时，更易发生。玉米应磨碎或磨成粗粉状饲喂。注意玉米若保存不当，极易发霉，尤其是破碎的玉米，更易变质。变质的玉米适口性下降，严重时产生特异性中毒症状，如鸭腿畸形或死亡。在霉变的玉米中添加维生素E、维生素D和维生素A可缓解其毒性。

2. 麦类　麦类蛋白质含量较多(含粗蛋白13%左右)，氨基酸比其他谷类完善，B族维生素也丰富，且易消化，能量价值仅次于玉米。缺点是维生素A、维生素D和矿物质含量较少、黏性大。一般用量占日粮的10%～30%。

大麦、燕麦的能量较小麦低，B族维生素含量丰富，粗蛋白含量比玉米高，约为12%，尤其含赖氨酸较多，但皮壳粗硬，粗纤维含量达8%，不易消化，代谢能只有约11.29 MJ/kg。宜磨碎或发芽后饲喂。大麦发芽后，可提高消化率，增加核黄素的含量，适于在配种季节喂饲。一般用量占日粮的10%～20%。

麦秕即未成熟的小麦，子粒不充实，比小麦的蛋白质含量高，价格便宜，用量可占日粮的10%～30%。

3. 高粱　高粱营养价值不及玉米，因含单宁酸而带涩味，且对肠道有收敛作用，易引起便秘，高粱含钙少，饲喂时应与含钙多、且有轻泻作用的饲料如麦麸，青绿饲料等搭配，且要粉碎，水浸或发芽。用量可占日粮的10%～15%。

4. 稻谷　稻谷粗纤维含量高达9%，粗蛋白含量不及玉米，代谢能约为10.87 MJ/kg，粗蛋白为7.3%～8.3%。稻谷外壳坚硬。适宜磨成粉状喂饲，用量占日粮的20%～30%。

糙米为去壳的稻谷、糙米碾磨成白米及筛出的碎玉米，粗纤维含量减少至1%左右，代谢能提高到约13.96 MJ/kg。糙米、碎米对鸭的营养价值和玉米相近，在盛产稻谷的地区，可用糙米、碎米代替部分玉米，用量可占日粮的30%～50%。

5. 小米　小米易消化，适口性强，富含胡萝卜素，多用于幼雏，用量可占日粮的20%～40%。

6. 土面　土面是面粉厂小麦加工的副产品，里面含一部分尘土，是填鸭最好的饲料之一。用量可占日粮的15%～20%。

(二)糠麸类

1. 麦麸　麦麸由小麦外皮、小麦胚及少量的面粉组成，其价格低廉，营养丰富，含能量较低，代谢能一般为7.11～7.94 MJ/kg，粗蛋白含量13.5%～15.5%，且富含B族维生素。因质量轻，单位质量容积大，有轻泻作用。麦麸缺乏钙，故喂鸭时用量不宜过多。高产鸭和肉鸭用量应不超过10%～15%，停产鸭和后备鸭可适当增加。

2. 玉米糠　玉米糠是碾米后的副产品，含B族维生素丰富，因其中脂肪含量较多，易变质，不易久存。其粗纤维含量较多，在高产鸭和肉鸭日粮中不超过15%～20%，停产鸭和后备鸭可适当增加。

3. 精米糠　精米糠是糙米加工成白米时碾磨出来的，其中含胚乳，粗蛋白含量11.5%～12%，粗脂肪12%～15%。粗纤维8%～9%，代谢能11.70 MJ/kg。精米糠不能久存。

糠饼为脱脂米糠，其脂肪含量降低，蛋白质含量提高，可长期储存。

统糠是稻谷加工的副产品，含较多的粗纤维(21.7%)，粗蛋白的含量为5%～6%，粗灰分14.3%，难消化，营养价值低，在雏鸭及育肥鸭日粮中不应添加，中鸭及后备鸭日粮中用量宜低于10%。

(三)块根、块茎和瓜类

1. 马铃薯　马铃薯含碳水化合物丰富，适口性好，易储藏，可以代替日粮中30%的谷实类。但马铃薯的幼芽及未成熟块茎中含有毒物质——龙葵素，喂前应将青绿部分及芽眼挖去。熟马铃薯毒性小，且营养价值高，冬天喂鸭可以刺激母鸭提前开产。

2. 甘薯粉　甘薯粉由甘薯块根经切片、晒干、粉碎而成，富含淀粉，粗纤维低，粗蛋白含量约 3.8%，代谢能 11.70 MJ/kg。只可作为能量来源的一部分，且需搭配较高的蛋白质补充料。

3. 甜菜　甜菜为优良多汁饲料，易消化，一般可占日粮的20%～30%，喂时切碎，每次切的甜菜要一次喂完，不然很快就会烂掉。

4. 南瓜　南瓜含丰富的胡萝卜素，味甜，适口性好，营养价值高，可占日粮的 50%～60%，一般应煮熟后喂给。

5. 胡萝卜　胡萝卜含丰富的淀粉和胡萝卜素，适口性好，红色的比黄色的营养价值高。用量可占日粮的 30%～50%，切碎后喂给。

二、蛋白质饲料

凡干物质中粗蛋白质含量达 20%以上的饲料均称为蛋白质饲料。这类饲料粗纤维含量低，有机物易消化，能值高。蛋白质饲料包括动物性蛋白饲料和植物性蛋白饲料两大类。

（一）植物性蛋白质饲料　植物性蛋白质饲料可分为 3 类：即豆科子实、油料饼（粕）类和其他制造业的副产品。这类饲料的特点是：蛋白质含量高、品质好，其利用率是谷类的 1～3 倍；粗脂肪含量变化大，油料子实类在 30%以上，非油料子实类只有 1%左右，饼（粕）类为 1%～10%；粗纤维含量较低，矿物质含量与谷类子实近似，钙少磷多，且主要为植酸磷；维生素中 B 族维生素较丰富，而维生素 A、维生素 D 较缺乏。此类饲料大多含一些抗营养因子，经适当加工调制可以提高其饲喂价值。

1. 大豆、豆饼、豆粕　大豆富含丰富的蛋白质，粗纤维少，约为 4%，但蛋氨酸含量相对较少。大豆中含有抗胰蛋白酶、大豆凝集素（BSA）、胃肠胀气因子、植酸、脲酶、大豆抗原等抗营养因子，适当的热处理可以破坏这些抗营养因子，提高蛋白质的利用率。热处理后，大豆的用量可占日粮的10%～20%。

豆饼、豆粕均系大豆榨油后的副产品，前者为压榨法或夯榨法的副产物，后者为浸提法或预压浸提法的副产物，其粉蛋白质含量在40%以上。大豆类为养鸭最优良的植物性蛋白质饲料，其品质接近于动物性蛋白，含赖氨酸较多，但蛋氨酸、胱氨酸含量不足，添加合成蛋氨酸后，可代替部分鱼粉。其用量可占日粮的10%～20%。

2. 蚕豆、豌豆　这两种豆类的蛋白质含量不如大豆，且粗纤维含量较高，喂前宜蒸煮或炒熟，用量可占日粮的6%～10%。

3. 花生饼(粕)　其营养价值与大豆饼基本相同，略有香甜味，适口性极好。因含脂肪高，故易变质，不宜久存。用量可占日粮的10%～20%。

4. 油菜子饼(粕)　其含较高的蛋白质，达34%～38%，氨基酸组成较平衡，含硫氨基酸较丰富，且精氨酸含量低，精氨酸与赖氨酸之间较平衡。但赖氨酸含量低，比国外同类产品低30%左右，比大豆饼(粕)低40%左右。粗纤维含量高，影响其有效能值。微量元素中含铁较丰富而其他元素含量较少。抗营养因子有硫葡萄糖甙(GS)、芥子碱、植酸、单宁等。经加工调制而成的"双低"菜子饼(粕)的营养价值较高，可代替豆粕，但目前我国普通的菜子饼，因含多种抗营养因子，适口性差，饲喂价值低于豆粕，用量不宜超过日粮的5%。

5. 棉子饼(粕)　其含粗蛋白较高达34%以上，粗纤维含量较高，达13.0%以上。粗脂肪含量较高，是维生素E和亚油酸的良好来源，但不利于储存。其氨基酸组成中，精氨酸的含量高达3.67%～4.14%，但蛋氨酸、赖氨酸含量低，容易产生精氨酸与赖氨酸的拮抗作用，矿物质含量与大豆饼(粕)类似。含有抗营养因子棉酚等，加入0.5%硫酸亚铁，可减轻棉酚对鸭的毒害作用。棉子饼(粕)的用量不宜超过日粮的5%。

6. 芝麻饼　芝麻饼粗蛋白质含量达40%以上，蛋氨酸含量最高,可达 0.8%以上,色氨酸也较高。但赖氨酸低,仅 1.0%左右,精氨酸含量高,为 4.0%左右。芝麻饼通常具有苦涩味,适口性差,用量不宜超过日粮的 5%,雏鸭应避免使用。将芝麻饼、棉子饼和花生饼合用,按 15%比例添加,效果较好。

7. 葵花饼(粕) 其脱壳后的葵花饼(粕)蛋白质含量高达 41%,与豆饼相当,但若壳脱不净,则粗纤维含量较高,有效能值低,属于低档蛋白质饼(粕)饲料,饲喂价值较低。

(二)动物蛋白饲料

1. 鱼粉 各种鱼类的整个鱼体或鱼体的一部分经干燥加工制成粉末,叫普通鱼粉。干燥时把鱼浆还原干燥制成的鱼粉,称为全鱼粉。或者还可以把鱼粉分为白色鱼粉和红色鱼粉两种。目前饲料工业应用较多的北洋鱼粉就是以鲽、鳕、狭鳕等白色肌纤维鱼为原料制成。白鱼粉的蛋白质含量在 60%~70%,含有大量赖氨酸、蛋氨酸等必需氨基酸,是很好的饲料原料。红鱼粉以沙丁鱼、竹刀鱼及太平洋鲱鱼等肌肉为红褐色的鱼作为原料制成的鱼粉。红鱼粉的品质一般较白色差。

鱼粉是最好的蛋白质饲料之一。优质鱼粉,蛋白质品质好,氨基酸含量高,比例平衡,进口鱼粉赖氨酸含量高达 5%,国产鱼粉赖氨酸含量达 3.0%~3.5%。含粗脂肪 5%~12%,一般为 8%,海产鱼粉中含大量高度不饱和脂肪酸,具有特殊的营养生理作用。鱼粉中粗灰分含量高,含钙 5%~7%,磷 2.5%~3.5%。含盐量少则 1%,多则达 7%以上,配制日粮时应注意鱼粉的含盐量。鱼粉中粗灰分含量越高,表明鱼骨越多,鱼肉越少。灰分超过 20%时,可能是非全鱼鱼粉。微量元素中,铁含量最高,达 1 50~2 00 mg/kg,其次是锌(100 mg/kg)、硒(3~5 mg/kg)。海产鱼的碘含量高,维生素中 B 族维生素丰富,尤以维生素 B_{12}、维生素 B_2 含量高。

鱼粉是蛋白质、矿物质、部分微量元素和维生素的良好来源,新鲜鱼粉适口性好，因此，其饲用价值比其他蛋白饲料高，且鱼粉中含有未知因子，能促进动物生长。用鱼粉喂鸭，可使鸭增重快、产蛋多。但由于鱼粉价格昂贵，用量受到限制，通常在日粮中含量低于10%。

使用鱼粉时必须克服因使用不当带来的问题。鱼粉中含较高的组织胺，尤其在沙丁鱼、青花鱼及南美洲的鱼粉中含量特别高，有时可达1 000 mg/kg以上，在生产过程中，直火干燥或加热过度可使组织胺与赖氨酸结合，形成糜烂素。使用含糜烂素的鱼粉，可发生家禽患肌胃糜烂症：嗉囊肿大，肌胃糜烂、溃疡及穿孔，发生腹膜炎等。

鱼粉中含较高的脂肪，久存易发生氧化酸败，一般添加抗氧化剂来延长储藏期。长期使用含脂肪高的鱼粉可使肉质变差。

2. 肉骨粉、肉粉　以屠宰场副产品中除去可食部分之后的残骨、皮、脂肪、内脏、碎肉等为主要原料，经过熬油后再干燥粉碎而得的混合物。含磷量在4.4%以上的为肉骨粉，在4.4%以下的为肉粉。新鲜时具有烤肉香及牛油、猪油味，储藏不良时出现酸败味。肉骨粉的营养成分及品质取决于原料种类及成分、加工方法、脱脂程度及储藏期等。总体上讲其蛋白质品质不佳，生物学效价低，蛋氨酸、色氨酸、酪氨酸含量低，脯氨酸、羟脯氨酸和甘氨酸含量多，赖氨酸含量接近豆饼。氨基酸消化利用率低。但肉骨粉中钙、磷含量高，比例平衡，B族维生素含量高，维生素A、维生素D少。肉骨粉用量不宜超过鸭日粮的6%。

3. 血粉　含粗蛋白80%～90%，赖氨酸7%～8%，比鱼粉高近1倍，色氨酸、组氨酸含量也高。但血粉的蛋白质品质较差，血纤维蛋白不易消化，赖氨酸利用率低，氨基酸不平衡。不同动物的血粉成分不同，混合血粉比单一血粉质量好，血粉味苦，适口性差，用量不宜超过5%。否则可能会引起腹泻。

4. 羽毛粉　羽毛粉含粗蛋白84%以上，粗脂肪2.5%，粗纤维 1.5%,粗灰分 2.8%。蛋白质品质差,氨基酸利用率低,饲用价值低,在日粮中使用主要用于补充含硫氨基酸,用量不可超过 5%。

5. 蚕蛹粉　蚕蛹粉蛋白质含量高,其中 40%为几丁质氮,其余的为优良蛋白质。含赖氨酸约 3%,蛋氨酸约 1.5%。色氨酸可高达 1.2%,比进口鱼粉高出 1 倍,且富含钙、磷及 B 族维生素。因此,是优质蛋白质。蚕蛹粉脂肪含量高达 20%~30%,其中不饱和脂肪含量高,储存不当易变质、氧化、发霉和腐烂。脱去脂肪的蚕蛹饼易储存,且蛋白质含量更高。蚕蛹粉或蚕蛹饼因价格较高,因而用量较低,主要用于补充氨基酸及能量,一般占日粮的5%~10%。

6. 河蚌、螺蛳、蚯蚓、小鱼、昆虫等　其是鸭的优良蛋白质饲料,但喂饲时应蒸煮消毒,防止腐败变质。注意有些软体动物如蚬肉中含有硫胺酶,能破坏维生素 B_1,种鸭吃大量的蚬所产蛋中缺乏维生素 B_1。若缺乏死胎多,孵化率低,雏鸭易患多发性神经炎,俗称"鸭瘟"。

三、矿物质饲料

以提供矿物元素为主的一类饲料,包括食盐,钙、磷补充剂,微量元素补充剂等。

(一)钙、磷补充剂

1. 贝壳粉、石灰粉、蛋壳粉　其是供给钙质的饲料。雏鸭用量 1%左右,成年鸭用量 5%~7%。贝壳粉最好,含钙多,易吸收,石灰粉含钙量高,价格便宜,但要注意镁的含量不得过量。蛋壳粉也是廉价的钙质补充料,类似贝壳粉。

2. 骨粉、磷酸钙　其为优良的钙、磷补充饲料。骨粉因调剂方法不同,其品质差异很大,一般以蒸制的骨粉质量较好。用时应防止腐败,用量可占日粮的 1%~1.5%,磷酸钙或其他磷酸盐类也可用做供给磷的饲料,用量与骨粉相同。

（二）食盐　食盐可作为供给钠和氯的饲料。在以植物性饲料为主的日粮中，尤其需要补充食盐，用量一般占0.3%～0.37%。用鱼粉的日粮，应将其中的含盐量计算在内。

（三）微量元素补充料　能提供微量元素的一些产品，主要是化学产品（一般以饲料级规格出售）。鸭比较容易缺乏的几种微量元素除了钙、磷、钠、氯之外，还有锰、锌和硒。因而鸭的微量元素补充料有锌补充料，硫酸锌补充料，硒补充料，亚硒酸钠或硒酸钠，锰补充料和硫酸锰补充料等。

（四）沙砾　沙砾无营养作用，但有助于鸭肌胃的研磨力。笼养鸭或冬季舍饲鸭均需补给沙砾。

四、维生素饲料

养鸭如不使用专门的维生素添加剂，则青绿多汁饲料可作为主要的维生素来源。喂青绿饲料时应注意它的质量，并要两三种搭配喂给。青菜，适口性好，用量可达10%～30%；青绿时期收割的牧草，曲麻菜的菜叶等维生素含量也很丰富，用量可占精料的30%～50%；水草也是鸭的理想青饲料，喂量可占精料的50%以上，适于喂育成鸭和种鸭，以去根、打浆后的水葫芦喂饲效果较好；水花生、水莲也可做鸭饲料。另外，青贮饲料、干草粉、松针粉、槐叶粉等可作为冬季的维生素补给料。

五、饲料添加剂

饲料添加剂是指配合饲料中加入的各种用以保障鸭健康发育，提高饲料利用率和增强抗病力的微量元素。

（一）营养性饲料添加剂　营养性饲料添加剂是指动物营养上必需的那些具有生物活性的微量添加成分，主要有氨基酸添加剂，维生素添加剂和微量元素添加剂等。

1. 氨基酸添加剂　目前饲料中主要有赖氨酸、蛋氨酸等限制性氨基酸添加剂，其作用是使鸭日粮中的氨基酸达到最佳配比，减少动物蛋白饲料的用量，提高鸭对蛋白质饲料的利用率。

2. 维生素添加剂　有单一维生素添加剂，如维生素 A、维生素 D_2、维生素 D_3、维生素 E、维生素 K_3、维生素 B_{12}等，也有按鸭不同生产用途和生长阶段的营养需要配制的复合维生素添加剂，即多维添加剂。在缺乏青绿饲料的季节，应在日粮中适量加入多维添加剂。使用时应注意脂溶性维生素易氧化失效，其添加量需酌情加倍，或按产品说明书添加。

3. 微量元素添加剂　一般用量较少，但却是鸭生长发育必不可少的。对鸭来讲，通常需要补充的微量元素有：锰、锌、硒和镁。作为微量元素添加剂的各种试剂，最好选用硫酸盐，因为它能促进含硫氨基酸(蛋氨酸等)的合成利用，而蛋氨酸的价格又是较贵的。

(二)非营养性饲料添加剂　此类添加剂种类繁多，如生长促进剂、驱虫保健剂、防霉防腐剂、着色剂、调味剂等。非营养性添加剂不是饲料内固有的营养成分，而是外加到饲料中以提高饲料效率的部分。

生长促进剂的主要作用是刺激鸭的生长，增进健康，提高饲料的利用率，降低成本等。常见的有抗生素、抗菌药物、激素、酶制剂、益生素及微生物生长促进剂等。

1. 抗生素添加剂　抗生素药物主要是在小肠中发挥作用，它们竞争性抑制那些消耗营养并产生不良或有害物质的有害微生物，最终使肠黏膜处于最佳环境，使其更有效地吸收营养物质。因此，在多数情况下可改善养分的利用，提高饲料转化率并促进生长。尤其是对于饲养环境和管理较差的雏鸭，添加抗生类药物促生长效果最为明显。生产中常用的抗生素药物添加剂有金霉素、黄霉素、土霉素、盐霉素、杆菌肽锌、北里霉素(又称白霉素)、硫酸黏杆菌素(又名抗敌素)、恩拉霉素、维吉尼亚霉素(又称速大肥)和磷酸泰乐菌素等。在使用上应注意几种抗生素交替使用，以免产生耐药性，降低防治效果。为了避免残留量过高，必须间隔使用；肉鸭上市前几周应有一定的休药期，少用或不用人、畜共同的抗生素。

由于大剂量使用抗生素，有可能增加病原微生物的耐药性，抗生素本身也有一定的残留，人食用这样的鸭产品后，对身体有一定的危害。因此，从考虑人的动物食品安全的角度出发，有些国家已禁止使用抗生素药物添加剂。我国从生产无公害食品的角度出发，为保证动物源性食品安全，维护人民身体健康，根据《兽药管理条例》的规定，农业部制定了《食品动物禁用的兽药及其他化合物清单》（简称《禁用清单》，见附录），并于 2002 年 3 月 5 日以农牧发[2002]1号文件发布。其中禁用的抗菌药物有：琥珀氯霉素及制剂，氨苯砜及制剂，呋喃唑酮、呋喃它酮、呋喃苯烯酸钠及其制剂，硝基酚钠、硝呋烯腙及制剂。

2. 酶制剂　酶制剂是一种生长促进剂，利用生物技术生产的外源酶制剂在日粮中添加可以弥补雏鸭内源性消化酶的不足，使消化道较早地获得消化功能；并对内源性酶进行调整，提高内源酶不能作用的多糖和蛋白质的利用率；打破饲料中一般不能被内源酶分解的特定化学键，得到更多的营养物质等；可降解许多饲料中的抗营养因子，提高饲料的营养价值。酶的作用有其特异性，如淀粉酶、纤维素酶、β-葡聚糖酶等不同种类的碳水化合物酶，用于提高日粮中淀粉或纤维素在内的碳水化合物的消化；蛋白酶提高大豆或其他豆科植物蛋白的利用率；脂肪酸促进脂肪的分解利用；植酸酶提高磷及其他矿物质元素、蛋白质和淀粉的消化和吸收，特别是对集约化程度较高的地区，利用植酸酶可减轻对环境污染的负荷。

目前饲用酶已有 20 多种，大多数商业用酶除植酸酶是单一酶外，其他都是含有多种酶的复合酶。比较主要的有：木聚糖酶、β-葡聚糖酶、α-淀粉酶、蛋白酶、纤维素酶、脂肪酶、果胶酶、混合酶和植酸酶。用于鸭的酶制剂有福美多、八宝威、华芬酶、溢多酶等复合酶制剂。日粮中添加复合酶必须与日粮原料中的底物类型相匹配。例如，在大麦-豆粕日粮中添加的复合酶制剂，就以 β-葡聚糖酶和果胶酶为主，辅以纤维素酶和 α-半乳糖苷酶的复合酶制剂；在以豆粕为主的饲料中，应以添加多聚糖酶类为主；在玉米、小麦、黑麦为主的日粮中添加的酶制剂，应以阿拉伯木聚糖酶、蛋白水解酶、果胶酶、α-半乳糖苷酶为主。

酶制剂的用量以酶的活性而定，难以像其他添加物一般用百分比来表示。酶的活性是指在一定条件下，1 min 分解有关物质的活力。不同厂家生产的酶活性不同，所以添加量应以实际情况而定。

3. 抗氧化剂　饲料中使用抗氧化剂可明显减缓或防止这些饲料养分的氧化，进而起到保护饲料，提高饲料转化率的作用。配合饲料保存时间较长时，需要添加抗氧化剂，常用的有乙氧基喹啉（又称乙氧喹、山道喹）和二丁基羟甲苯（BHT）和丁羟基茴香醚，多用于维生素、肉骨粉、鱼粉及含脂肪高的饲料中。

4. 微生态制剂　微生态制剂是指运用微生态学原理，利用对宿主有益的微生物及其促生长物质，经特殊工艺制成的制剂。微生态制剂具有无毒、无害、无残留、无污染等优点，同时具有防病治病，提高饲料转化率及生产性能等作用，而且克服了抗菌类药物所产生的菌群失调、有残留、二重感染和耐药性等缺点。微生态制剂作为鸭肠道内的优势菌，饲喂后可弥补正常菌群的数量，抑制病原菌的生长，从而恢复肠道菌群的平衡；作为正常菌群中的一员，形成生物屏障，从而起到生物拮抗作用；有些可产生水解酶、发酵酶和呼吸酶，有利于降解饲料中蛋白质、脂肪和复杂的碳水化合物；作为非特异免疫调节因子，通过细菌本身或细胞壁成分刺激宿主免疫细胞，使其激活和促进吞噬细胞活力或作为佐剂发挥作用。

微生态制剂用于控制疾病是重在防而不是治，肠道菌群平衡理论适用于任何动物，但不同菌株复合成的微生态制剂产品有其最合适的使用对象。目前用于微生态制剂商品化生产的主要菌种有嗜酸乳杆菌、类链球菌属和枯草杆菌、酵母菌、米曲霉等。我国正式批准生产的菌株主要有蜡样芽孢杆菌、枯草芽孢杆菌、乳酸杆菌、乳酸球菌、酵母菌等。市场上出现较多的EM液是由光合细菌、放线菌、酵母菌及发酵系列的丝状菌5科10属80余种微生物复合而成。

微生态制剂可以最大限度地发挥动物生产潜能，但对于某些饲料，其配制水平已较高，添加的效果则不明显。因此，在使用时应注意以下几个方面：

(1)初生雏鸭由于肠道菌群未建立或处于不断变化状态，在这期间用微生态制剂要比生长后期已建立起相对稳定的菌群效果明显。

(2)宿主肠道内的菌群组成缺乏有益菌或肠道内有害菌存在时效果明显。

(3)在低水平日粮中使用效果比营养较为全面的全价日粮更为显著。

(4)由于微生态制剂菌株间存在血清型的周期性变异，因此，微生态制剂应持续使用。

(5)不同生长期的鸭要求的微生态制剂也有差别。

5. 酸制剂　菌业上使用柠檬酸、乳酸、胡羧酸及其他有机酸作饲料酸化剂已有10多年的历史。柠檬酸、苹果酸、琥珀酸等有机酸可作为能量，柠檬酸可促进雏鸭生长，减少脂肪肝，增加血磷含量，提高产蛋率。但不可超过限制用量，否则会引起尿酸沉积和生长缓慢。

6. 驱虫保健剂　在采用地面饲养方式的鸭要特别注意预防球虫病，常用的抗球虫药有氨丙啉、氯羟吡啶、莫能霉素、盐霉素、常山酮和三字球虫粉等。使用时也应交替使用，以免产生耐药性。

7. 防霉剂　饲料中使用防霉剂主要是抑制霉菌的代谢和生

长，从而防止饲料在储藏期因霉变而造成损失。常用的有丙酸钠、丙酸钙、柠檬酸、柠檬酸钠、乳酸、乳酸钙等。

8. 着色剂　为改善鸭产品的外观，常在配合饲料中添加着色剂。着色剂有天然色素和人工合成色素。为了提高圈养蛋黄色泽，可在每千克饲粮中添加 β-胡萝卜素和加丽素红各 30 mg，饲喂 1 周后可使蛋黄色泽达到稳定的 13 等级。常用的天然色素着色剂有红辣椒粉、苜蓿草粉、万寿菊花瓣粉、球茎甘蓝叶粉等。人工合成的有柠檬黄、日落黄、露康定、加丽素黄、加丽素红等。

9. 中草药添加剂　中草药有营养与药物两种属性，具有提供一定的营养成分，并有杀菌、调节机体代谢机能、免疫机能等作用，使鸭生长加快，饲料转化率提高。常用于蛋鸭的单方有大蒜、红辣椒、黄芪、艾叶、松针等；复方如蒲公英、野菊花、西瓜皮、黄芪、当归、益母草、枣仁、藿香、黄芩、麦芽、神曲。用于肉鸭的复方如苦参、黄芪、苍术、小茴香等。虽然中草药具有抗病促生长作用，但由于受原料品质、炮制方法等因素的影响，其效果有很大的不稳定性，而且由于大多数中草药原料来源有限、价格昂贵，限制了中草药在饲料中的大量使用。因此，研制来源丰富、价廉效高的中草药制剂是今后中草药添加剂的发展方向。

第四节　鸭的饲养标准与饲粮配合

一、饲养标准

为了使鸭只健康发育，充分发挥其生产潜力，得到最好的生产性能，同时减少饲料的浪费，降低饲养成本，必须根据鸭的经济性状、年龄、生产目的与生产水平，结合代谢试验和饲养试验结果及实践经验，对日粮中的能量、蛋白质、维生素和矿物质等各种营养物质科学地规定一个标准，即饲养标准。

按照饲养标准对鸭进行科学饲养，可以最大限度地避免实际饲养中的盲目性。实践证明，营养不足或过度，均不利于鸭的健康和生产性能的发挥，尤其对种鸭，后果更为严重。不合理的饲养会严重影响种鸭的产蛋率、种蛋的受精率及孵化率。因此，饲养标准是生产和使用鸭饲料的科学依据，是现代化养禽生产的重要标志之一。饲养标准还可作为鸭场或养鸭专业户制订全年饲料生产计划的参考依据。

饲养标准虽然具有一定的科学性和代表性，但由于鸭的品种、类型、生产水平、环境条件的差异、不同饲料品质及加工调制方法等因素的影响，不可能出现统一的标准。因此，在生产中要灵活使用饲养标准，配合饲料时一般达到标准的近似值程度即可，并且根据饲养的实际效果，随时做出相应的调整。

饲养标准包括鸭的营养需要量或供给量及鸭的常用饲料成分、营养价值表两部分。由于鸭的饲养比现代集约化养鸡粗放得多，在鸭的营养需要方面所做的研究较少，大多参考鸡的饲养标准。其实，鸭对饲料的能量或氨基酸的利用率比鸡高，例如，鸭对菜子粕的总氨基酸消化率为77.7%，而鸡为69%（无氮日粮法）。因而鸭的饲料标准与鸡的饲养标准是应该有区别的。

国外有关的鸭的营养标准主要集中于北京鸭和番鸭，其中以肉鸭的营养需要研究报道较多，并制定了一些营养需要量的标准。这些标准中相当多的数据是借用鸡的实验结果。我国参照国外标准和借用肉鸡的标准，制定了“生长鸭配合饲料”（GB 8962—88）、“肉用仔鸭配合饲料”（GB 8963—88）和“产蛋鸭、种鸭配合饲料”（GB 8963—88）国家标准。除上述标准外，这里还要介绍几种肉鸭的参考饲养标准，供养鸭场和养鸭专业户参考（表2-3至表2-16）。

表 2-3 生长鸭配合饲料(GB 8962—88)

种类等级	代谢能(参考值)≥		粗蛋白质	粗纤维	粗灰分	钙	磷	食盐
	(Mcal/kg)	(MJ/kg)	(%)	(%)	(%)	(%)	(%)	(%)
0～3 周龄	2.75	11.5	≥18	≤6	≤8	0.8～1.2	0.6～0.9	0.2～0.4
4～8 周龄	2.75	11.5	≥16	≤6	≤9	0.8～1.2	0.6～0.9	0.2～0.4
9 周龄至开产	2.60	10.8	≥14	≤7	≤10	0.8～1.2	0.6～0.9	0.2～0.4

表 2-4 肉用仔鸭配合饲料(GB 8963—88)

种类等级	代谢能(参考值)≥		粗蛋白质	粗纤维	粗灰分	钙	磷	食盐
	(Mcal/kg)	(MJ/kg)	(%)	(%)	(%)	(%)	(%)	(%)
0～3 周龄	2.80	11.7	≥19	≤6	≤8	0.8～1.2	0.6～0.9	0.2～0.4
4 周龄以上	2.90	12.1	≥17	≤6	≤9	0.8～1.2	0.6～0.9	0.2～0.4

表 2-5 产蛋鸭、种鸭配合饲料(GB 8963—88)

种类等级	代谢能(参考值)≥		粗蛋白质	粗纤维	粗灰分	钙	磷	食盐
	(Mcal/kg)	(MJ/kg)	(%)	(%)	(%)	(%)	(%)	(%)
高峰期	2.700	11.3	≥17	≤6	≤12	2.5～3.5	0.5～0.8	0.2～0.4
后期	2.650	11.1	≥15	≤6	≤13	2.5～3.5	0.5～0.8	0.2～0.4

表 2-6　北京鸭营养需要量(参考标准)

营养成分	0～3 周龄	4～6 周龄	7～24 周龄	填鸭	种鸭
代谢能(MJ/kg)	11.72	11.72	10.88	12.13	11.7
粗蛋白(%)	20	18	15	14	19
赖氨酸(%)	1.1	0.95	0.72	0.65	0.85
蛋氨酸(%)	0.3	0.24	0.26	0.29	0.29
胱氨酸(%)	0.3	0.29	0.25	0.18	0.26
色氨酸(%)	0.27	0.26	0.24	0.22	0.24
维生素 A(IU/kg)	4 000	4 000	4 000	2 400	5 400
维生素 D(IU/kg)	220	220	220	400	500
维生素 E(mg/kg)	6	6			8
维生素 B_2(mg/kg)	4	4	2	2	4.5
泛酸(mg/kg)	11	11	11	11	7
烟酸(mg/kg)	55	55	50	50	40
吡哆醇(mg/kg)	2.6	2.6	2.6	2.6	3
钙(%)	1	1	0.9	2	2.25
磷(%)	0.6	0.5	0.5	0.8	0.5
锰(mg/kg)	60	60	40	10	40

表 2-7　台湾肉鸭的营养需要量

营养成分	0～3 周龄	4～8 周龄	营养成分	0～3 周龄	4～8 周龄
代谢能(MJ/kg)	12.34	12.55	维生素 K(mg/kg)	5	5
粗蛋白(%)	18.5	16.5	维生素 B_2(mg/kg)	8	4
赖氨酸(%)	1.2	0.8	烟酸(mg/kg)	60	60
蛋氨酸＋胱氨酸(%)	0.8	0.6	泛酸(mg/kg)	15	15
色氨酸(%)	0.25	0.19	维生素 B_{12}(μg/kg)	10	10
维生素 A(IU/kg)	9 000	9 000	钙(%)	1	0.9
维生素 D(IU/kg)	2 200	2 200	磷(%)	0.7	0.65
维生素 E(mg/kg)	8	8			

表 2-8 北京鸭营养需要量(美国 NRC,1994,DM=90 %)

营养成分	0～2 周龄	3～7 周龄	种鸭龄
代谢能(MJ/kg)	12.14	12.56	12.74
粗蛋白(%)	22	16	15
精氨酸(%)	1.1	1	1
异亮氨酸(%)	0.63	0.46	0.38
亮氨酸(%)	1.26	0.91	0.76
赖氨酸(%)	0.90	0.65	0.60
蛋氨酸(%)	0.40	0.30	0.27
蛋氨酸+胱氨酸(%)	0.70	0.55	0.50
色氨酸(%)	0.23	0.17	0.14
缬氨酸(%)	0.78	0.56	0.47
钙(%)	0.65	0.60	2.75
有机磷(%)	0.40	0.36	0.40
铜(mg/kg)	8	6	6
碘(mg/kg)	0.40	0.40	0.40
铁(mg/kg)	80	80	60
锰(mg/kg)	50	40	40
硒(mg/kg)	0.20	0.15	40
锌(mg/kg)	60	60	0.15
维生素 A(IU/kg)	2 500	2 500	4 000
维生素 D_3(IU/kg)	400	400	900
维生素 E(IU/kg)	10	10	10
维生素 K(IU/kg)	0.5	0.5	0.5
烟酸(mg/kg)	55	55	55
泛酸(mg/kg)	11	11	11
吡哆醇(mg/kg)	2.5	2.5	3
核黄素(mg/kg)	4	4	4
维生素 B_{12}(μg/kg)	0.01	0.005	0.01
生物素(mg/kg)	0.15	0.10	0.15
胆碱(mg/kg)	1 300	1 000	1 000
叶酸(mg/kg)	0.5	0.25	0.5
硫胺素(mg/kg)	2	2	2

表 2-9　英国樱桃谷肉鸭的营养需要量

营养成分	种鸭			商品鸭	
	起始期	生长期	产蛋期	起始期	育肥期
蛋白质(典型的,%)	22	15.5	19.5	22	17.5
油脂(典型的,%)	5	4	4	5	5
纤维素(典型的,%)	3.5	4.5	4	3.5	4
代谢能(MJ/kg)	12.13	11.92	11.29	12.13	12.13
赖氨酸(最低,%)	1.2	0.7	1.1	1.2	0.85
蛋氨酸+胱氨酸(最低,%)	0.8	0.55	0.68	0.8	0.7
维生素 A(IU/g)	10	10	10	10	10
维生素 D_3(IU/g)	2.5	2.5	2.5	2.5	2.5
维生素 E(mg/kg)	50	50	50	50	50
维生素 B_1(mg/kg)	2	2	2	2	2
维生素 B_2(mg/kg)	10	10	10	10	10
吡哆醇(mg/kg)	2	1	2	2	1
维生素 B_{12}(μg/kg)	10	10	10	10	5
生物素(μg/kg)	50	25	100	50	25
烟酸(mg/kg)	75	50	50	75	50
泛酸(mg/kg)	15	15	15	15	10
维生素 K(mg/kg)	2	2	2	2	2
叶酸(mg/kg)	2	2	2	2	2
胆碱(mg/kg)	1 500	1 500	1 500	1 500	1 500
钙(最低,%)	1	0.9	3.5	1	0.9
有机磷(最低,%)	0.5	0.4	0.45	0.5	0.42
钠(最低,%)	0.18	0.18	0.18	0.18	0.18
铁(mg/kg)	20	20	20	20	20
钴(mg/kg)	1	1	1	1	1
锰(mg/kg)	100	100	100	100	100
铜(mg/kg)	10	10	10	10	10
锌(mg/kg)	100	100	100	100	100
碘(mg/kg)	2	2	2	2	2
硒(μg/kg)	250	250	250	250	250
亚油酸(%)	0.75	0.75	1.1	0.75	0.75

表 2-10 奥白星 63 型父母代种鸭的营养需要量

营养成分	育维期饲料 0～3 周		生长期饲料 4～10 周		维持期饲料 11～12 周		产蛋期饲料 12 周以后	
	最低	最高	最低	最高	最低	最高	最低	最高
颗粒直径(mm)	—	1.50	3.50	4.00	3.50	4.00	3.50	4.00
代谢能(MJ/kg)	12.13	12.34	11.71	11.92	10.88	11.09	11.51	11.72
粗蛋白(%)	19.50	22.00	17.0	19.00	15.50	17.00	16.50	18.00
蛋氨酸(%)	0.50	—	0.40	—	0.30	—	0.35	—
蛋氨酸＋胱氨酸(%)	0.85	—	0.70	—	0.60	—	0.65	—
赖氨酸(%)	1.00	—	0.80	—	0.65	—	0.75	—
苏氨酸(%)	0.75	—	0.60	—	0.45	—	0.60	—
色氨酸(%)	0.23	—	0.16	—	0.16	—	0.17	—
纤维素(%)	—	4.00	—	5.00	6.00		5.00	
脂肪(%)	—	5.00	—	5.00	4.00		5.00	
矿物质(%)	6.0	6.50	5.50	6.00	6.50	7.00	10.50	11.00
钙(%)	1.00	1.20	0.90	1.00	1.30	1.50	3.00	3.20
有机磷(%)	0.35	0.45	0.45	0.50	0.45	0.50	0.45	0.50
总磷	—	—	0.60	0.70	—	—	—	—
维生素 A(IU/kg)	15 000	—	15 000	—	15 000	—	15 000	—
维生素 D(IU/kg)	3 000	—	3 000	—	3 000	—	3 000	—
维生素 E(IU/kg)	20	—	20	—	20	—	20	—

表 2-11　奥白星 63 型超级肉鸭(商品代)的营养需要量

营养成分	雏鸭料(1～14 日龄)		育肥料(15 日龄至出栏)	
	最低	最高	最低	最高
颗粒直径(mm)	—	1.5	3.5	4
代谢能(MJ/kg)	12.13	12.34	12.55	12.97
粗蛋白(%)	20	—	17	19
蛋氨酸(%)	0.5	—	0.4	—
蛋氨酸＋胱氨酸(%)	0.85	—	0.7	—
赖氨酸(%)	1	—	0.8	—
苏氨酸(%)	0.75	—	0.6	—
色氨酸(%)	0.23	—	0.16	—
纤维素(%)	—	4	—	5
脂肪(%)	—	4	—	4
矿物质(%)	—	6.5	—	6
钙(%)	1	1.2	0.8	0.9
有机磷(%)	0.4	0.5	0.4	0.45
维生素 A(IU/kg)	13 500	—	13 500	—
维生素 D(IU/kg)	3 000	—	3 000	—
维生素 E(IU/kg)	20	—	20	—

表 2-12　狄高鸭的饲养标准

营养成分	商品鸭		种鸭	
	雏鸭(0～3 周龄)	生长鸭(3 周龄至屠宰)	育成鸭(5～24 周龄)	种鸭(24 周龄至屠宰)
代谢能(MJ/kg)	12.33	12.33	10.87	10.87
粗蛋白(%)	21～22	16.5～17.5	14.50	15.50
赖氨酸(%)	1.10	0.83	0.53	0.68
蛋氨酸(%)	0.40	0.30	0.20	0.24
蛋氨酸＋胱氨酸(%)	0.70	0.53	0.46	0.54
色氨酸(%)	0.24	0.18	0.16	0.17
精氨酸(%)	1.21	0.91	—	—
苏氨酸(%)	0.70	0.53	—	—

续表 2-12

营养成分	商品鸭		种鸭	
	雏鸭（0～3周龄）	生长鸭（3周龄至屠宰）	育成鸭（5～24周龄）	种鸭（24周龄至屠宰）
亮氨酸(%)	1.40	1.05	—	—
异亮氨酸(%)	0.70	0.53	—	—
脂肪(%)	—	—	最低 3.0	最低 4.0
钙(%)	0.8～1.0	0.7～0.9	0.8～0.9	2.75～3.0
可利用磷(%)	0.4～0.6	0.4～0.6	0.4～0.5	0.5～0.6
盐(%)	0.35	0.35	0.35	0.35

表 2-13 法国番鸭商品代营养需要量

营养成分	0～3周龄		4～12周龄	
	最低	最高	最低	最高
颗粒直径(mm)	—	1.5	3.5	4
代谢能(MJ/kg)	12.13	12.55	11.72	12.55
粗蛋白(%)	19.50	22.00	17.00	19.00
蛋氨酸(%)	0.5	—	0.40	—
蛋氨酸+胱氨酸(%)	0.85	—	0.70	—
赖氨酸(%)	1.00	—	0.80	—
苏氨酸(%)	0.75	—	0.60	—
色氨酸(%)	0.23	—	0.16	—
粗纤维(%)	—	4.00	—	5.00
脂肪(%)	—	5.00	—	5.00
矿物质(%)	6.00	6.50	5.50	6.00
钙(%)	1.00	1.20	0.90	1.00
有效磷(%)	0.35	0.45	0.45	0.50
总磷(%)	—	—	0.60	0.70
维生素 A(IU/kg)	15 000	—	15 000	—
维生素 D(IU/kg)	3 000	—	3 000	—
维生素 E(mg/kg)	20	—	20	—

表 2-14 法国番鸭父母代营养需要量

营养成分	0～3 周龄		4～8 周龄		9～24 周龄		25～26 周龄		27 周龄后	
	最高	最低	最高	最低	最高	最低	最高	最低	最高	最低
颗粒直径(mm)	—	1.5	3.5	4	3.5	4	3.5	4	3.5	4
代谢能(MJ/kg)	12.13	12.34	11.51	11.92	11.30	11.92	11.30	11.72	11.72	12.13
粗蛋白(%)	20.00	—	17.00	19.00	14.00	16.00	14.00	16.00	16.50	18.00
蛋氨酸(%)	0.50	—	0.40	—	0.30	—	0.30	—	0.40	—
蛋氨酸＋胱氨酸(%)	0.85	—	0.70	—	0.60	—	0.60	—	0.70	—
赖氨酸(%)	1.00	—	0.80	—	0.65	—	0.70	—	0.80	—
苏氨酸(%)	0.75	—	0.60	—	0.45	—	0.45	—	0.60	—
色氨酸(%)	0.23	—	0.16	—	0.16	—	0.16	—	0.17	—
粗纤维(%)	—	4.00	—	5.00	—	6.00	—	6.00	—	6.00
脂肪(%)	—	4.00	—	4.00	—	4.00	—	4.00	—	5.00
矿物质(%)	—	6.50	—	6.00	—	7.00	—	7.00	—	11.00
钙(%)	1.00	1.20	0.80	0.90	1.00	1.20	1.00	1.20	3.00	3.20
有效磷(%)	0.40	0.50	0.40	0.45	0.35	0.45	0.35	0.45	0.30	0.40
总磷(%)	—	—	—	—	—	—	—	—	—	—
维生素 A(IU/kg)	13 500	—	13 500	—	13 500	—	15 000	—	15 000	—
维生素 D(IU/kg)	3 000	—	3 000	—	3 000	—	3 000	—	4 000	—
维生素 E(mg/kg)	20	—	20	—	20	—	20	—	20	—

表 2-15 半番鸭营养需要量

营养成分	生长前期	生长后期
	0～3 周龄	4～10 周龄
代谢能(MJ/kg)	11.72	12.12
粗蛋白(%)	18	15
钙(%)	0.7	0.75
总磷(%)	0.65	0.65
有机磷(%)	0.40	0.40
食盐(%)	0.40	0.40
锌(%)	50	65
锰(%)	50	60
硒(%)	0.15	0.15
精氨酸(%)	1.08	0.90
赖氨酸(%)	1.06	0.85
蛋氨酸＋胱氨酸(%)	0.65	0.54
色氨酸(%)	0.23	0.20
亮氨酸(%)	1.26	1.05
异亮氨酸(%)	0.63	0.53
缬氨酸(%)	0.78	0.65
维生素 A(IU/kg)	8 000	7 000
维生素 D_3(IU/kg)	1 200	1 200
维生素 E(mg/kg)	12.5	10
泛酸(mg/kg)	11	10
胆碱(mg/kg)	1 000	1 000
纤维素(%)	4.0	4.0

表 2-16 鸭常用饲料成分及营养价值表

饲料名称	饲料描述	中国饲料编号	干物质(%)	禽代谢能(MJ/kg)	粗蛋白(%)	粗脂肪(%)	粗纤维(%)	粗灰分(%)	无氮浸出物(%)	钙(%)	总磷(%)	有效磷(%)	赖氨酸(%)	蛋氨酸(%)	胱氨酸(%)
玉米	成熟,GB/T 117890 1991 级	4-07-0279	86.0	13.56	8.7	3.6	1.6	1.4	70.7	0.02	0.27	0.10	0.24	0.18	0.20
高粱	NY/T2 级,混小麦,成熟	4-07-0272	86.0	12.30	9.0	3.4	1.4	1.8	70.4	0.13	0.36	0.12	0.18	0.17	0.12
小麦	NY/T2 级,混小麦,成熟	4-07-0270	87.0	12.72	13.9	1.7	1.9	1.9	67.6	0.17	0.41	0.21	0.30	0.25	0.24
大麦(皮)	NY/T2,皮大麦,成熟	4-07-0277	87.0	11.30	11.0	1.7	4.8	2.4	67.1	0.09	0.33	0.12	0.42	0.18	0.18
稻谷	NY/T2,成熟,晒干	4-07-0273	86.0	11.00	7.8	1.6	8.2	4.6	63.8	0.03	0.36	0.12	0.29	0.19	0.16
糙米	良,子料,成熟,未去米糠	4-07-0276	87.0	14.06	8.8	2.0	0.7	1.3	74.2	0.03	0.35	0.13	0.32	0.20	0.14
碎米	良,加工精米后的副产品	4-07-0275	88.0	14.23	10.4	2.0	1.1	1.6	72.7	0.06	0.35	0.13	0.42	0.22	0.17
粟(谷子)	合格,带壳,成熟	4-07-0479	86.5	11.88	9.7	2.3	6.8	2.7	65.0	0.12	0.30	0.11	0.15	0.25	0.20

续表 2-16

饲料名称	饲料描述	中国饲料编号	干物质(%)	禽代谢能(MJ/kg)	粗蛋白(%)	粗脂肪(%)	粗纤维(%)	粗灰分(%)	无氮浸出物(%)	钙(%)	总磷(%)	有效磷(%)	赖氨酸(%)	蛋氨酸(%)	胱氨酸(%)
木薯干	NT/T 合格,木薯干片,晒干	4-07-0067	87.0	12.38	2.5	0.7	2.5	1.9	79.4	0.27	0.09	—	0.13	0.05	0.04
甘薯干	NY/T 合格,木薯干片晒干	4-04-0068	87.0	9.79	4.0	0.8	2.8	3.0	76.4	0.19	0.02	—	0.16	0.06	0.08
次粉	NY/T2 级,黑面,黄面,下面	4-08-0105	87.0	12.51	13.6	2.1	2.8	1.8	66.7	0.08	0.48	0.15	0.52	0.16	0.33
小麦麸	NY/T1 级,传统制粉工艺	4-08-0069	87.0	6.82	15.7	3.9	8.9	4.9	53.5	0.11	0.92	0.30	0.58	0.13	0.26
米糠	NY/T2 级,新鲜,不脱脂	4-08-0041	87.0	11.21	12.8	16.5	5.7	7.5	44.5	0.07	1.43	0.20	0.74	0.25	0.19
米糠饼	NY/T1 级,机榨,未脱脂	4-10-0025	88.0	12.17	14.7	9.0	7.4	8.7	48.2	0.14	1.69	0.22	0.66	0.26	0.30
植物油	—	—	99.5	36	—	99.4	—	—	—	—	—	—	—	—	—
动物油	—	—	99.5	32	—	99.4	—	—	—	—	—	—	—	—	—
大豆	NY/T2 级,黄大豆,熟化	5-09-0127	87.0	13.55	35.5	17.3	4.3	4.2	25.7	0.27	0.48	0.16	2.22	0.48	0.55

续表 2-16

饲料名称	饲料描述	中国饲料编号	干物质(%)	禽代谢能(MJ/kg)	粗蛋白(%)	粗脂肪(%)	粗纤维(%)	粗灰分(%)	无氮浸出物(%)	钙(%)	总磷(%)	有效磷(%)	赖氨酸(%)	蛋氨酸(%)	胱氨酸(%)
大豆饼	NY/T1 级，机榨	5-10-0241	87.0	10.54	40.9	5.7	4.7	5.7	30.0	0.30	0.49	0.16	2.38	0.59	0.61
大豆粕	NY/T2 级，浸提或预压浸提	5-10-0102	87.0	9.62	43.0	1.9	5.1	6.0	26.1	0.32	0.61	0.20	2.45	0.64	0.66
棉子饼	NY/Y2 级，机榨	5-10-0118	88.0	9.04	36.3	7.4	12.5	5.7	26.1	0.21	0.83	0.27	1.40	0.41	0.70
棉子粕	NY/T2 级，浸提或预压浸提	5-10-0117	88.0	8.41	42.5	0.7	10.1	6.5	28.2	0.24	0.97	0.25	1.59	0.45	0.82
菜子饼	NY/Y2 级，机榨	5-10-0083	88.0	8.16	35.7	7.4	11.4	7.2	26.3	0.59	0.96	0.33	1.33	0.60	0.82
菜子粕	NY/T2 级，浸提或预压浸提	5-10-0121	88.0	7.41	38.6	1.4	11.8	7.3	28.9	0.65	1.02	0.33	1.30	0.63	0.87
花生仁饼	NY/Y2 级，机榨	5-10-0116	88.0	11.63	44.7	7.2	5.9	5.1	25.1	0.25	0.53	0.17	1.32	0.39	0.38
花生仁粕	NY/T2 级，浸提或预压浸提	5-10-0115	88.0	10.88	47.8	1.4	6.2	5.4	27.2	0.27	0.56	0.18	1.40	0.41	0.40

续表 2-16

饲料名称	饲料描述	中国饲料编号	干物质(%)	禽代谢能(MJ/kg)	粗蛋白(%)	粗脂肪(%)	粗纤维(%)	粗灰分(%)	无氮浸出物(%)	钙(%)	总磷(%)	有效磷(%)	赖氨酸(%)	蛋氨酸(%)	胱氨酸(%)
向日葵仁饼	NY/T2 级,壳仁比 35∶65	1-10-0031	88.0	6.65	29.0	2.9	20.4	4.7	31.0	0.24	0.87	0.22	0.96	0.59	0.43
向日葵仁粕	NY/T2 级,壳仁比 24∶76	5-10-0243	88.0	8.49	33.6	1.0	14.8	5.3	38.8	0.26	1.03	0.23	1.13	0.69	0.50
亚麻仁饼	NY/T2 级,机榨	5-10-0119	88.0	9.79	32.2	7.8	7.8	6.2	34.0	0.39	0.88	0.38	0.73	0.46	0.48
亚麻仁粕	NY/T2 级,浸提或预压浸提	5-10-0120	88.0	7.95	34.8	1.8	8.2	6.6	36.6	0.42	0.95	0.42	1.16	0.55	0.55
芝麻饼	机榨 CP 40%	5-10-0246	92.0	8.95	39.2	10.3	7.2	10.4	24.9	2.24	1.19	0.22	0.82	0.82	0.75
玉米蛋白粉	玉米去胚芽,淀粉	5-11-0001	90.1	16.23	63.5	5.4	1.0	1.0	19.2	0.07	0.44	0.16	0.97	1.42	0.96
鱼粉	7 样平均值	5-13-0044	90.0	12.38	64.5	5.6	0.5	11.4	8.0	3.81	2.83	2.83	5.22	1.71	0.58
鱼粉	山东、浙江等产小鱼,脱脂,11 样平均值	5-13-0077	90.0	12.13	53.5	10.0	0.8	20.8	4.9	5.88	3.20	3.20	3.87	1.39	0.49
血粉	鲜猪血,喷雾干燥	5-13-0036	88.0	10.29	82.8	0.4	0	3.2	1.6	0.29	0.31	0.31	6.67	0.74	0.98

续表 2-16

饲料名称	饲料描述	中国饲料编号	干物质(%)	禽代谢能(MJ/kg)	粗蛋白(%)	粗脂肪(%)	粗纤维(%)	粗灰分(%)	无氮浸出物(%)	钙(%)	总磷(%)	有效磷(%)	赖氨酸(%)	蛋氨酸(%)	胱氨酸(%)
羽毛粉	纯净羽毛，水解	5-13-0037	88.0	11.42	77.9	2.2	0.7	5.8	1.4	0.20	0.68	0.68	1.65	0.59	2.93
肉骨粉	屠宰下脚,带骨干燥粉碎	5-13-0047	93.0	9.96	45.0	8.5	2.5	37.0	—	11.00	5.90	5.90	2.20	0.53	0.26
肉粉	脱脂	5-13-0048	94.0	9.20	54.0	12.0	1.4	—	—	7.69	3.88	3.88	3.07	0.80	0.60
苜蓿草粉	NY/T2 级,1 茬，盛花期烘干	1-05-0075	87.0	3.64	17.2	2.6	25.6	8.3	33.3	1.52	0.22	0.22	0.81	0.20	0.16
DL-蛋氨酸	—	—	—	15	57.5	—	—	—	—	—	—	—	—	98	—
L-赖氨酸	—	—	—	15	93.7	—	—	—	—	—	—	—	78.4	—	—
磷酸氢钙	—	—	—	—	—	—	—	—	—	23.2	18	18	—	—	—
骨粉	—	—	—	—	—	—	—	—	—	36.4	16.4	16.4	—	—	—
蛋壳粉	—	—	—	—	—	—	—	—	—	37.0	0.15	0.15	—	—	—
贝壳粉	—	—	—	—	—	—	—	—	—	33.4	0.14	0.14	—	—	—
石粉	—	—	—	—	—	—	—	—	—	38.0	—	—	—	—	—

注:表 2-16 中能量饲料和蛋白质饲料的数据选自中国饲料数据库(2000 年,第 11 版)。

二、饲粮配合

配合饲料是指通过对鸭营养科学的研究，根据其不同种类、不同生理阶段及不同生产水平对各种营养物质的需要量，将多种饲料加工粉碎，按比例配合而成的一种营养完全的新型饲料。

传统养鸭方法中习惯地使用单一饲料，因而鸭的生长期长，产蛋少，饲料转化率低，成本高，效益低。例如，在相同的条件下，一般来说，养肉鸭每增重 1 kg，需要 4 kg 谷物饲料，而用配合饲料饲养肉鸭 5 周龄，体重可达 2.3～2.4 kg，每增重 1 kg 只需配合饲料 2.2～2.3 kg。由此可见，科学地配合饲料，能大大提高养鸭的经济效益。

（一）饲粮配合的原则　配方的设计涉及多种制约因素，作为一种为满足某些约束条件下的资源分配方案，配方设计应基本遵循以下原则。

1. 科学性与先进性　饲料配方涵盖了动物营养、饲养、原料特性与分析、质量控制等知识。各种营养指标必须建立在科学的标准基础之上，能满足鸭在不同阶段对各种养分的需要，并使其相互间具备合理的比例关系。使配方中营养物质既完善，又平衡，具备较高的营养价值和利用率。所以，在配方时应根据鸭的不同生产类型、不同生理阶段及不同生产水平，选用合适的饲养标准，并根据饲养实践的需要做适当的调整。饲料还应力求多样化，可使各种饲料之间的营养物质相互补充，以提高饲料的利用效率。

2. 经济性　在追求高质量的同时，饲料配方也应考虑经济效益与社会效益，既要求符合营养要求，又需要尽可能低的成本，追求较大的经济效益。并应综合考虑，产品对环境的影响，尽量减少动物废弃物中氮、磷、药物等对人类生态环境的不利影响。因此在配方时应掌握本地饲料资源及价格状况，尽量选用当地的营养丰富、价格低廉、原料新鲜、品质良好的饲料原料。

3. 可操作性　即生产上的可行性原则。配方在选用原材料的种类，质量稳定程度，价格及数量上都应与具体条件相匹配，符合养殖需求。日粮主要原料应因地制宜，来源丰富，并尽可能发挥当地资源优势。

此外，还应注意日粮的品质和适口性，粗纤维含量不宜过高，一般不超过5%，特别是雏鸭、肉鸭及高产蛋鸭应适当减少饲粮中糠麸饲料的含量。在饲喂过程中要求尽量保持配合饲料的原料及配合比例的相对稳定性，必须改变日粮时，最好要有1周左右的过渡期。

(二)如何配制鸭的全价配合饲料　目前各地虽然有各种类型的鸭配合饲料出售，但还远远满足不了养鸭业的需要，并且价格相对较高。因此，对于具有一定饲养规模的养鸭专业户来说，可根据科学原理自行配制各种配合饲料，大大降低饲料成本，提高养鸭的经济效益。

1. 饲粮配方的设计　饲粮配方设计的方法很多，采用手工计算的方法有公式法、方形法、试差法等。手工计算由于受到计算速度和方式的限制，所得配方只能满足部分营养参数的要求，难以得到最优配方。随着现代计算机技术的应用，使得采用复杂的线性规划法、多目标规划法、概率模型法来设计最优饲粮配方成为可能。采用这些方法设计饲粮配方的优点是速度快、准确，能设计出最佳饲粮配方，是饲料工业现代化的标志之一。目前，已有不少饲料厂家或畜禽养殖场采用电子计算机专用软件来完成饲粮配方设计。

但是，对于还不具备用计算机进行饲粮配方设计条件的养殖户来说，只要掌握饲粮配方设计要领，借助于电子计算器，采用手工算法，也可以很快设计出一个实用的饲粮配方。目前在生产上一般养殖场多用试差法计算。现以樱桃谷肉种鸭产蛋期饲粮配方设计为例，介绍用试差法设计饲粮配方的具体步骤。

第一步，根据鸭的饲养标准，查出所养品种、生长阶段、生产水平的鸭饲粮的主要饲养标准。如为樱桃谷肉种鸭产蛋期设计饲料配方，先要查出樱桃谷肉种鸭产蛋期的营养指标是：代谢能11.3 MJ/kg，粗蛋白19.5%，蛋白能量比17 g/MJ，钙3.5%，有效磷0.45%，食盐0.4%，蛋氨酸＋胱氨酸0.68%，赖氨酸1.1%。

第二步，根据当地饲料资源，选定所用饲料。如玉米、麸皮、大豆粕、菜子粕、进口鱼粉、磷酸氢钙、石粉、食盐、蛋氨酸、赖氨酸、种鸭预混料等。再从表2-14查出它们的主要营养成分。

第三步，初步确定各类饲料的大致百分比例，并计算出配合料中不同饲料所含有的各种主要营养成分。计算方法是用每一种饲料在配合料中所占的百分比，分别去乘该种饲料的代谢能、粗蛋白、粗纤维、钙、磷、赖氨酸、蛋氨酸＋胱氨酸含量，再将各种饲料的每项营养成分进行累加，即得出初拟配合料配方中每千克饲料所含的主要营养成分指标。

第四步，将计算出来的配合饲料的各营养指标，与标准要求的营养指标进行比较。如果这个配方中某些营养成分偏低或偏高些，则需进行调整。调整的方法是针对原配方存在的问题，结合各类饲料的营养特点，相应地进行部分饲料配比的增减，并继续计算，直至调整到各主要营养指标基本符合要求为止。配方中各营养成分基本符合饲养标准时，便可投入生产试用。

2．饲料配制　饲料配方确定之后，即可按照配方中各种饲料的配比数，准确称取各种加工粉碎好的饲料，用搅拌机或手工搅拌。所用添加剂应按产品说明规定添加，因其用量很少，需先用少量粉料混合后再加入混合料中充分拌匀。各种养分在饲粮中分布越均匀，饲养效果越好。一般手工拌料直观的检查方法是看料堆截面各类饲料是否分层。若分层还需继续拌和，通常需要轮翻五六遍。

第五节　鸭配合饲料的使用

一、商品饲料的选购

目前，生产鸭用商品饲料的厂家很多，品种也不少，质量也有差别，有的甚至是伪劣产品。因此，一定要选购质量可靠的厂家生产的商品饲料。选购时可通过以下几个方面的检查来判断饲料的质量。

1. 查看包装　饲料产品包装必须符合保证质量安全卫生的要求，便于储存、运输和使用。选购时，要注意外包装袋的新旧程度和包装缝口线路，若外观陈旧、粗糙、字迹图案退色、模糊不清，说明饲料储存过久或转运过多，或者是假冒产品，不宜购买。

2. 查看标记　根据国家饲料产品质量监督管理的要求，凡质量合格的商品饲料，应有完备的标签、说明书、检验合格证和注册商标。标签的基本内容应包括注册商标、生产许可证号、产品名称、饲用对象、产品成分分析保证值及原料组成、净重、生产日期、产品保质期、厂名厂址、电话号码、产品标准代号等。产品说明书的内容应包括：产品名称、型号、适用对象、使用方法及注意事项。产品检验合格证必须加盖检验人员印章和检验日期。注册商标除标志在标签上外，还应标志在外包装和产品说明书上。

3. 查看质量　选购时，可先用手提缝口及包装袋四角，若感觉袋内不松散，有成团现象，可能储存方法不当引起受潮，或运输途中被水淋湿过，不宜选购。必要时，应打开包装袋检查。检查时，先将手插入饲料中，感觉是否有潮湿发热现象，如有，可能是干燥不好或受潮；颗粒饲料要检查饲料的破碎料含量；然后再进行闻味、观色、捏拭检查，质量好的饲料产品气味芳香，没有异味，手用力握捏时，粉状料不成团，颗粒料硬度大，不易破碎，且表面光滑，当饲料从手中缓缓放出时，流动性好，颗粒状饲料落地有清脆的响声。否则是质量不好，不宜选用。

二、全价配合饲料的使用

全价配合饲料是按饲养标准规定的营养需要量配制的，可以不再加其他饲料而直接喂鸭，使用方便。全价配合饲料按其形态可分为粉状饲料、颗粒饲料两种。

1. 粉状饲料　粉状饲料是按全价料要求设计配方，将饲料中所有饲料都加工成粉状，然后加氨基酸、维生素、微量元素补充料及添加剂等混合拌匀而成。鸭采食慢，粉状饲料能使所有鸭均匀地吃食，摄入的饲料营养全面，易于消化，可延长采食时间。且粉状饲料不易腐烂变质，生产成本低。但粉状饲料磨得过细，适口性差，影响采食量，易飞散损失。生产上常用于2周以内的肉用仔鸭、生长后备鸭和产蛋鸭。

2. 颗粒饲料　颗粒饲料是将按全价料要求生产的粉状饲料再制成颗粒。颗粒饲料易于采食，降低采食消耗和减少采食时间，有防止鸭的挑食而保证平衡饲粮的作用；制粒时蒸汽处理可以灭菌，消灭虫卵，有利于淀粉的糊化，提高利用率，减少采食与运输时的粉尘损失。但由于在加工过程中的高温易破坏饲料中的某些成分，特别是维生素和酸制剂等。改进的方法是先制粒，然后再将维生素等均匀地喷洒在颗粒表面，因此，颗粒饲料制粒费用双倍于生产价料的成本。颗粒饲料在生产上适用于各种类别的鸭，但对育成鸭、肉用种鸭、蛋鸭产蛋后期应控制喂量，以免造成鸭采食过多而导致身体过肥，影响生产性能的正常发挥。

三、浓缩饲料的使用

浓缩饲料又称平衡用配合饲料或蛋白质补充饲料，是由蛋白质饲料、矿物质饲料和添加剂预混料，按一定比例配制成的均匀的混合料。通常含粗蛋白质30%以上,矿物质和维生素的含量也高于鸭需要量的2倍以上。因此,不能直接饲喂,应按一定比例与用户的能量饲料搭配后才能饲喂。浓缩饲料的应用可以减少能量饲料运输及包装方面的耗费,弥补用户的非能量养分短缺问题,使用方便。浓缩饲料适用于具备一定养鸭规模且能量饲料来源充足的养殖户。目前市售的浓缩饲料大多是由部分蛋白质饲料、矿物质饲料和添加剂预混料配制而成,通常的用量为5%。养殖户可根据浓缩料厂家提供的参考配方,利用自家的能量饲料、蛋白质饲料等与浓缩料配合成全价饲料,比直接使用全价成品料成本要低。

四、添加剂预混料的使用

添加剂预混料或简称预混料,是由一种或多种营养物质补充料(如氨基酸、维生素、微量元素)和添加剂(如促生长剂、驱虫保健剂、抗氧化剂、防腐剂、着色剂等)与某种载体或稀释剂,按配方要求比例均匀配制的混合料。添加剂预混料是一种半成品,可供配合饲料工厂生产全价配合饲料成浓缩料,也可供有条件的养鸭户配料使用。在配合饲料中添加量为0.5%～3%。养殖户可根据预混料厂家提供的参考配方,利用自家的能量饲料、蛋白质补充料与预混料配合成全价饲料,饲料成本比使用全价成品料和浓缩料都要低一些,但配合时所用的饲料原料相对要多些。

添加剂预混料因其组成种类多,用量小,因此,使用时应注意以下事项。

1. 添加剂量　按照配合全价料的要求,有的添加剂用量极微,常用毫克/千克来表示,除维生素添加剂在某些特殊情况(如鸭处于应激状况)时可提高添加量外,一般情况下都要按产品说明用量添加。有些养殖户不管是何种添加剂都错误地认为,剂量越大,效果越好,于是加倍添加,导致中毒或死亡,造成重大经济损失。

2. 配料时混合要均匀　因添加剂用量微小,在没有高效搅拌机的情况下，应采取多次稀释的方法，使之与其他饲料充分混匀。如1 kg添加剂加100 kg配合饲料时，应将1 kg添加剂先与少量饲料（1～2 kg）充分拌匀后，再加2～4 kg饲料充分拌匀，这样少量多次混合，直到全部拌匀为止。

3. 妥善保管　添加剂预混料应存放于低温、干燥和避光处，与耐酸、碱性物质放在一起。包装要密封，启封后要尽快用完，注意有效期，以免失效。

第六节　饲料加工与储藏

一、饲料加工

（一）饲料原料的加工

1. 青绿饲料的加工

（1）切碎法。切碎法是青绿饲料最简单的加工方法。青绿饲料经切碎后，有利于鸭的吞咽，也提高了消化率。喂鸭的青绿饲料应切得细一些，长度一般不超过1 cm为宜。

（2）干燥法。干燥的牧草及树叶是在冬、春季节广泛采用的一种补充饲料。通过粉碎加工后，可供作配合鸭饲料的原料。它具有成本低、收益大等特点。

青绿饲料收割期分别为：禾本科由抽穗到开花，豆科从初花到盛花，树叶类在秋季。其干燥方法可分为自然干燥和人工干燥。

自然干燥是将收割后的牧草在原地曝晒5～7 h，当水分含量降到30%～40%时，再移到避光处风干，待水分降到16%～17%时，就可以上垛或打包储存备用。堆放时，在堆垛中间要留有通气孔。我国北方地区，干草含水量可在17%限度内储存，而在南方地区应不超过14%才可储存。树叶类青绿饲料的自然干燥，应放在通风好的地点阴干，要经常翻动，防止发热和日晒，以免影响产品质量。待含水量降到12%以下时,即可进行粉碎。粉碎后最好用尼龙袋或塑料袋密封包装储藏。

人工干燥的方法有高温和低温两种。高温是在800～1 100℃下经过3～5 s,使青绿饲料的含水量由60%～85%迅速降至10%～12%;低温干燥以45～50℃的温度,在室内停留数小时,使青绿饲料干燥。

青绿饲料的人工干燥,可以保证青绿饲料随收割、随干燥、随加工成草粉,这样可减少霉烂,制成优质的干草或干草粉,能保存青饲料养分的90%～95%。而自然干燥只能保持青饲料养分的40%,且胡萝卜素损失殆尽。但人工干燥工艺要求高,技术性强,且需一定的机械设备及费用等。

2. 能量饲料的加工　能量饲料的营养价值和消化率一般都比较高,但是能量饲料子实的种皮、颖壳、内部淀粉粒的结构等,都能影响其物质的消化和吸收,所以能量饲料也需经过一定的加工,以便充分发挥其营养物质的作用。常用的加工方法是粉碎,但粉碎不能太细,一般加工成直径2～3 mm的小颗粒为宜。

能量饲料经粉碎后,与外界接触面积增大,容易吸潮和氧化,尤其是含脂肪较多的饲料,容易变质发苦,不宜长久保存,因此,能量饲料一次粉碎数量不宜太多。

3. 蛋白质饲料的加工

(1)大豆饼、棉子饼、菜子饼的加工。这类饼的加工方法有压榨法、预榨浸提法和直接浸提法3种。压榨法是将大豆、棉子、菜子经过净化处理、压碎、蒸炒、压榨等过程,使残油含量降低到6%～7%,再将饼磨碎,以备饲用。预榨浸提法是把净化处理的大豆、棉子、菜子先压榨加工,取出70%～80%的油脂,再用乙烷有机溶剂浸提余下的油脂,可浸提出90%以上的油脂。直接浸提法是将大豆、棉子、菜子等经压碎,蒸炒,压榨加工,取出部分的油脂,再用有机溶剂洗涤残余的油,饼(粕)供饲用。

预榨浸提法和直接浸提法加工的饼(粕)含油率低,一般在1%左右。

(2)棉子饼的去毒。棉子饼的去毒方法主要介绍一种适合我国中小鸭场和广大农村使用的去毒处理方法:硫酸亚铁-石灰水浸泡法。大致步骤如下:

第一步,根据棉子饼(粕)中游离棉酚含量(预先测定),按游离棉酚与铁元素 1∶1 的重量比加入硫酸亚铁($FeSO_4 \cdot 7H_2O$)粉末混匀。

第二步,加入新鲜配制的 0.5%~1%石灰水上清液(100 kg 水加 0.5 kg 生石灰粉)浸泡已加铁剂的棉子饼 2~4 h[饼与水重量比为 1∶(5~7)]。

第三步,将湿的已浸泡过的棉子饼一起拌入其他饲料,以湿料状喂鸭或晒干供配合饲料用。经去毒后的棉子饼配料时占饲粮的量应不超过 20%。

(3)菜子饼的去毒。菜子饼的去毒法主要有土埋法和硫酸亚铁法。土埋法是在干燥、向阳的地方,挖一个容积适宜的坑,铺上草席,把粉碎的菜子饼加水(饼水比为 1∶1)浸泡 1 天后,放入坑内,2 个月后即可使用。硫酸亚铁法是按粉碎饼重的 1%称取硫酸亚铁,加水拌入菜子饼中,然后在 100℃下蒸 30 min,再放至鼓风干燥箱内烘干或晒干后,即可供饲用。

(4)鱼粉的加工。鱼粉加工有干法、湿法、土法 3 种。干法生产的过程是原料经过蒸干、压榨、粉碎、成品包装。湿法生产的过程是原料经过蒸煮、压榨、干燥、粉碎包装。干、湿法生产的鱼粉质量好,适用于大规模生产,但投资费用大。

土法生产有晒干法、烘干法、水煮法 3 种。晒干法的过程是原料经盐渍、晒干、磨粉,生产的是咸鱼粉,未经高温消毒,不卫生,含盐量一般 25%左右。烘干法的过程是原料经烘干、磨粉而成,原料里可不加盐,成品鱼粉含盐量较低,质量比前一种略好。水煮法的过程是原料经水煮，晒干或烘干、磨粉。此法因原料经过高温消毒，质量较好。

各种鱼类的整个鱼体或鱼体的一部分经干燥加工制成粉末，叫普通鱼粉。干燥时把鱼浆还原干燥制成的鱼粉，称为全鱼粉。或者还可以把鱼粉分为白色鱼粉和红色鱼粉两种。目前饲料工业应用较多的北洋鱼粉就是以鲽、鳕、狭鳕等白色肌纤维鱼为原料制成白鱼粉的蛋白质含量在60%～70%，含有大量赖氨酸、蛋氨酸等必需氨基酸，是很好的饲料原料。红鱼粉以沿海多获性的沙丁鱼、竹刀鱼及太平洋鲱鱼等肌肉为红褐色的鱼作为原料制成的鱼粉。红鱼粉的品质一般较白色差。

鱼粉含蛋白质高。国产鱼粉蛋白质含量28.0%～65.2%，进口鱼粉一般在60%以上。日本的北洋鱼粉可达70%以上。含脂肪1.3%～15.5%，灰分14.5%～45.0%，钙0.8%～10.66%，磷1.16%～3.29%。鱼粉中富含烟酸、维生素 B_2 和维生素 B_{12}，真空低温干燥制成的鱼粉还含维生素A和维生素D，是最好的蛋白质饲料。

鉴定鱼粉质量的优劣，除考虑蛋白质的含量外，还应注意蛋白质的可消化性。良好的鱼粉，用胃蛋白酶测定，消化率应在93%以上。鱼粉以脂肪含量低为优，油脂酸价不得超过20%，过氧化物价应低于10，最好为5。

(5)动物性鲜活饲料的加工。在传统的饲养方法中，雏鸭饲养至5日龄后，常喂一些动物性鲜活饲料。雏鸭吃的动物性鲜活饲料有：黄鳝、泥鳅、螺蛳、黄蚬、蚯蚓、蚕蛹、小鱼、小虾等，加工方法也不同。

黄鳝、泥鳅要先煮熟，然后捞起，剔去头骨和脊柱骨，把肉和内脏切碎，连汤拌入饲料中喂给。10日龄以后的雏鸭，喂泥鳅或黄鳝，不必去骨，可以整条切细后饲喂。

螺蛳、黄蚬在喂前要经过挑选，除去小石子等杂物和臭螺蛳，再放锅里煮，待水烧开后，螺蛳肉有点发白时捞起，此时螺蛳有点收缩，容易脱壳，但营养没有破坏；如煮得太久，肉收缩后剩下一点点，营养也受到破坏；如煮得太生，肉和壳不易分离。煮好的螺蛳待冷却后，放到轧螺蛳机里轧一下，将外面的螺壳轧碎，取出螺肉拌入饲料中喂给。黄蚬只要连水放锅中煮，水开后看到黄蚬壳略微张开时，即将它捞出，掰开黄蚬壳，取出蚬肉拌饲料喂给。

蚯蚓也是雏鸭的好饲料，但带有一种“涩味”，饲喂前要洗净、切短，再用开水烫过，除去“涩味”后拌饲料喂给。

蚕蛹在饲喂前要把剩余的丝头剔除干净，切细后拌饲料喂给。

小鱼、小虾不能直接鲜喂，要煮熟后除去大的骨刺，切细再喂。

（二）配合饲料的加工 配合饲料的种类较多，其中预混料和浓缩料加工技术要求高，工艺精细，通常由专门厂家生产，其产品供全价配合料厂或养鸭场（户）配料使用。全价配合料的加工有工厂化的规模生产，有条件的养鸭场（户）也可自家加工。但不论生产规模的大小，其生产工艺流程是大同小异。生产规模大，设备较完善；规模小，受投资的限制，设备简单。有的生产工艺是在其他类型的厂完成，如小型加工机组通常购买中间产品——预混料或浓缩料与当地的能量饲料和蛋白质补充饲料或能量饲料加工而成。

二、饲料储藏方法

（一）玉米储藏 玉米主要是散装储藏。一般立筒仓都是散装。立筒仓虽然储藏时间不长，但因玉米厚度高达几十米，水分应控制在14%以下，以防发热。不是立即使用的玉米，可入低温库储藏或通风储藏。若是玉米粉，因其空隙小，透气性差，导热性不良，粉碎后温度较高（一般在30～35℃），如果水分含量稍高，则易结块、发霉、变苦，很难储藏。因此，刚粉碎的玉米应立即通风降温，码垛不宜过高，最好码成“井”字垛，便于散热，及时检查，及时翻垛。一般应采用玉米子实储藏，需配料时再粉碎。

其他子实类饲料与玉米储藏相同。

（二）饼（粕）储藏　饼（粕）类由于本身缺乏细胞膜的保护作用，营养物质外露，很容易感染虫、病菌，也易酸败。因此保管时要特别注意防虫、防潮和防霉。入库前可使用磷化铝熏蒸，敌百虫消毒。仓底铺垫也要切实做好，最好用砻糠做垫底材料。垫底要干燥压实，厚度不少于 20 cm，同时要严格控制水分，最好在 5%左右。

（三）麸皮储藏　麸皮破碎疏松，孔隙度较面粉大，吸潮性强，含脂肪高（多达 5%）。因此，很容易酸败和生虫、霉变，特别是夏季高温潮湿季节更易霉变。储藏麸皮在 4 个月以上，酸败就会加快。新出机的麸皮应把温度降到 10～15℃再入库储藏，在储藏期要勤检查，防止结露、生霉、吸潮。一般储藏期不宜超过 3 个月。

（四）米糠储藏　米糠脂肪含量高，导热不良，吸湿性强，极易发热酸败。储藏时应避免踩压，入库时米糠要勤检查、勤翻、勤倒，注意通风降温。米糠储藏稳定性比麸皮还差，不宜长期储藏，要及时推陈出新，避免损失。

（五）配合饲料的储藏　配合饲料的种类很多，因内容物不一致，料型不同，储藏特性也各不相同。

1. 全价颗粒饲料　全价颗粒饲料因用蒸汽加压处理，能杀死大部分微生物和害虫，而且孔隙度大，含水较低，淀粉糊化把一些维生素包裹。因此，储藏性能较好，短期内只要防潮，储藏不易霉变，也不易因受光的影响而破坏维生素。

2. 全价粉状配合料　全价粉状配合料大部分是谷类，表面积大，孔隙度小，导热性差，容易吸潮发霉，其中维生素容易因高温、光照等影响因素而造成损失。因此全价粉状配合料一般不宜久放，储藏时间最好不要超过 2 周。

3. 浓缩饲料　浓缩饲料蛋白质、各种维生素及微量元素含量丰富。这种粉状饲料导热性差，易吸潮，因而微生物和害虫易繁殖，维生素易受热、氧化等因素的影响而失效，有条件时，可加入适量抗氧化剂。一般不宜过久储藏，要不断推陈出新。

4. 添加剂预混料　添加剂预混料主要是由维生素和微量元素组成，有的添加了一些氨基酸、药物或一些载体。这类物质容易受光、热、水汽影响，要注意存放在低温、遮光、干燥的地方，最好加入一些抗氧化剂，储藏期也不宜过久。维生素添加剂也要用小袋遮光密闭分开包装，在使用时，再与其他预混料成分混合，其效价就不会影响太大。

第三章 鸭场建设

鸭场的建设,属于农业生物环境工程的范畴。鸭场的环境工程,是为鸭群的生长、发育、繁殖创造适宜环境的工程,是现代化科学养鸭的主要组成部分。

鸭场的建设包括场址的选择,鸭场的布局,鸭舍的建筑和养鸭常用工具、设施的配备。

第一节 场址的选择

选择一个合适的鸭场场址,不但关系到经济效益的高低,而且是养鸭成败的关键之一。如果选择失误,勉强投入生产,会给将来的生产带来不应有的经济损失和诸多不便。因此,在养鸭之前应认真做好周密的计划,选择最合适的地点建造鸭场。

场址的选择要根据鸭场的性质、自然条件和社会条件等因素进行综合分析后决定,需注意以下几个方面。

一、濒临水源,水质良好,水量充足

鸭是水禽,日常生活离不开水,洗澡需要水,交尾配种更离不开水,每天还要有大量饮水。所以,水源的选择对鸭来说十分重要。鸭场一般建在河湖之滨,水面尽量宽阔,水深1～2 m,水活浪小,避开主航道,以免干扰鸭群,引起应激。水源的水要充足。一般鸭场需水量的计算应以夏季最大耗水量为标准。耗水量最大的是填鸭,每只填鸭每天最高饮水量是日粮的4倍,每只填鸭最高填食量为0.5 kg/日,最高饮水量可达2 kg/日。洗浴用水按洗浴鸭的最高存栏计算,每只鸭平均每天用水8 kg左右。选择的水源必须能

达到每天每只鸭10 kg水的标准。

此外，水源位置要适中，不宜离鸭场太远；水中无臭味或异味，水质澄清；水岸不应过于陡峭，坡度过大时鸭上岸、下水都有困难；水源附近应没有屠宰场和排放污水的工厂，离居民点也要远一些，尽可能将场址选在水源的上游(工厂、城镇的上游)，以保持水质干净，不受污染。如每100 mL水中的大肠杆菌数超过5 000个，溶于水中的固体总量超过290 mg/L时，都被认为是污染的水。溶于水中的硝酸盐或亚硝酸盐的含量如超过50 mg/L，对鸭子有害，应另找水源。

二、地势较高

建造鸭舍的场地要稍高一点，以免积水，最好略向水面倾斜，有5°～10°的小坡，利于排水。如果在山区建场，不宜选在昼夜温差过大的山顶，或通风不良和潮湿的山谷深洼地带，应选择在半山腰处建场。山腰坡度不要太陡，也不能崎岖不平。鸭场的土质黏性不宜太重，最好是雨后容易干燥的砂质土壤。必须注意，排水不良、易遭水淹的低洼地绝对不能建造鸭场。

三、交通方便

鸭场距离主要物资集散地要近些，应有公路、水路或铁路相通，便于运送产品和饲料，以降低运输费用。但不能在车站、码头或交通要道(铁路或公路)的旁边建场，否则不利于防疫卫生，而且环境杂乱，易引起鸭的应激反应，影响生长和产蛋。

四、方向朝南

鸭场朝向以坐北朝南最理想。鸭舍要建在水源北面，把鸭滩和水上运动场放在鸭舍南面，使鸭舍的大门正对水上运动场，向南开放。这种朝向的鸭舍冬季采光吸热好，夏季通风，但又晒不到太阳，具有冬暖夏凉的特点，有利于提高产蛋率。

如果找不到朝南的地址，朝东南或朝东也可以，但绝对不能在朝西或朝北的地段建鸭舍。朝西朝北的鸭舍，夏季迎西晒太阳，舍内气温高，像蒸笼一样闷热，不但影响鸭的生长性能，还会造成鸭子中暑死亡；冬季正迎着西北风，鸭舍保温困难，鸭子耗料多，生长少。所以朝西朝北的鸭舍，与朝南的鸭舍相比，用同样方法养鸭，生长速度要下降10%左右，而死亡率明显升高，饲料消耗多，经济效益差。生产者千万要注意这一点。

五、气候条件

鸭场要选在气候湿润，降雨丰沛的地方。沿海地区要考虑台风的影响，易遭受台风袭击的地方不宜建造鸭舍；夏季通风不良，气温过高，或冬季风大，易遭受寒流侵袭的地方也不宜建造鸭舍。

六、供电条件

鸭场晚上必须照明，电机孵化不能断电，因此，在选择场址时，一定要了解该地是否通电，周围电源的位置和到鸭场的距离，最大供电允许量，是否经常停电或电压不稳以及其停电规律。在经常停电的地区要自备发电机。电力安装容量以每只种鸭5～6 W，商品鸭1.5～2 W 计算。这些问题在建造鸭场前都要通盘考虑，做好周密计划。

七、其他条件

肉鸭场的主要任务都是为城镇居民提供新鲜的商品鸭，因此，既要考虑服务方便，又要注意城镇卫生，还要考虑场内鸭群的卫生防疫。因此，场址应选在城近郊，一般以距离城镇10～20 km 为宜，种鸭场可更远一些。

排水问题是鸭场的一个重要问题，应对当地排水系统有所了解,如排水方式,纳污能力,污水能否处理等。一般鸭场多建在旷野之中,周围多为农林田野,可利用鸭场污水灌溉林地和农田,这样既能排污,又能灌溉肥田。当鸭场周围农田面积狭小时,要充分考虑土地的纳污能力。还可以利用鸭场污水养鱼,有控制地将污水排向养鱼坑、塘,做到既可纳污,又能肥塘。

第二节 鸭场的布局

一、鸭场各区间划分

(一)大型鸭场各区间划分 一个完整的、规模较大的肉鸭场,应包括职工生活区、行政区、生产管理区、病鸭的饲养区和粪污处理区等部分。

1. 职工生活区 建有职工宿舍、食堂及其他生活服务设施和场所等。

2. 行政区 包括办公室、资料室、会议室、供电室、锅炉房、水塔、车库等。

3. 生产区 洗澡间、消毒间、更衣室、饲养员休息室、鸭舍(育雏室、育成舍、肉鸭舍、种鸭舍)、蛋库、饲料库、产品库、水泵房、机修室等。

4. 病鸭的饲养区和粪污处理区 兽医室、病鸭舍、厕所、粪污处理池等。

(二)小型鸭场区划布置 小型鸭场各区划与大型鸭场基本一致,只是在布局时,一般将饲养员宿舍、仓库、灶间放在最外侧的一端,将鸭舍放在最里端,以避免外来人员随便出入,也便于饲料、产品等的运输和装卸。

二、区间布局的原则

区间布局在设计时，一要便于管理，有利于提高工作效率，照顾各区间的相互联系；二要便于搞好防疫卫生工作，规划时要充分考虑风向和河道的上、下游的关系；三是生产区应按作业的流程顺序安排；四要节约基建投资费用。

根据以上原则，具体规划时，要将养鸭场各种房舍分区规划，就地势高低和主导风向，将各种房舍依防疫需要的先后次序，进行合理安排(图 3-1)。如果地势与风向不一致，按防疫要求又不好处理，则以风向为主，地势服从风向，由于地势原因形成的矛盾则可通过增加设施加以解决，如挖沟、设障等；按主导风向考虑，行政区应设在生产区风向平行的一侧，生活区设在行政区之后，按河道的上、下游考虑，育雏舍、育成舍应在上游，肉鸭舍在其后，种鸭舍与上述鸭舍应有 300 m 以上的距离。行政区与生活区应离开放鸭的河道，保证生活污水不排入河道中；从便于作业考虑，饲料仓库应位于生产区和行政区之间，并尽可能接近耗料最多的鸭舍；从防疫角度考虑，场内道路应分清洁道和非清洁道，两者互不交叉，清洁道用于运输活鸭、饲料、产品，非清洁道用于运输粪便、死鸭等污物。各个区之间应有围墙隔开，并在中间种草种花，设置绿化地带。尤其生产区，一定要有围墙，加强卫生防疫工作，进入生产区内必须更换衣、鞋，消毒。生活区与生产区之间应保持一定距离。

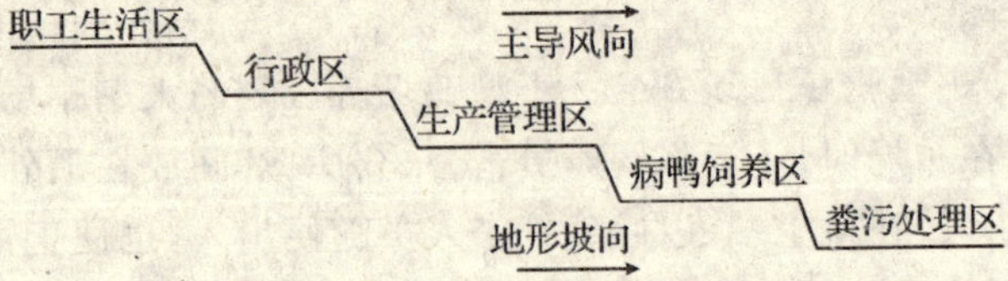

图 3-1　鸭场按地势、风向分区规划示意图

三、生产区的布局设计

生产区是鸭场总体布局中的主体，设计时应根据鸭场的性质有所偏重。商品肉鸭场，应以肉鸭舍为重点。各种鸭舍之间最好设绿化带隔离。

一个完整的平养鸭舍，通常包括鸭舍、鸭滩（陆上运动场）、水围（水上运动场）3 部分。

（一）鸭舍　鸭舍是鸭子群居生长栖息的地方，最基本的要求是向阳干燥，通风良好，能遮阳防晒，阻风挡雨，防止兽害。鸭舍的面积不要太大，一般生产鸭舍宽为 8～10 m，长根据需要来定，但最好控制在 100 m 以内，便于管理和隔离消毒。一个大的鸭舍要分开若干小间，每个小间的形状以正方形或接近正方形为好，便于鸭群在室内转圈。绝不能将小间隔成长方形，因为长方形较狭长，鸭子进舍做转圈运动时，容易拥挤践踏致伤。

（二）鸭滩　鸭滩是水面与鸭舍之间的陆地部分，通常把它叫做鸭子的“陆上运动场”。鸭子在此吃食、梳理羽毛和昼间小憩。它的面积应为鸭舍面积的 1/2 以上。其地面要平整，略向水面倾斜，不允许坑坑洼洼，以免蓄积污水。鸭滩的大部分地方是泥土地面，只在连接水面的倾斜处，要用水泥砂石，做成倾斜的缓坡，坡为 25°～30°。斜坡要深入水中，要低于枯水期的最低水位。鸭滩斜坡与水面连接处，必须用砖石砌好。不能用泥土底脚，否则，经水浪多次冲击后，泥土塌陷，造成坍坡，再要修理，既费时又费钱，还影响生产。由于这个斜坡是鸭子每天上岸、下水的必经之路，使用率极高，而且上有风吹雨打，下有浊浪拍击，非常容易损坏，必须在养鸭之前修得坚固、平整。有条件和资金充足的养鸭场，最好将鸭滩和斜坡用砂石铺底后，抹上水泥。这样的路既坚固，又方便清洁，在鱼鸭混养的鸭场还方便向鱼池中冲洗鸭粪。

鸭滩如果出现坑坑洼洼，要及时修复，不要拖拉。由于鸭脚短，飞翔能力差，不平的地面常使其跌倒碰伤，不利于鸭群活动。

砂石路面的鸭滩可用喂鸭后剩下的河蚌壳、螺蛳壳铺在鸭滩上，这样，即使在大雨以后，鸭滩仍可以保持干燥清洁。

（三）水围　鸭子是水禽，必须有一定的水上运动场，即水围。鸭子在水围内玩要嬉戏、繁殖交尾、捕食鱼虾等。水围的面积不应小于鸭滩。一般每 100 只鸭需要的水围面积为10～40 m^2，随鸭的年龄增长而增加。考虑到供水季节水面要缩小，故有条件的地方要尽可能围大一些。

在鸭舍、鸭滩、水围 3 部分的连接处，均需用围栏把它们围成一体，根据鸭舍的分间和鸭子分群情况，每群分隔成一个部分。陆上运动场的围栏高为 50～60 cm，水上运动场的围栏应超过最高水位 50 cm，深入水下 1 m 以上。如果用于育种或饲养试验的鸭舍，必须进行严格分群，围栏应深入水底，以免串群。有的地方将围栏做成活动的，围栏高 1.5～2 m，绑在固定的桩上，视水位高低而灵活升降，经常保持水上 50 cm，水下 100～150 cm。

第三节　鸭 舍 建 筑

一、鸭舍的建筑要求

（一）防寒保暖　鸭舍内保温性能要好，北墙要厚实，以防西北风渗透。屋顶除瓦片或油毛毡外，还需要有一个隔热保温层。冬季，有条件的地方要用暖气加温，没有暖气的地方，可用煤炉子加温。用煤炉子加温，要注意通风，以免一氧化碳中毒。

（二）通风良好　鸭舍通风效果的好坏，取决于鸭舍与主导风向的夹角。如果鸭舍朝向与主导风向夹角成0°，从窗口而入的气流则以最短路线到达对面窗口而流出，形成“穿堂风”，无窗的墙与对侧墙之间则相对形成无风带或称作滞流区；当鸭舍朝向与主导风向夹角成90°时，即鸭舍主轴方向与风向平行，两侧窗的风压相等，此时通风效果最差，几乎等于零；当朝向与主导风向成45°时，滞流区最小，通风效果最佳（图3-2）。从防止冷风的渗透和加强排污效果等因素综合考虑，鸭舍朝向应与主导风向成30°～45°为宜。

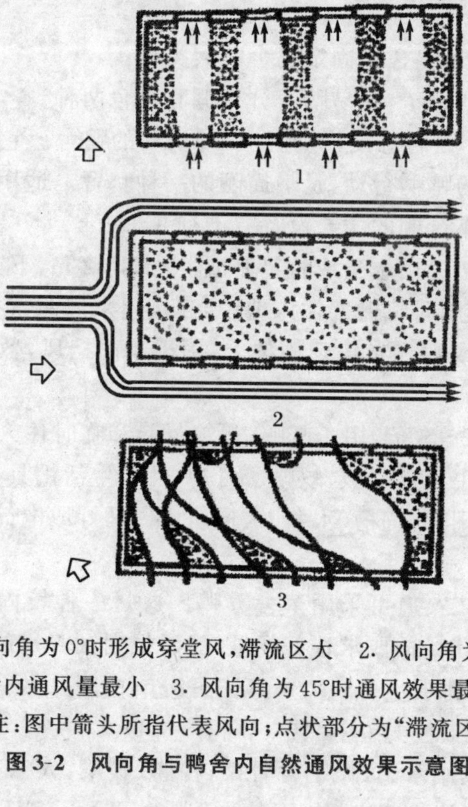

1. 风向角为0°时形成穿堂风，滞流区大　2. 风向角为90°时舍内通风量最小　3. 风向角为45°时通风效果最好

注：图中箭头所指代表风向；点状部分为"滞流区"

图3-2　风向角与鸭舍内自然通风效果示意图

（三）防止兽害　主要包括鼠、犬、狼、蛇、黄鼬等的侵害，尤其是鼠和黄鼬的侵袭，不但能伤害雏鸭和成鸭，还能传播疾病，造成疫情。

(四)鸭舍要便于清洗消毒,排水设施良好

(五)鸭舍要能保持安静,减少应激

(六)鸭舍要降低造价,节约投资

二、鸭舍的类型

鸭舍分简易鸭舍和固定鸭舍两大类型。

(一)简易鸭舍　简易鸭舍分行棚和草舍两种。

1. 行棚　顾名思义,行棚是一种活动的鸭舍。它没有固定的场址,随放牧的鸭群行动,是最简陋的一种鸭舍。适用于规模不太大的鸭群,一座行棚的主要设备有下列几种:

(1)行棚架。用木条或竹竿制成,中部高 2 m,下方底宽 2 m,弯成弓形。使用时将棚架插入地中,连接起来像两只有篷的小船。

(2)箔帘或塑料布盖于棚架上,用于遮雨挡风,数量据行棚面积而定。

(3)小船 2～3 条,用于赶鸭、运输材料和临时住人等。

(4)生活用具:床、被、蚊帐、锅、炉、灶等生活用具一套。

(5)饲养用具:饲槽、水盆、水桶、竹竿、马灯或电筒等养鸭用具若干。

2. 草舍　农户可采用草舍养鸭。这是一种较固定的简易鸭舍。首先,按建场的要求选好场址,然后根据饲养量的多少确定鸭舍的面积。一般长为 8～10 m,宽 7～8 m(两间并做一个单元),一个单元可养鸭 500 只左右(图 3-3 和图 3-4)。

草舍一般用木、竹做鸭舍骨架,柱脚、横梁,人字架都用毛竹。用稻草或茅草编成草帘,依次盖在竹制的屋顶上,四周围也可用编织的草帘做墙壁。如要经久耐用,最好在草帘上面再覆盖一层油毛毡。

这种草舍取材方便,投资少,建造快,经济实惠,通风良好,光线充足,操作方便,而且保温和隔热性能好。尤其用草做屋顶,冬暖

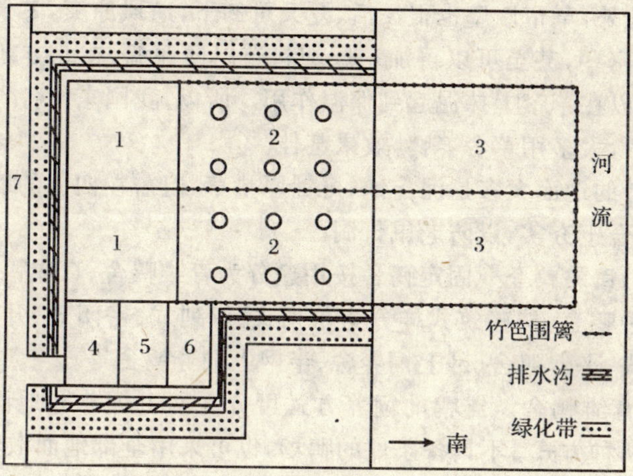

1. 鸭舍　2. 鸭滩　3. 水围　4. 宿舍
5. 仓库　6. 饲料调制室　7. 道路

图 3-3　简易鸭舍的布局示意图

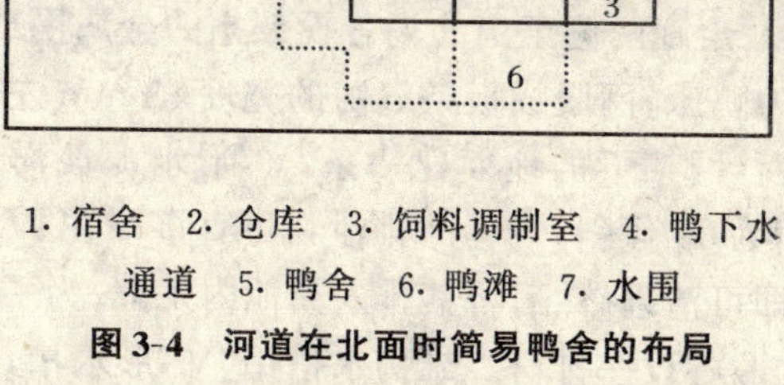

1. 宿舍　2. 仓库　3. 饲料调制室　4. 鸭下水通道　5. 鸭舍　6. 鸭滩　7. 水围

图 3-4　河道在北面时简易鸭舍的布局

夏凉。此外,草帘墙壁也很灵活,夏天可卸下,通风凉爽,冬天可排得厚些、密些,甚至可以再加一层塑料布以便保温,在北方寒冷地区,也可以在草帘上抹泥起到保温作用。所以,我国东南各省的养鸭专业户,大多用草舍养鸭,效果甚佳。

鸭舍的地面大多是泥土地,可铺厚垫草,但需在四周的墙脚用沙土、三合土夯实,以防老鼠打洞。

(二)固定鸭舍　固定鸭舍按用途分为育雏鸭舍、育成鸭舍、填鸭舍和种鸭舍;按建筑式样分为单列式、双列式、密闭式、开放式、半开放式、平养鸭舍、网上饲养舍、半网上饲养鸭舍等。

1. 育雏鸭舍　雏鸭的饲养方式可分为网上饲养和地面散养(平养)两种方式。不具备条件的鸭场,也可采用全部地面散养。因此,育雏鸭舍可分为网上饲养雏鸭舍和平养雏鸭舍。

雏鸭舍要求保温性能好,一般屋顶要有隔热层,墙壁要厚实,寒冷地区北窗要用双层玻璃窗,室内要安装加温设备,并有稳定的电源;采光要充分,通风良好,鸭舍地面面积与南窗面积的比例为8∶1左右,北窗为南窗的1/2,南窗离地面高66～70 cm,并设气窗,便于调节室内空气,克服通风和保温的矛盾,北窗离地面高1 m左右;地面要坚实、干燥,既防鼠害,又利排水,地面要铺水泥或三合土,还要向一边或中间倾斜,以利排水,窗上要装铁丝网,以防鼠害。

(1)网上饲养雏鸭舍。网上饲养雏鸭舍可采用有窗式双列单走廊雏鸭舍,其跨度为8 m。以平地或凹坑的房舍为基础,走廊设在中间,宽1 m。走廊两侧至南北场各设架空的金属网或漏缝的竹、木条地板作为鸭床,网眼或板条缝隙的宽度13 mm左右。地面必须是水泥地面,网架下的地面建一条“V”形水泥坡沟或有一定坡度,坡沟坡面为30°倾斜,雏鸭的排泄物可直接漏在“V”形坡沟内,用水稍冲刷即可清理,然后将其排入粪池内发酵。为了便于雏鸭舍内保暖,南北墙各设一排窗。雏鸭水槽用“V”形水槽,安在靠走廊近侧的网围栏上，有条件的地方使用饮水器更方便。每群鸭用一个方盘形铁制料盘。由于雏鸭全程都在网上饲养，舍外不必修建运动场，也不建造水浴池。网养雏鸭会比平养雏鸭舍卫生条件好，干燥，节约垫草和能源，保温性能、防鼠害能力、通风、光照条件都不错，但投资费用较大。

网养雏鸭舍可分高床和低床两种。高床的网底离地 1.8 m（图 3-5 和图 3-6），低床网底离地 0.7 m 左右。

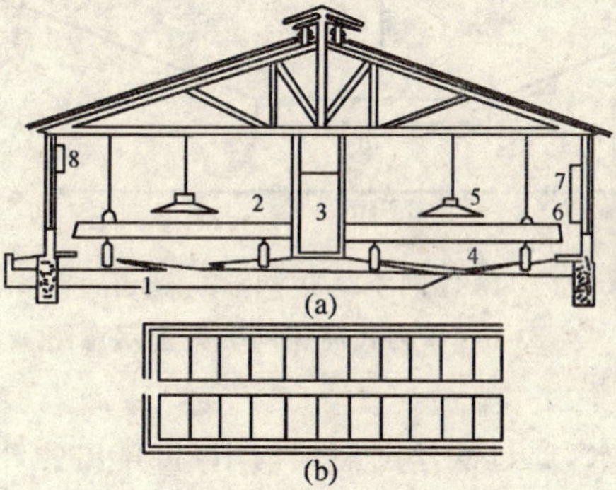

(a)剖面图　(b)平面图

1. 排水沟　2. 铁丝网　3. 门　4. 集粪池

5. 保温灯　6. 饮水器　7. 南窗　8. 北窗

图 3-5　有窗式双列单走廊网养鸭舍

(2)平养育雏舍。一般采用有窗式单列带走廊的育雏舍。这种鸭舍除育雏外，还适于北方饲养种鸭。鸭舍跨度 8 m，舍内隔成若干小区，一般在南墙设有供温设施，北墙边设置宽 1 m 的走廊。在东侧山墙开门，供管理人员进出。鸭舍南侧墙开通向运动场的门。鸭舍南、北墙设窗，每侧上下两排窗，下排窗除起到通风降温作用外，还可供鸭群出入于运动场。但下排窗需设铁丝网罩以防兽害。靠走廊一侧建一条排水沟，沟上盖铁丝网，网上放饮水器，使雏鸭

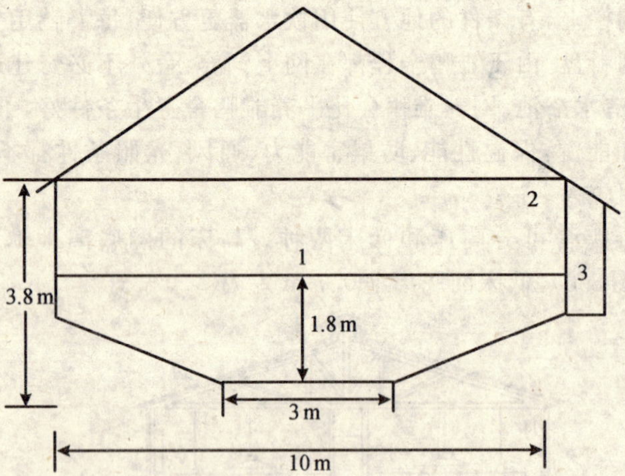

1. 底网 2. 边网 3. 通道

图 3-6 单列式高床网养鸭舍示意图

饮水时溅出的水，通过铁丝网漏到沟中，再排出舍外。也可以在走廊一侧用水泥砌制水槽，水槽紧挨走廊，水槽南侧设一个宽30 cm、深20 cm 的水沟。走廊与雏鸭区用围栏隔开，食槽设在围栏的中心。南侧墙外是运动场和水浴池。运动场上要搭设遮阳凉棚(图 3-7)。

2. 育成鸭舍　育成鸭阶段，生长快，生活力强，对温度要求不像雏鸭那样严格。所以，只要能遮风挡雨，经常保持干燥，冬季可保温，夏季通风凉爽的简易建筑，都能用来饲养育成鸭。一般育成鸭舍也建成双列式单走廊鸭舍。鸭舍地面不用水泥地，但地面要有一定倾斜，在较低的一边挖一道排水沟，沟上覆盖铁丝网，网上设置饮水器。这样屋内渗出的水分和鸭子饮水时溅出的水都能流入沟内，排出室外，以保持室内干燥。舍内的走廊设在中间，走廊与鸭群之间用围栏隔离。食槽设在围栏中心位置(图 3-8)。

3. 填鸭舍　填鸭舍的建筑要求与育成鸭舍相差不大，建筑设

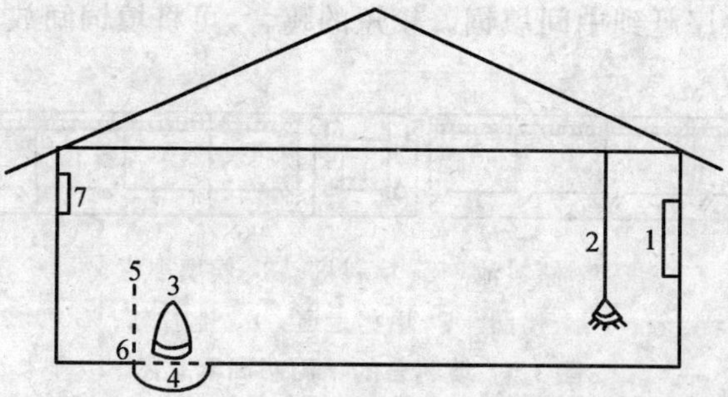

1. 南面　2. 保温伞　3. 饮水器

4. 排水沟　5. 栅栏　6. 走廊　7. 北窗

图 3-7　平养育雏鸭舍内部结构示意图(侧面)

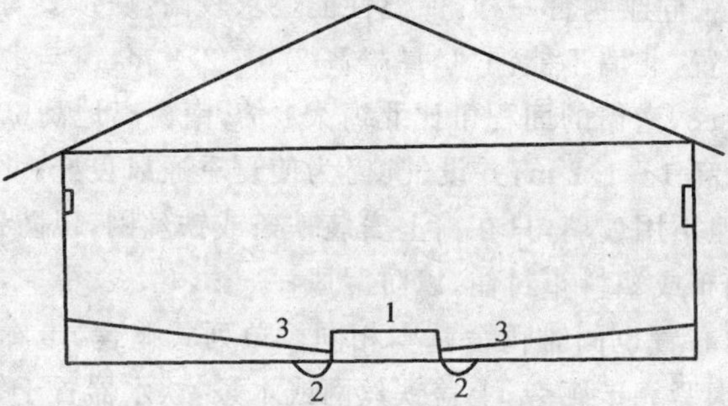

1. 走廊　2. 排水沟　3. 鸭床(地面)

图 3-8　双列式育成鸭舍结构示意图

计也比较简单。地面大多用夯实的泥土,不必用水泥抹平,也要有一定倾斜,靠走廊一侧或倾斜坡低处,设置饮水装置。饮水装置可用水槽或饮水器,要使水槽和饮水器溢出的水能直接流入斜坡底部的排水沟。这些都与育成鸭舍相同,所不同的是填鸭舍要分隔成若干小圈,每圈面积为 12 m^2左右,约可容纳 50 只填鸭,每圈设一扇小门,通向走廊。较长的鸭舍,把填饲间放在中间,把两端各舍的鸭子按次序赶到中间填饲。较短的鸭舍,可将填饲间放在任何一端(图 3-9)。

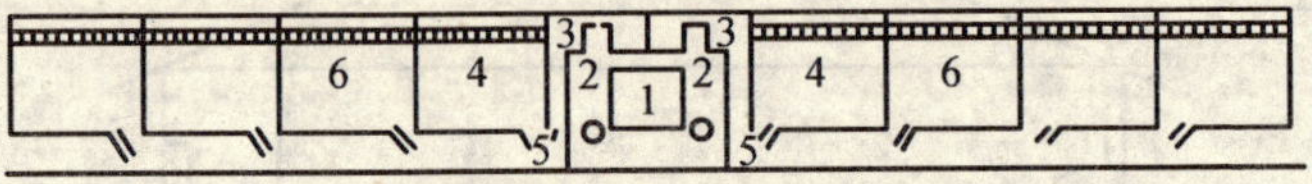

1. 储料池　2. 填料机　3. 候填小栏
4. 鸭圈　5. 填鸭走道　6. 排水沟

图 3-9　填鸭舍的平面布局示意图

4. 种鸭舍　目前,我国各地饲养种鸭还是采用平地散养方式,尚未采用机械化、自动化作业。鸭舍分有窗式双列单走廊和有窗式单列单走廊两种。双列式鸭舍必须两边都有水浴。

种鸭舍同雏鸭舍一样,保温性能要求较高,房顶要有天花板或加隔热装置,北墙不能漏风,屋檐高 2.6～2.8 m,窗与地面面积的比例为1∶8,南窗的面积可比北窗大1倍,南窗离地高60～70 cm,北窗离地高 1～1.2 m,并设气窗。为使夏季通风良好,北边可开设地脚窗,但不用玻璃,只在窗上安装铁条或铁丝网,以防兽害,寒冷季节用油布或塑料布封住,以防漏风。

舍内布置也同雏鸭舍基本相同。单列式鸭舍,走廊位于北墙边,排水沟紧靠走廊旁,上盖铁丝网或木条,饮水器置于铁丝网上,也可在铁丝网上方建水槽。南边靠墙一侧,地势略高,用来放置种鸭晚间产蛋用的产蛋箱(图 3-10)。产蛋箱宽 30 cm,长 40 cm,用木板钉成,无底,前面较低(高 12～15 cm),供鸭子进出,其他三面高 35 cm,箱底垫木屑或切干净的垫草。每只箱子可供4 只肉用型种鸭使用。这种垫草必须保持干净,而且要高于舍内的地面。双列式种鸭舍,走廊设在种鸭舍中间,排水沟紧靠走廊两侧设置,在排水沟对面靠墙的一侧,地势要略高,放置产蛋箱或厚厚的一层干草,供种鸭夜间产蛋之用。

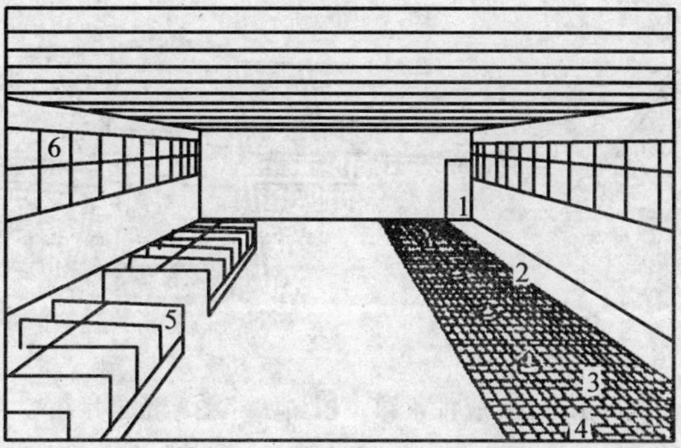

1. 门 2. 走道 3. 排水沟上的铁丝网
4. 饮水器 5. 产蛋箱 6. 窗

图 3-10 单列种鸭舍内景示意图

种鸭舍必须具备足够面积的鸭滩和水围,供种鸭活动、洗澡、交配之用(图 3-11)。如果不具备水面条件,尤其是双列式种鸭舍,常常一边有河道(或湖泊、池塘),另一边是旱地,在这种条件下,需要挖一条人工的洗浴池,洗浴池的大小和深度根据鸭群种鸭的数量而定。洗浴池形状如图 3-12 所示。一般洗浴池宽 2.5~3 m,深 0.5~0.8 m,用石块砌壁,水泥挂面,不能漏水。洗浴池挖在运动场的最低处,利于排水。洗浴池和下水道连接处,要修一个沉淀井,

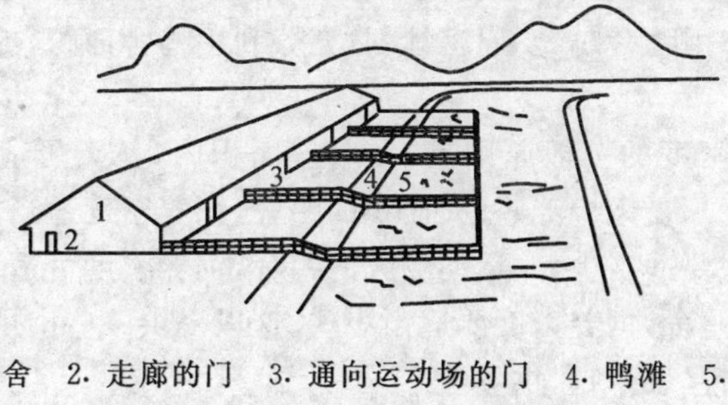

1. 鸭舍 2. 走廊的门 3. 通向运动场的门 4. 鸭滩 5. 水围

图 3-11 单列种鸭舍外景示意图

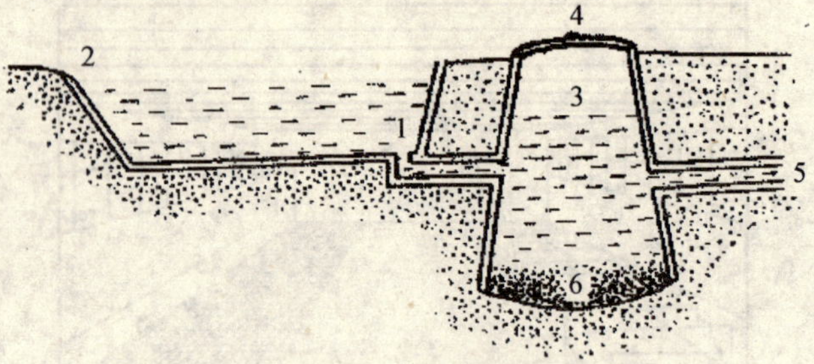

1. 洗浴池排水口　2. 池壁　3. 沉淀井
4. 井盖　5. 下水道　6. 沉淀物

图 3-12　洗浴池排水系统的结构(纵剖面)

在排水时,可将泥沙、粪便等沉淀下来,免得堵塞排水道。种鸭的运动场,如尚未种植遮阳的树木,应搭建凉棚,凉棚的面积与鸭舍面积相似,把在舍外饲喂的料槽放在凉棚下,以防饲料被雨水淋湿。

(三)饲养密度和建筑面积估算　不同类型的鸭(肉用型或蛋用型)饲养密度不同。同一类型的鸭如日龄不同,或生长阶段不同,其饲养密度也不同;同一类型的鸭,虽然日龄也相同,但由于饲养季节不同,鸭舍大小不一样,其每平方米鸭舍的养鸭数量也有差异。因此,在建造鸭舍计算建筑面积时,要留有余地,适当放宽计划;但在使用鸭舍时,要周密计划,充分利用鸭舍面积,提高鸭舍的利用率。

饲养密度的一般原则是,在单位面积内,冬天可适当多养些(提高密度),夏天少养些;大面积的鸭舍,饲养密度适当大些,小面积的鸭舍,要适当少养;运动场大的鸭舍,饲养密度可适当大些,运动场小的鸭舍,饲养密度要适当小些。这里提供一些肉用型鸭放养密度的资料(表 3-1),供参考。

表 3-1 肉用型鸭不同周龄时的放养密度 只/m²

周龄	地面平养	网上饲养
1	20～30	30～50
2	10～15	15～25
3	7～10	10～15
育成期	5～6	6～8
种鸭	2～3	4～5

第四节 养鸭工具

养鸭的用具比较简单，尚未形成系列化、规格化的产品。现将常用工具介绍如下。

一、饲养用具

（一）鸭篮（鸭篓） 鸭篮用毛竹竹篾编制而成，圆形。直径70～80 cm，边高25～30 cm（图3-13a），可用于装运雏鸭，也可用于饲养小鸭。育雏时供小鸭睡眠之用和点水之用（将小鸭关在鸭篮内，一起浸在水中，供其活动片刻，这种方法南方的鸭农称为“点水”），1 000只肉用雏鸭需要45～55个鸭篮。

（二）栈条（围条） 栈条长方形，长15～20 m，高0.6～0.7 m，用毛竹篾编织而成，用做围鸭用（图3-13b）。鸭子大多群养，抓鸭时群体过大，极易造成应激，一般用围条围成若干小群。1 000只雏鸭需要围条4～5张。

（三）喂料工具（饲槽、喂料器材） 喂鸭的工具式样很多，最简单的如塑料布，用于饲喂雏鸭，也可以用竹席、草席代替，1 000只雏鸭需备6～7张席子。较大的青年鸭和种鸭，为食盆，这种食盆便于清洗、消毒和搬动，1 000只成年鸭需15～20只食盆。

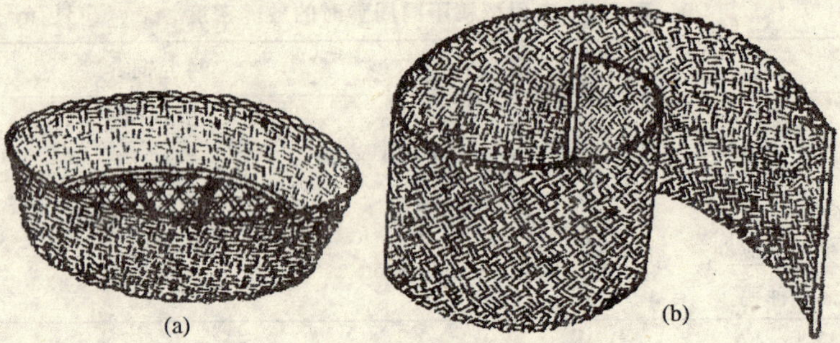

图 3-13　鸭篮和栈条

用于饲养育成鸭的喂料器，用铝皮制成，分料盘和储料桶两部分（图3-14）。一般料筒高 40 cm，直径 30 cm；料盘底部直径40 cm，边高 3 cm。这种喂料器能存放较多饲料，并且可以一边采食一边自动下料。每50 只鸭子需1 个喂料器。

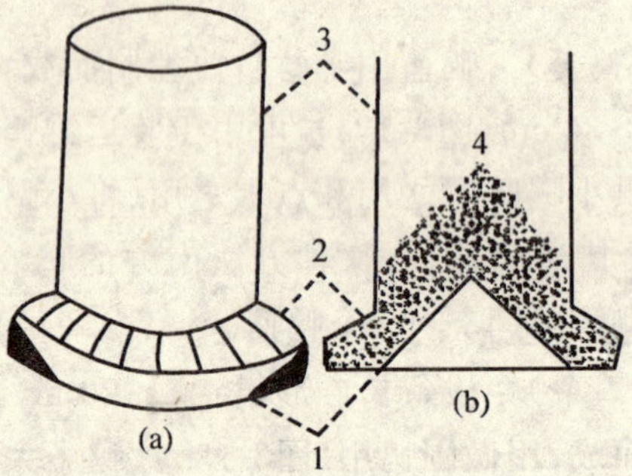

(a)立体图　(b)剖面图

1. 料盘　2. 采食栅　3. 储料桶　4. 饲料

图 3-14　喂料器

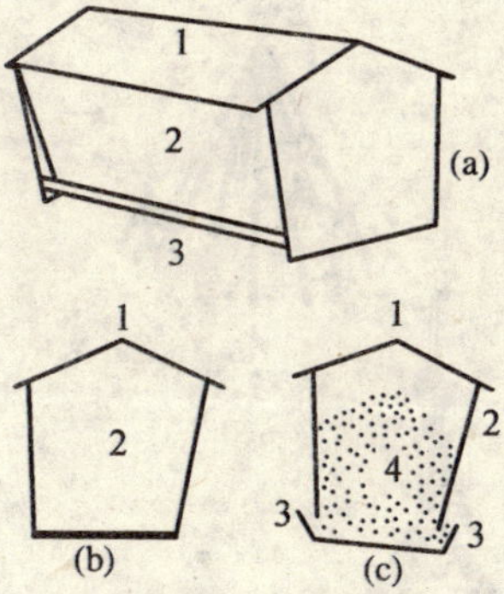

(a)立体图　(b)侧面图
(c)剖面图
1. 箱盖(可以取下,便于加料)
2. 箱体　3. 采食槽　4. 饲料
图 3-15　喂料箱

用于饲养种鸭的喂料箱,用木板制成,长 1.5～2 m,像一间小屋,上有盖,下有槽,四周有壁(图 3-15)。这种喂料箱可常备饲料,节省人工,鸭子采食均匀,尤其适合于喂用颗粒饲料。如喂用粉料,必须十分干燥,也不能粉碎过细,以免受潮后结块,降低品质,影响下料。

竹匾,呈圆形,直径 1 m 左右,外缘边高 5 cm,用毛竹篾编制而成。竹匾主要用做衬垫,把它垫在食盆下面,盛接鸭子在采食时甩出来的料,尤其是喂粉料时甩出的料更多,浪费更大,必须加垫竹匾(或塑料布),可节约 5%～10%的饲料。竹匾也可以直接用来喂料。

(四)饮水工具　养鸭用的饮水器的式样很多,最常见的是塔式真空饮水器(图 3-16e),有塑料的,已成规格化的产品,也有用铁皮或铝合金制作的,还有用旧的广口瓶改制的,将瓶口敲几个小的缺口,装满水后用盆子盖住瓶口,再倒转过来覆于盆子上,水就从小缺口处源源不断地流出来,当水位淹没瓶口时,瓶内的水便停止外流。这种饮水器轻便实用,容易清洗,比较干净,适用于平养的雏鸭。

成年鸭的饮水器,可以用无毒的塑料盆或陶钵,也可以用小水缸(斜放)。但必须注意,用口径较大的盆式饮水器时,必须在盆上方加盖罩子(用竹条或粗铁丝制成,图 3-16c),以防鸭子在饮水时窜入盆中洗澡,污染饮用水。

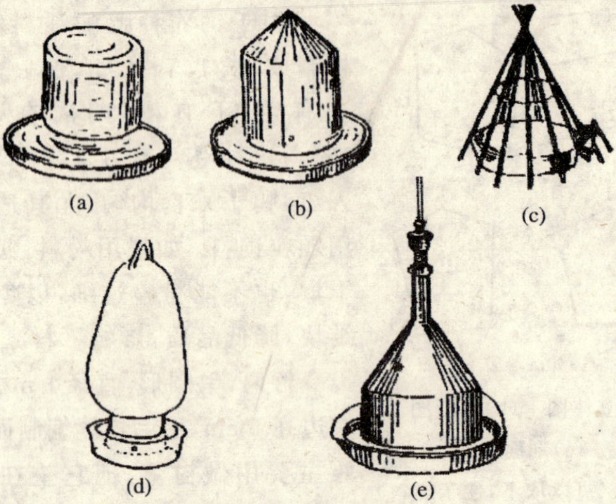

a. 广口瓶和碟子　b. 铁皮饮水器　c. 陶钵加竹圈
d. 塑料饮水器　e. 吊塔式饮水器
图 3-16　各种不同式样的饮水器

二、填饲机具

肉鸭饲养以往都有填饲阶段，以加速增重，促进脂肪积累。目前生产的鸭肥肝，也需强制填饲 2～3 周。鸭的填饲都用机器填饲，这种机器具分手动填鸭机和电动填鸭机两类。

（一）手动填鸭机　手动填鸭机（图 3-17）结构简单，操作方便，适用于小型鸭场和缺电的地区使用。这种填鸭机规格不一，主要由料箱和唧筒两部分组成。填饲嘴套上橡胶软管，其内径1.5～2 cm，管长 10～13 cm。

（二）电动填鸭机　电动填鸭机根据所用饲料的不同，又可分为两类。生产鸭肥肝时，多用整颗的玉米粒填饲，一般采用螺旋推进式填饲机，将饲料置于料斗内，以电动机带动螺旋杆运转，螺旋

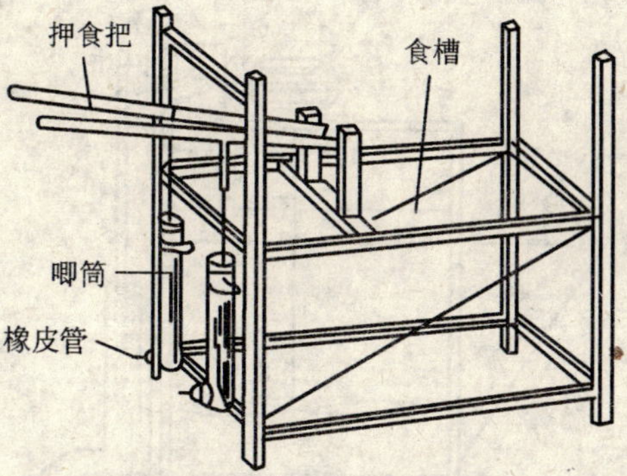

图 3-17 手动填饲机

推进器为一条螺旋形的弹簧,转动时将玉米以填饲管推出后进入鸭的食道内(图 3-18);填饲烤鸭用的填鸭机,因用粉状饲料加水调成糊状,多采用压力泵式的填饲机,利用唧筒的压力,把饲料从填饲管口压出进入鸭的食道内(图 3-19)。

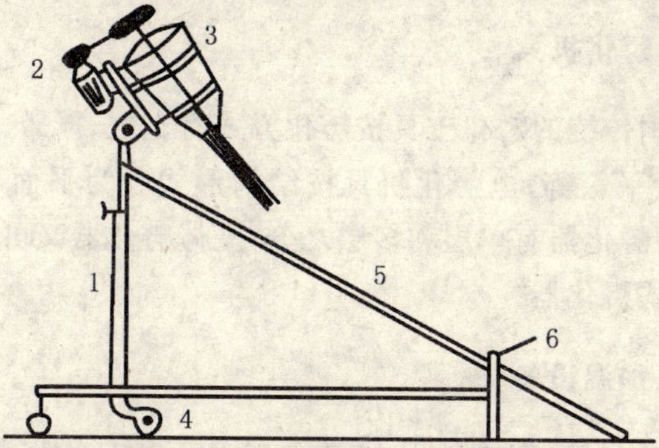

1. 机架 2. 电动机 3. 饲料斗

4. 电动开关 5. 滑道 6. 坐凳

图 3-18 电动填饲机(填饲颗粒玉米)

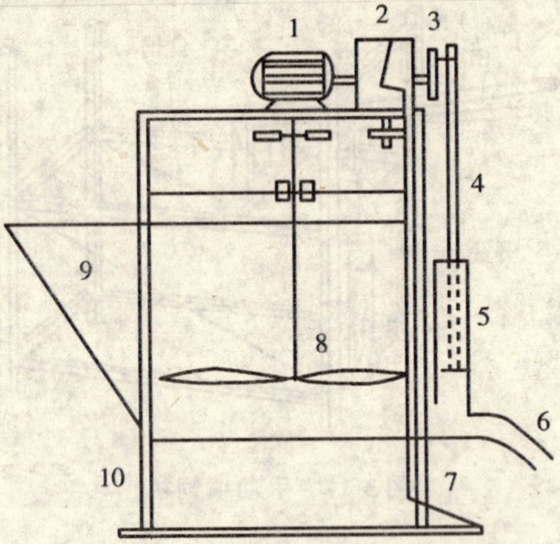

1．电动机　2．减速箱　3．偏心轮　4．活塞杆　5．唧筒
6．填饲管　7．离合器踏板　8．搅拌器　9．储料箱　10．支架

图 3-19　电动填饲机（填饲粉糊状玉米）

三、孵化机具

我国传统的孵化工具按孵化方式有土缸、摊床、火炕、电褥、普通木桶、平箱等；电孵化机具按结构形式分为平面与立体两种类型，平面孵化器有单层和多层之分，立体孵化器又可分为箱式孵化器和房式孵化器。

四、加温设备

养鸭场里，育雏过程中，需要较高而稳定的室温环境，因此需要配备加温设备，通常采用的加温方法有火炕（火墙、烟道）加温、红外线灯泡加温、煤炉加温和电热育雏伞加温。

（一）火炕（火墙、烟道）加温　火炕加温是家庭养禽常用的加温方法。火炕的结构与北方农村中人们睡的土炕一样，把炕直接建在育雏室内。炉灶的火口设在育雏室北端的墙外，一个炕设一个烧火口。火炕的大小一般是6～8 m^2(4.5 m×1.6 m)，可饲养初生雏200～250只。根据育雏室大小，可以每间建1炕，也可以一间屋建两炕(走道在中间)，烟囱建在另一端的墙上，烟囱要高出屋顶，使出烟畅通。火炕一般用干燥的土坯砌成，利于吸热和保温。火炕在靠近烧火口的一端设置保温棚，棚高40～50 cm，用竹竿或木杆做架，上盖麻袋或帆布，棚下温度较高，可供初生雏休息，待雏鸭稍大后，根据需要，选择合适的温度，自由进出。保温棚下挂一两盏15 W的电灯照明，并在离炕面5 cm处挂1支温度计，随时观察温度情况。一般火炕加温首先在早晚各烧火1次；其次，通过保温棚覆盖与否做辅助调节温度。进雏以前，要提早1天烧炕，使室内预热，达到需要的温度。

烟道育雏与火炕育雏原理差不多。沈阳地区大多数养鸡单位多采用此法加温育雏，养鸭育雏也可采用此法。具体砌法：将加温的地炉砌在育雏室的外间，炉子走烟的入口与室内烟道直接相连。室内的地上烟道靠近墙壁10 cm，距地面高30～40 cm，由热源向烟囱方向稍有坡度，使烟道向上倾斜。烟道的砌法，上下宽为一砖距离，两侧高为一砖距离，上面覆盖保温伞，控制棚下达到育雏温度，育雏效果也很好。

用这两种方法加温，热量从地面上升，非常适于雏鸭卧地休息的习性，整个育雏室内，前后左右、角角落落都有一定温差，使体质强弱不同的雏鸭都可以自由地找到适合自己的温区。这两种方式加温的育雏室地面干燥，室内空气好，在没有电源的地方使用尤其方便，育雏效果令人满意。它的缺点是浪费空间，房舍利用率不高。

(二)红外线灯泡加温　利用红外线灯泡发热量较高的特点，把它悬挂在育雏室内，提供育雏所需的热量。利用红外线灯泡加温，保温稳定，室内干净，垫草干燥，管理方便，节省人工，但耗电量大，灯泡使用率高，易损坏，成本较火炕加温、煤炉加温要高，也不能在未通电和经常停电的地区采用。

利用红外线灯泡加温时，第一周灯泡离地面 35～45 cm，由第2周起，随雏鸭日龄的增大，逐渐提升灯泡高度。一般每周将灯提高 7～8 cm，直到离地面 60 cm 高为止。常用的红外线灯泡是 250 W，使用时可以等距离排列，也可以两盏连成 1 组。5 日龄以内的雏鸭，因感觉不灵敏，应在灯泡周围用围篱围住，以免雏鸭远离热源（图3-20 和图3-21）。在外界气温较低的情况下育雏，第1 周时室内还要有升温设备，而且还要将初生雏围在灯下 1.2～1.4 m 直径的范围内。料槽和水槽不要放在灯下，以免污染。

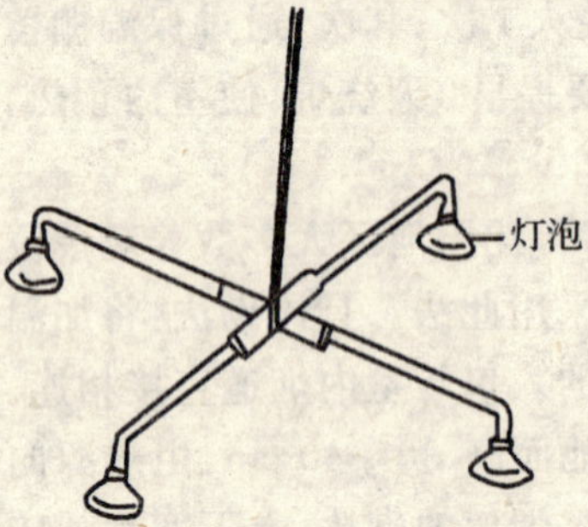

图 3-20　红外线保温图

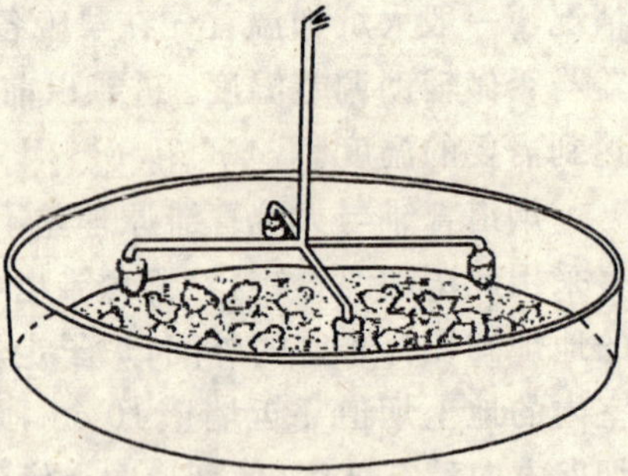

图 3-21　红外线围篱育雏图

（三）煤炉加温　这是农村最常用、最经济的加温方法之一。采用类似火炉的进风装置，将进气口设在底层，把煤炉原有的进风口堵死，另外装一个进气管，在管的顶部加一块小玻璃，通过玻璃的开启来调节火势大小。炉的上侧装一排气、烟管，向室外排气、排烟（图 3-22）。

为了使炉温保持在一定范围内，不扩散，通常在炉子外围加一个木制保温伞。保温伞四边长均为1.2～1.3 m，高 1 m，向下倾斜。这种保温伞一个可育初生雏 200～300 只，使用煤炉加温要注意室内通风，经常开启门窗，否则易引起一氧化碳中毒。

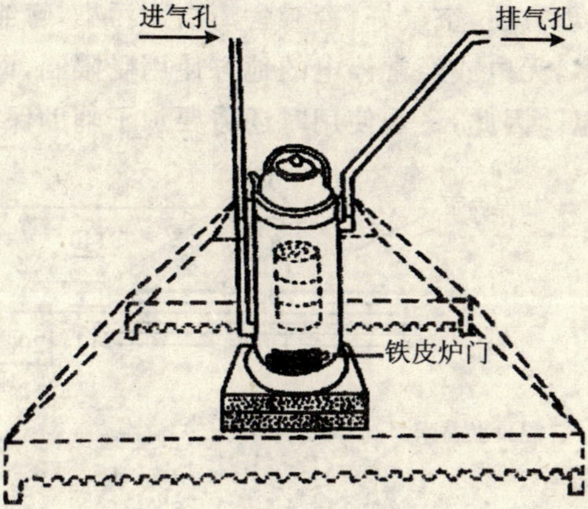

图 3-22 煤炉加温及其保温伞

（四）电热育雏伞加温 育雏伞呈圆锥塔或方锥塔形，上窄下宽，直径分别为 30 cm 和 120 cm，高 70 cm，采用木板或纤维板或金属铝薄板制成伞罩，夹层填充玻璃纤维等隔热材料，用于保温。伞中央下部装一圈红外加热器，并与自动控温装置相连，可人为调节和自动控制温度。伞的最下边缘留 10 cm 空隙，钉上三角形的厚布条，便于雏鸭自由出入（图3-23 和图3-24）。利用电热育雏伞加温

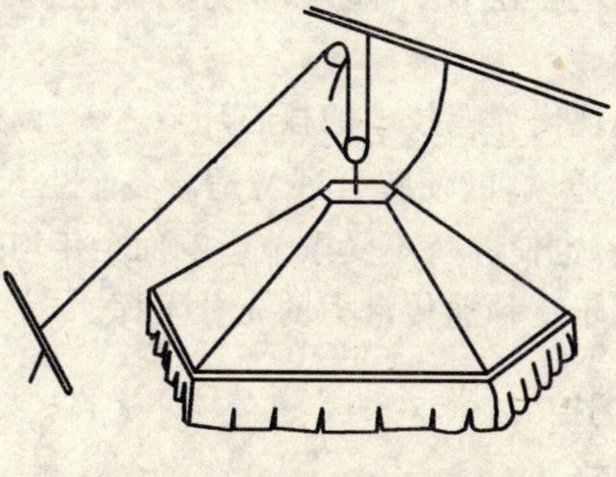

图 3-23 电热保温伞平面图

节省劳力，管理方便，空气好，育雏舍清洁无污染，育雏效果好。缺点是耗电较多，无电或经常停电的地方使用受限制，而且没有剩余热度升高室温。因此，冬季使用时还需要炉子辅助保温。

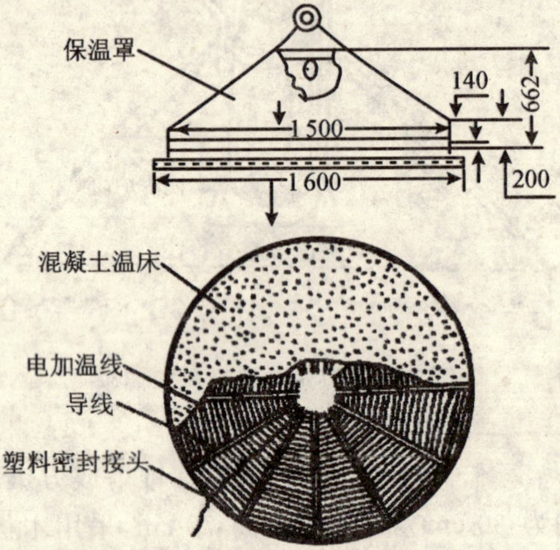

图 3-24 9YD-2 育雏电热保温伞结构示意图(mm)

第五节 鸭舍环境的调控

环境调控是现代养鸭技术的核心环节之一。调控鸭舍的温度、相对湿度、光照、通风，能使鸭舍环境适合各个生长阶段鸭的生长发育和生产特点，也使养鸭不受季节影响而全年均衡生产，良好的环境条件还有利于良种遗传潜力的充分发挥。

一、温度的调控

(一)影响鸭舍温度的因素

1. 季节　一年四季外界气温的变化幅度很大，外界气温对普通鸭舍的舍内温度影响最大。在某些地区炎热的夏季，鸭舍内温度常常达到33℃以上，而在寒冷的冬季供温设施的鸭舍内气温会低于5℃，甚至降到0℃以下。

2. 鸭舍类型 开放式鸭舍受外界气候温度的影响大于密闭式鸭舍。

3. 鸭舍设计 鸭舍的朝向，墙体的厚度，屋顶是否设置隔热层对舍温影响都较大。

4. 控温设备 目前已有鸭舍专用降温设备和加热设备。是否安装使用这些设备，对舍内温度的调节效果有明显的影响。

5. 饲养方式 采用垫料地面平养时，垫料经微生物的发酵会产生一定的热量，而网上饲养，其设施不会产热。

6. 饲养密度 饲养密度高时，单位空间内鸭体散发的热量多，温度相对增高。

其他如工作人员的活动、机械设备的运行，也会产生一定的热量。

（二）鸭舍降温措施 鸭舍降温的措施有以下几种。

（1）鸭舍屋顶刷白漆或铺白塑料布，舍四周及运动场上种植高大的阔叶乔木遮阳，是减弱太阳辐射、降低舍温的有效方法。

（2）鸭舍地面喷水，并加大通风，也可起到降温作用。

（3）湿帘通风降温是通过提高鸭舍蒸发微热而降温的有效方法。湿帘降温系统由湿帘、水循环系统、低压大流量风机和控制装置等4部分组成；开启风机抽风，室内产生负压，当热空气进入鸭舍时，即通过潮湿、多孔的波纹纸，纸中水分蒸发吸热，使进入鸭舍的热空气温度降低。

湿帘的安装，就纵向通风鸭舍而言，湿帘要装在鸭舍近端两侧墙上。湿帘的大小则由其性能、通风量、过帘风速来决定。湿帘的厚度一般为12 cm，高150 cm，长度按湿帘面积而定。安装湿帘，首先要建造一个适当高度的湿帘台，然后将波纹纸立放其上，并在台与湿帘之间装上回水槽以利于水循环。为了使波纹纸牢固，通常用铝合金薄板将波纹纸组成若干个单元箱体，再将箱体组合起来，箱体之间需压上软泡沫条，以利密封。然后按设计要求安装储水箱、循环泵、供水管、回水管及控制装置。最后，将湿帘周围封闭严密，与鸭舍连成一个整体。鸭舍两侧湿帘的大小及建造方式是相同的。风机一般安装在鸭舍远端的山墙上。

试验表明，外界气温在 28～38℃时，湿帘降温系统可使舍温降低2～8.5℃，而气温在28℃以下，只能降温0～2℃。一般夏季使用湿帘可以使鸭舍内温度保持在 30℃以下。此法降温效果好，但要因地制宜，考虑水价、电价对成本的影响。

（三）鸭舍保温措施　鸭舍保温的措施有以下几种。

（1）密闭式鸭舍应有暖气设备，开放式鸭舍应生火炉或者设置暖墙。

（2）搞好房舍的保温隔热设计，有窗鸭舍可将北边的窗户封严，密闭鸭舍在有害气体不超标的范围内尽量降低通风量，以减少鸭舍的热量散发。

（3）防止冷风吹袭鸭体。鸭舍的冷风来自门、窗、进气口、风筒、出粪口等处，应堵塞或安装插板防寒。在有运动场的鸭舍，最好在西边设风障，以防止西北风吹袭鸭群。在冬季，要晚放鸭早圈鸭，尽量缩短鸭在户外的时间。

（4）要防止鸭伏卧潮湿的垫草和饮用冰冻的冷水。鸭舍相对湿度对鸭也有影响，高温、高湿的鸭舍，妨碍鸭体水分散发，体温易上升；低温、高湿的鸭舍，鸭体散热增多，体温易降低。因此，鸭舍相对湿度不宜过高，应保持干燥。

二、相对湿度的调控

鸭舍相对湿度一般要求为60％～70％。相对湿度与温度共同作用于鸭群，若温度适宜，相对湿度对鸭的影响不大。高温高湿、低温高湿对鸭群的影响比高温低湿、低温低湿要大。高温高湿时，鸭体散热困难，采食减少，饮水增加，活动减少，鸭体难以忍受，严重时会中暑而死；而且，高温高湿还易于微生物滋生，导致鸭群发病。低温高湿时，鸭体散热过多，鸭的采食量增加，饲料消耗增多。

在实际生产中，高温高湿的环境可通过通风来减轻对鸭的影响，低温高湿的环境不能用通风方法简单处理。在干燥地区或少雨季节，通风换气的排湿作用较大，但在雨季大气中水汽含量高时，通风换气起不到或只能起到很少的排湿作用。因此，防止舍内潮湿是一个困难而重要的问题，必须采用综合措施加以解决。建造鸭舍时选好位置，尽量建在地势高燥、排水良好的地方；鸭舍建材应保温防潮，待充分干燥后方可使用。梅雨季节、寒冷季节应尽量减少用水，及时清扫粪便。勤换干燥垫草，经常保持舍内通风良好。

三、光照的调控

(一)光照的作用和原则　光照时间和光照强度影响鸭的生长发育，特别是对鸭的繁殖和产蛋起决定性的作用。正确运用和控制光照不仅能刺激母鸭卵巢发育，促进卵子的成熟和排卵，还可做到适时开产，延长产蛋高峰持续期，提高全程产蛋量。如果光照控制不好，母鸭开产较早，产小蛋时间长，并且开产后母鸭易出现脱肛等现象，影响经济效益。

生长期的光照应采用恒定短光照或逐渐缩短光照时间，控制母鸭适时开产。临近开产前逐渐延长光照时间，适时刺激可达到产蛋高峰，而又不因光照时间的突然增加使部分母鸭发生脱肛。进入产蛋高峰后，力求保持光照时间和强度的稳定。进行强制换羽时，要突然缩短光照时间，促使更快换羽。

(二)光照制度　鸭群在某个时期或整个生长期进行人工光照或补充照明的具体方案称为光照制度。实行人工控制光照是现代养鸭不可缺少的重大技术措施。

1. 开放式鸭舍的光照制度　制定开放式鸭舍的光照制度，必须了解本地区一年四季自然光照的变化规律。自然光照时数以本地区日出至日落的日照时数计算。在实际应用时，要掌握日出及日落的时间，然后根据日照时数计算补光时间。

育雏育成期恒定光照，产蛋期渐增光照制度，适用于9月上旬到翌年4月中旬初生的雏鸭。0～7日龄采取每天24 h连续光照。7日龄至育成期末以鸭群到达开产周龄（肉种鸭25周龄）以前的最长日照时间作为恒定光照时间，日照时间不足时，采用人工补充光照。

育雏育成期渐减光照，产蛋期渐增光照制度，适用于9月上旬到翌年4月中旬初生的雏鸭。

育雏育成期自然光照，产蛋期渐增光照制度，适用于4月15日至9月1日初生的雏鸭。

2. 密闭式鸭舍的光照制度　密闭式鸭舍要求隔光良好，防止自然光透进鸭舍，否则对鸭群不利。饲养在密闭式鸭舍的鸭群完全依靠人工光照，不需随季节的变化而变更光照制度，也不必经常变动或补充光照时间，可以按照规定的光照制度准确执行。

3. 光照强度　光照强度指光源射出光线的强度，常用勒克斯（lx）表示。1 lx等于每平方米面积上有一个流明，用照度计测定光照强度。鸭的光照强度为10～50 lx。刚出壳的雏鸭视力差，需较大的光照强度。肉鸭对光不敏感，10 lx的光照视为黑暗，至少需要20 lx的光照强度。番鸭在育雏、育成、产蛋期分别需要50 lx、20 lx、70 lx的光照强度。

光照制度因鸭种和类型有特殊性，实际生产中应严格遵守每一鸭种的光照方案。这里介绍樱桃谷种鸭的光照制度，如表3-2所示。

表3-2 樱桃谷种鸭的光照制度

项目	鸭日龄							
	1	2	3	4	5	6	7	8日龄至产蛋结束
光照时间(h/日)	23	22	21	20	19	18	17	17
最低光照强度(lx)	20	20	20	20	20	20	20	20

(三)照明设计 人工光照的光照强度可通过调整灯泡的瓦数和高度来控制。为使鸭舍内光照设备发挥最佳效能,本着勤俭节约的原则,进行科学设计。总的要求是:灯距小,灯泡多,瓦数小,光线均匀,照度足够。

1. 灯泡的高度 灯泡的高度,是指灯泡离地面的高度,从工作人员在灯下操作安全方面考虑,灯泡距地面的高度应在2 m以上。根据光照强度的要求,适当选择灯泡的瓦数。

2. 灯泡的排列 灯泡的间距是灯泡离鸭背距离的1.5倍。灯泡要在鸭圈上方均匀排列。走道上方设置瓦数较低的灯泡,晚上打开,以方便鸭群产蛋。

3. 光照的控制 光照时间的控制,目前多采用自动光控仪。但在停电时,必须进行检查、校正,更换计时器的电池。在无计时器时,采用手工开闭灯泡,要按时开闭。

光照强度的控制一般采用调压变压器,鸭舍内照明用电的电压通过调压变压器,使照度在一定的范围内可以任意调节。设置双路电闸,分别控制不同的灯泡,也可控制光照强度。

4. 光照的管理 要认真执行光照制度,不能随便改变光照时间。育雏育成期要实行渐减光照或恒定光照,切勿增加光照。产蛋期要实行渐增光照,切勿减少。补充光照要求电源可靠,电压稳定,并且备有停电时的设备和措施。人工补充光照,从原则上讲早晚各补1/2为好,但实际操作时要根据季节特点进行补光。补光时间夏季多在早上,冬季多在晚上。灯泡每2周擦1次,以保持亮度。

四、有害气体和粉尘的调控

（一）有害气体和粉尘的产生　现代养鸭多采用高密度饲养，在舍内湿度过大，饲养密度较高，粪便不能及时清除，垫料长期不换，鸭摄食溅料过多等情况下，容易产生氨气、硫化氢、二氧化碳等有害气体，对人和鸭均有直接或间接的毒害作用。这些气体主要由粪便、饲料、垫草等腐烂分解产生，或由鸭体消化道排出。鸭舍空气中夹杂着大量的水滴和灰尘，容易滋生病原微生物。饲喂干粉料、厚垫草、密集饲养等都会使舍内灰尘及细菌数量明显增加。为保持舍内环境适宜，一要重视通风换气，二要采取有效的饲养管理措施。

（二）鸭舍通风方式

1．自然通风　自然通风是依靠自然的风压和热压，通过门窗和排风筒进行舍内外空气交流和换气的通风方式。这种通风方式只适合在小跨度的鸭舍使用。净宽超过 7 m 的鸭舍自然通风的效果就不好了。

自然通风的鸭舍其主轴和主风向有 25°～45°的夹角，这样鸭舍内通风效果较好，通风死角面积较小。采用自然通风，鸭舍间距一般需要达到鸭舍屋顶高度的 3～5 倍，否则上风向的鸭舍会挡风，影响下风向的鸭舍通风，同时也不利于防疫。

自然通风的鸭舍窗户的设置应多一些，间距小一些。鸭舍跨度小，排风窗设一排即可，其间距 6 m 左右，直径应不低于 25 cm，并应装有翻板，使风窗可开可闭。气流应从粪层表面经过，及时将粪便中的水分和产生的有害气体排出。

2．机械通风　目前鸭舍的机械通风，使用较多的是纵向负压通风。舍内风速较均匀，基本上没有“窝风”死角，通风效果好，舍内空气含尘量、细菌量大幅度降低。

纵向负压通风是采用大叶轮（直径 900～1 400 mm）、低转速风机(转速310～450 r/min),沿鸭舍长轴方向进行通风。将鸭舍的排气风机全部集中在鸭舍一端的山墙上或山墙附近的两侧墙上,进气口则设在风机对面一端山墙上或靠近山墙部位的两侧纵墙上,将鸭舍其余部位的门和窗全部关闭,使进入舍内的空气沿鸭舍纵轴方向流动,再由风机排出舍外。一般长度在120 m以内的鸭舍,都可用此法布置进排气口,如果鸭舍长度超过120 m,可将进气口设在鸭舍正中的两侧墙上,风机则布置在鸭舍两端山墙附近。

采用纵向通风工艺时应选用适合家禽生产的低风压、高流量的风机。鸭舍两侧墙上应设通风窗,以防突然停电应急之用。

(三)舍内有害气体的控制　鸭舍内有害气体含量应控制在允许含量之内。实际生产中鸭舍氨气浓度不超过 20×10^{-6},硫化氢不超过 1×10^{-7},二氧化碳不超过 0.15%。除合理进行鸭舍通风外,还应采取以下措施。

1. 及时清理粪便　氨和硫化氢是粪便中有机物分解产生的,减少粪便在舍内的积存,可以显著降低舍内有害气体浓度。

2. 定期更换垫料　在采用地面垫料平养的鸭舍中,垫料中混有粪便、饲料和微生物,在温度和湿度适宜的条件下,也会发酵产生有害气体。

3. 保持舍内相对干燥　当粪便、垫料含水量低的时候,其中有害气体的产生也明显减少。舍内潮湿会在房舍内壁及物体表面吸附大量的氨气和硫化氢,当舍温上升或舍内变干燥时,就会挥发到舍内空气中。

4. 尽量不在舍内生火炉　有些情况下,为了使舍温升高,需要采取加热措施。在舍内生火炉,这种方式对空气质量会造成不良影响。一方面排烟设施不好时易造成舍内一氧化碳含量升高,另一方面当煤在燃烧时,会较多地消耗氧气而造成空气中氧气含量不足。

5. 饲料中使用特殊的添加剂　保持日粮营养平衡,并添加复合酶制剂,可有效地降低粪便中营养成分含量;日粮中添加沸石粉或木炭渣,可降低粪便含水量和粪便臭味;添加丝兰提取物,也可减少粪中氨气产生,一些微生态制剂也有类似效果。

6. 对垫料及粪便的处理　在地面先撒适量的过磷酸钙或磷酸氢钙、磷酸、硼酸等,然后再铺垫料,可使垫草保持酸性,抑制细菌活动,减少氨气产生,并可与氨发生结合反应。在粪便中混入某些微生态制剂也可减少氨的生成。

(四)舍内粉尘的控制　鸭舍内的粉尘主要来源于清扫鸭舍时扬起的尘土,刮风时进入鸭舍的风沙,鸭摄食粉料时扬起的料粉,饲养密度过大鸭群活动时扬起的尘土等。

粉尘的控制,除合理调节舍内气流速度外,还包括以下措施:

(1)搞好场区绿化。包括道路两侧、鸭舍周围的绿化,应将种草、植树等结合起来,减少裸露地面。

(2)清扫地面之前应适当洒水。

(3)使用粉状料时,原料粉碎不宜太细,加料速度也不要太快。

(4)保持适宜的饲养密度。

(5)搞好垫料管理。如保持垫料适宜的湿度,鸭不在舍内时更换或清除垫料等。

五、噪声的调控

鸭场内噪声的来源有:各种设施运行时发出的声音,工作人员的大声说话或喊叫,汽车鸣声和鸣笛声,刮风时门窗晃动发出的声响,舍内工具碰撞或被碰倒时发出的声响,雷鸣和鞭炮发出的声响等。对鸭危害最严重的是突发的、异常的声响,它是生产中造成鸭群精神紧张或惊群的主要因素。若噪声低于 100 dB,并且经常地频繁刺激,鸭子可以逐渐适应。

养鸭生产过程中,噪声会引起鸭惊吓、精神紧张等应激反应,降低肉鸭的生长速度、成年鸭的产蛋量,会使软壳蛋、血斑蛋比例增加。噪声还会使肉鸭的残次品率、各种鸭群的发病率及死亡率上升，对其生产性能和健康带来严重的影响。

有报道认为，在鸭舍中播放轻柔的音乐可使鸭表现安静，并有利于提高鸭的生产性能。

第四章　肉鸭的饲养管理

肉鸭的饲养管理，其代表品种是北京鸭。此外，还有樱桃谷肉鸭、狄高鸭、天府肉鸭、瘤头鸭等十几个品种和十几个肉蛋两用鸭的品种供选择。目前，各地的肉鸭生产发展比较快，为了减少投资，降低成本，提高经济效益，现将肉鸭的饲养管理技术以及几种主要肉鸭（如番鸭、骡鸭、樱桃谷鸭、绿头野鸭）科学生产管理技术做一系统介绍。

第一节　肉鸭的生态习性

肉鸭是水禽，具有许多与其他家禽不同的生态习性。了解和掌握这些生态习性对搞好肉鸭的饲养管理具有重要的意义。

一、生性好水

鸭喜欢在水中觅食、嬉戏和求偶交配，也需要在陆地干燥场所憩息和产蛋。鸭的腿、脚结构致密而坚厚，脚蹼宽大，利于游泳和行走。在水中每分钟能游50～60 m，在陆地每分钟能走45～50 m。

二、耐寒怕热

由于鸭具浓密的绒羽及发达的尾脂腺，能有效地防水御寒，所以在严冬腊月仍能在水中洗浴、嘬呷。可见鸭耐寒力较强，但其耐热性能较差，尤其是个体大脂肪厚的个体，耐热能力很弱，因而炎热的夏季一定要提供凉爽的水域环境，饲养鸭舍也要有良好的通风设施，舍温保持在30℃以下。

三、耐粗饲，觅食能力强，饲料成本低，饲料报酬高

肉鸭喜食多种水生动、植物及浮游生物，能采食各种精、粗饲料和青绿饲料及鱼、虾、昆虫、蚯蚓、螺类等，但最喜食鱼、虾、螺类等动物性饲料，采食后，能明显提高产肉量。鸭的嗅觉、味觉不发达，对饲料的适口性要求不高，凡是无酸败异味的饲料都会狼吞虎咽。鸭适宜放牧饲养，能觅食大量天然饵料，因而饲养成本较低，饲料报酬较高。

四、性情温顺，易驯服；易受惊，产生应激反应

肉鸭喜合群，较少单独行动。少争斗，适应大群放牧饲养或圈养，易管理。肉鸭的反应灵敏，易调教。但胆小怕惊，一遇到响声即刻相互拥挤于一角。这种类似神经质的惊恐行为在1月龄左右即开始出现。雏鸭对人、畜及偶然出现的色彩、声物、强光等刺激均有害怕的感觉，因而养鸭及育雏环境宜安静、稳定。

五、性成熟早

肉用种鸭每年也可提供80～160只雏鸭。母鸭一般均无就巢性(番鸭除外)，这就增加了产蛋时间，但孵化和育雏则需人工进行。

六、生长快

肉鸭的新陈代谢十分旺盛，正常体温一般为41.5～43℃。心跳快，每分钟达160～210次；呼吸频率每分钟16～26次，需氧量大。鸭的运动性强，消化迅速，不耐饥渴，因而需要频繁地饮水和采食大量的饲料。

鸭的生长发育快，耐填饲，肉鸭增重快。如北京鸭初生雏重50 g，7周龄即可达3.45 kg，相当于初生雏重的60多倍，其生长速度不亚于肉用仔鸡。

七、具有补偿生长功能

肉鸭生长的前期因各种原因致使生长发育稍有不良，而在后期能够补偿过来，从而达到标准体重。这是一个很有经济价值的特点，特别是在节省蛋白质等饲料资源方面有重要作用。

八、感觉器官灵敏性不一致

肉鸭的视觉最灵，对空中的鸟和昆虫、禾草绿叶上的虫类观察很敏锐；听觉也较灵，对于各种声音和饲养员的吆喝反应快；但味觉和嗅觉已经退化，触觉不灵敏，特别是睡觉时，对老鼠等敌害的侵袭反应迟钝。

九、无就巢性

肉鸭经过长期的驯化和选育，基本上已经失去就巢抱窝的本能。因此，鸭的产蛋期长，产蛋量高，但需驯化其在产蛋箱中产蛋，利用人工孵化技术和人工育雏技术进行鸭的繁殖生产。

十、屠宰率高

肉鸭的半净膛屠宰率一般为85%～90%，全净膛屠宰率为75%～80%，其可食部分占屠体的65%以上。经过育肥后，鸭体内和皮下都含有丰富的脂肪。鸭肝很大，增重也较快，例如，7月龄建昌鸭填肥14天后，平均肝重达229.24 g，最大者达455 g，肝料比为1∶23.81。

第二节　雏鸭的饲养管理

一、雏鸭的特性

雏鸭具有水禽共有的生长和生理特点，也具有雏禽的一些共性;但同雏鸡相比又有很大的不同,在育雏的很多方面和雏鸡有所不同。

(一)生长发育快　鸭的日龄越小,生长强度越大,生长发育越快,雏鸭阶段是鸭一生中相对生长最快的时期,所需营养水平高。所以育雏期日粮营养应比其他阶段日粮丰富而全面,饲料量要足够,但也无需太高,因为后期鸭具有补偿生长能力,即使在雏鸭阶段生长稍微不良,到成年鸭营养足够时仍能得到补偿。

(二)饲料报酬高　雏鸭阶段是饲料利用率最高的阶段,料肉比约为 2∶1,以后随日龄的增长,饲料报酬越来越低。因此,搞好雏鸭的饲养管理,可在一定程度上节省饲料。

(三)有卵黄囊　刚孵出的雏鸭体内腹部有一个卵黄囊,重约 10 g,其生理作用是供给雏鸭3日龄内的主要营养物质。卵黄囊的大小与孵化时的温、湿度有关。如果温度偏高,湿度偏低,则雏鸭出壳会偏早,卵黄囊较小,雏鸭体小、脚干;如果温度偏低,湿度偏高,雏鸭会延迟出壳;卵黄囊较大,甚至有部分雏鸭到出壳时仍没有将卵黄囊收缩进腹腔,雏鸭肚大,突脐。此两种雏鸭属弱雏。若孵化期温度、湿度合适,雏鸭出壳准时、集中,卵黄囊大小适中,肚脐收缩良好,此为健壮雏。健壮雏卵黄囊吸收快,生长发育快。而早开饮、开食和适当供温,可促进卵黄囊的吸收。弱雏卵黄囊吸收慢,生长发育迟缓,长大后多为残次鸭,无饲养价值,应予以淘汰。

(四)调节温度的机能不完善　刚孵出的雏鸭体温比成年鸭低 2～3℃,自身调节机能尚不完善,对外界温度变化的适应能力差,同时绒毛薄而疏松,皮下脂肪层尚未形成,保温性能差,因此育雏时须注意及时调节好温度。

(五)胃的容积小,采食量小　雏鸭生长发育快,所需营养较多,消化代谢旺盛,而雏鸭没有明显的嗉囊,胃的容积又很小,每次采食量少,所以雏鸭日粮宜精不宜粗,而且饲喂次数要多,在最初几天应晚上开灯让雏鸭自由采食,自由饮水,到雏鸭逐渐长大后,才慢慢改为自然光照下采食和饮水。

二、育雏的条件

对于肉鸭来说，雏鸭的饲养管理是一项重要又细致的工作，必须抓好每一个环节、每一项措施。

肉用雏鸭与蛋用型雏鸭育雏的基本要素差不多，主要区别在于：一是育雏温度比蛋用雏鸭高；二是饲料的营养水平要求比蛋鸭高。

(一)温度　控制温度是肉鸭育雏的关键技术措施之一。虽然雏鸭对温度的要求不如雏鸡那么严格，保温工作可粗放一些，但在寒冷天气下，温度仍是育雏的首要条件，它直接影响到幼雏的体温调节、运动、采食、饮水、饲料的消化吸收以及抗病能力等。在大规模的集约化育雏时更应做好保温工作。

雏鸭的体温比成年鸭低2～3℃，皮下脂肪层尚未形成，羽毛未丰，体温调节机能尚未完善，防寒能力差，虽然代谢旺盛，但胃的容积很小，采食量有限，产生的热能不足以维持生理热的需要，不能较好地适应外界温度和气候的变化，因而在育雏的最初几天，当天气寒冷或多变时，还需适当供给外源性热量。育雏温度的标准应根据雏鸭的日龄、品种、健康状况、具体表现及昼夜气候等因素而定，如第1日龄温度最高(可保持在33～35℃)，以后逐渐降低；弱雏的保育温度比强健雏要高些。根据季节可略有变化，冬季宜提高1℃，夏季宜降低1～2℃，48 h以后，随着雏鸭的长大，羽毛和皮下脂肪逐渐丰满，体温调节机能不断加强，温度可逐步降低，每周下降3～5℃，直至室温。

除根据温度计外，还主要根据雏鸭的活动情况而定。若温度过高，雏鸭远离热源呆立，精神不振，烦躁不安，张口喘气，大量饮水，食欲减退，正常代谢受影响，体质较弱，发育缓慢，容易感冒、脱水、虚脱和感染各种疾病；若温度太低时，雏鸭挤在一块取暖，或靠近热源处相互挤压，有时爬作多层，堆叠起来，造成下面的鸭被压闷而死伤，上面的鸭因长时间过热或过冷，容易失水和感染各种疾病。温度适宜时雏鸭散开活动，三五成群，采食正常，舒适安静，活泼好动，躺卧姿势很舒展，伸颈展翅，食后静卧无声。所以，应经常仔细观察雏鸭群的动态。它们的行为是对温度要求的最好反应；据此做出相应的调整和决定是最佳的。例如，有经验的专业户，在天气暖和时不再启用热源，约1周龄后就搬出舍外圈养，育雏效果很好。

一般来说，采用较低温度育成的雏鸭比较健壮，但温度太低时雏鸭在热源处密集挤压，影响采食和运动，饲料报酬低，且易发生消化不良等各种疾病，弱雏数目增加，应十分注意。常用的育雏保温方法有3种。

1. 局部保温伞育雏器　在一张木制或铁制的伞下装一个热源(红外线灯泡等)。在最初几天，保温伞和围篱结合使用，开始时围篱区域小，以后慢慢扩大。通常每个保温伞可育雏鸭400～1 000只。此法在太寒冷时单位保温鸭数将大大减少，否则效果不好，所以多应用于不太寒冷的地区和较好的天气状况下。有时热源只用红外线灯泡和电热板；它们供热保温性能好，可以不用保温伞，这样工作比较方便。

2. 温室或全舍保温　即采用供热量大的煤炉、电热器、热烟道或蒸汽管道等热源来提高整个育雏舍的温度，使其达到育雏要求。在最初几天，应根据雏鸭群的大小，将育雏舍分隔成一定区域，用保温性能好的编织袋、麻布或棉胎封闭好，防止热量散失，雏鸭育于其中，这样保温效果好，但不可封闭得太严，应适当通风透气。若采用煤炭燃烧供热时，须十分注意防火、防煤气中毒等，应定期将舍内有害气体排除出去。

3. 自温育雏　即利用雏鸭群自身产生的热能进行保温。方法是将雏鸭放入低矮的小容器内，例如，垫有垫料的木箱、竹筐、纸箱或塑料筐等，上面和四周适当覆盖厚布或毛毯，雏鸭在里面采食饮水。此时要注意提供光照和适当通风换气，并根据天气情况，通过加减覆盖物和变更鸭群大小来调节温度。随着月龄的增加，逐渐将部分鸭移出另养。此法多用于炎热、温暖天气下，在停电多和供热设施无法使用时，育雏数量有限。

不论采取何种保温方法，都应注意温度的逐渐降低过程和供热成本问题，温度不能大幅度下降或忽冷忽热。测量温度以雏鸭背高水平线为准。

（二）通风　只有保持育雏室中空气的新鲜，才能保证雏鸭的正常代谢和健康生长。

雏鸭饮水溅水多，粪多，所以雏鸭舍很潮湿，而潮湿的粪和垫料会分解发酵，产生大量的氨、硫化氢等有害气体，煤炉保温时还会产生大量的一氧化碳和其他废气，雏鸭呼吸产生的二氧化碳也多，因此舍内空气很污浊。若不经常通风，这些越来越严重的污浊空气将严重影响雏鸭的正常生长发育和健康，有时有害气体会使雏鸭中毒和感染疾病而引起不同程度的死伤。因此，良好的通风对雏鸭群非常重要，应经常排除舍内污浊的空气，给雏鸭提供新鲜空气，调节舍内温度和湿度，使雏鸭感到舒适。但通风必须注意以下3个问题：

1. 通风时注意保温　在育雏最初几天的保温阶段，当外界温度较低时，通风会使舍内温度不好控制。因此，在保温育雏时须注意通风方法。例如，设一个预热通道让风经过，或将新鲜的空气适当预热后送进舍内等，也可采用动力通风及缩短通风时间等方法，既起到通风的效果，又不会使舍温降低太大。最简单的方法是：在中午天气较暖和的时候，打开部分高处的窗户，利用舍内外温度差进行适当通风。必须注意，不可使舍内温度有明显变化，不能让冷风直接吹到鸭身上。育雏头 2 天完全可以不通风，空气也不至于太坏。

2. 适宜通风　通风是否适宜，除通过专用仪器测定舍内二氧化碳和氨等气体的含量来判定外，主要是靠养鸭人员进入育雏舍的感觉来得知，如感觉空气良好清新，不刺眼鼻，不觉憋气，则较好；假如雏鸭表现精神不安，行动迟缓，羽毛污秽零乱，食欲不振，发育不良，夹杂有啰音或咳喘等症状时，说明污浊的环境已严重危害鸭群健康，要赶快通风。

3. 防贼风入舍　目前绝大多数开放式鸭舍是以调节舍内的温度和湿度为主要目标来进行通风换气的，靠开闭门窗的多少和开闭时间的长短来控制边风。窗户应设在高处，即使风不能直接吹到鸭身，也利于排除较热较轻的废气；也有的安装一定的通风设备，采用动力通风，这样可同时控制好温度和通风。不管怎样，必须提供一个无贼风的通风环境，防止从水沟、缝隙中来的冷贼风。因为贼风和温度波动过大容易引起雏鸭感冒和生长不良。

（三）雏鸭密度　雏鸭密度是指单位面积饲养的鸭只数。密度大小关系到雏鸭的生长发育和健康。适宜的密度是提高育雏效果的措施之一。密度小，群体小，相互干扰小，舍内环境好，育雏效果最好，雏鸭生长快，但鸭舍设备利用率相对较低。密度太大时，群体内相互拥挤，极易造成大的应激反应和伤残，以及采食、生长不均等问题，引起雏鸭生长缓慢，发育不整齐，易感染疾病，死亡率升高。饲养密度应根据育雏舍构造、饲养设备、通风状况、管理水平以及当时的气候等条件来决定。如笼养和网养的密度应比地面平养大些，保温和通风等条件好的密度可大些，饲料营养水平特别是维生素类水平高时密度可大些。通常雏鸭群以 400～1 000 只为宜，地面平养时，第 1 周龄每平方米 20 只左右，第 2 周龄每平方米 14 只左右，第 3 周龄以后不应多于 10 只；网面平养和池网结合饲养密度可大些，最多可多养 10 只。但是不管群体大小和密度如何，都要适时进行雏鸭强弱分群，弱雏单独饲养，精心护理，以减少残次成鸭数量。

（四）鸭舍湿度　湿度指相对湿度，即空气中水汽的相对含量。一般认为：育雏时的相对湿度标准是1～3日龄为80%，3～7日龄为60%～80%，2周龄以后保持在50%～60%。3日龄80%的相对湿度和雏鸭出孵时孵化机器内湿度接近，可避免雏鸭因呼吸干燥空气而散发体内大量水分，影响机体正常功能。如湿度过低，雏鸭易出现饮水过多，食欲减弱，羽毛生长不良，脚胫干瘪，群体生长发育不均，下痢，卵黄吸收不良，不眠，灰尘刺激诱发呼吸道疾病等。如湿度过大，会为细菌、病毒和寄生虫的滋生繁殖创造有利条件，容易导致球虫病、呼吸道病、腹泻和消化不良等疾病流行。虽然常温下各地湿度基本上都在50%～70%，但当保温热源开启后，空气被加热，空气中水分就会减少，湿度随之降低，空气变得干燥，这对鸭群是不利的。因此，在刚孵出的最初几天应注意加湿，增加湿度可通过增加饮水器和水盆的数量或适当调整其位置来进行。育雏2～3天后，雏鸭饮水量大大增加，排粪多而湿，呼吸也大大加快，呼出水分增多，因此不需要再考虑加湿的问题，反而要十分注意防止湿度过大，保持舍内干燥，给雏鸭创造一个干净、清洁的生活环境。此时需勤清除粪便，勤换勤添垫料，保持良好的通风，饮水器和水盆上面最好盖有铁丝网，只让雏鸭头颈能通过而不让其他部位进入。饮水器和水盆应放置在离地网上，地网下面设有排水良好的沟盛接溢出的水，或饮水器和水盆周围设有排水良好的、不妨碍雏鸭行走的浅水沟或漏缝水沟。若无此等设备，可将饮水器和水盆放置在鸭舍的一侧，而将饲料桶放置在另一侧，这样放置饮水的一侧潮湿脏污，但其他地方较清洁干燥，不会影响鸭舍的正常湿度，不影响鸭群的生长憩息。夏天适宜的湿度还可防止雏鸭中暑，因为温度越高，湿度越大，会觉得更热，而不善散热的鸭在脂肪层长出后是最怕热的。

（五）光照　阳光对雏鸭的生长有很大的作用。可促进雏鸭采食和机体新陈代谢，促使维生素D和色素等的形成，维持骨骼的迅速生长。雏鸭开食后，采食量小，采食速度慢，为了保证雏鸭有足够的采食和饮水时间，晚上适当增加人工光照，一般在育雏的最初3天采用全天24 h光照。光线强度以雏鸭能看见饲料和饮水为宜(每平方米1～2 W)。有时故意熄灯 0.5 h，以利于雏鸭适应突然停电的影响。若用红外线灯泡保温时，可不另加照明灯，这需要视光亮具体情况而定。以后每天光照 23 h，在天气晴朗时将门窗适当打开，或将雏鸭逐渐放出室外进行运动，接受阳光照射，增强体质。8天后每日减少1 h，直至采用自然光照。

(六)卫生和环境　大群密度饲养时，鸭所处环境易脏污，应激大，抗病力低，很容易影响鸭群生长，使疾病暴发流行，所以应严格执行卫生防疫制度。鸭粪多而潮湿，易腐臭和滋生蚊蝇、微生物，需常清扫，最好冲洗地面，清除积水，勤换地上垫料，减少粉尘和垃圾污染；饮水器和水盆放在适当位置，保持舍内干燥清洁；垫料厚薄均匀。保持地面平整；经常检查饲料和饮水卫生，饮水器和水盆易受粪便污染，鸭喜欢溅水理毛，所以每日需多次清洗，更换清洁饮水；所有饲养工具应酌情清洗，保持清洁卫生；人员进入鸭舍要更换经适当消毒的鞋靴和工作服；不同饲养场的人员不要随便串门，外来的车辆和人员须严格消毒，不能随意走动；执行严格的免疫接种计划；在疫病发生时应带鸭消毒，减少有害微生物的数量。此外，还需进行经常性的灭鼠、灭蚊等工作。

因雏鸭对外界动静反应灵敏，易受刺激，所以须保持舍内环境安静，不随便更换饲养人员，不突然改变饲料品种，饲养人员进行生产操作时动作要轻巧、不大声喧哗，不让噪声和其他动物干扰鸭群。

(七)免疫接种　免疫接种的程序和种类在各地区是不同的，这取决于当地传染性疾病的发生状况。最好由禽病专家进行调查，制定好免疫接种计划并严格执行。疫苗和菌苗等必须在适当的条件下处理和保存，并按说明书使用，有时疫苗生产部门也可提供技术帮助。

（八）适时淘汰　应当适时淘汰健康状况差、生长不良的鸭，因为它们永远不能达到上市要求的体重和品质，只能作为残次鸭出售。而对生长稍微不良的弱雏，应选出分开饲养，精细护理，使其追上生长良好的鸭。通常整个饲养期的淘汰数不应超过0.5%。若观察到大量的鸭不符合强健鸭的要求，应当仔细检查饲养管理方法，找出原因，采取相应补救措施。当然也不排除鸭苗的质量问题，应该从种鸭优良、质量可靠的孵化场采购鸭苗。鸭群生长不整齐的问题大都与育雏期的管理和鸭苗质量有关，特别是育雏温度太高或太低都极易使雏鸭生长不均，参差不齐。淘汰残次鸭时要小心轻捉，不要惊扰整个鸭群，以免造成应激反应。残次鸭和病鸭应坚持淘汰处理，因为饲养它们会浪费饲料和药物，增加疾病的威胁性。鸭群的健康成活率不得低于97.5%。

（九）建立健全管理规程　在饲养过程中应当建立健全养鸭管理规程，严格按照管理规程进行饲养管理工作，如饲喂、换水、铺垫料、清洁卫生等。有一个固定的规程，将会减少工作遗漏和鸭群的应激，使鸭群按生活规律在舒适的环境中生活。大多数管理工作应选择在凉爽的傍晚或清早进行，特别是在炎热季节更应如此。

对于管理良好的鸭场和养鸭专业户来说，按照管理规程记录好鸭舍的温度、湿度、饲料消耗、药物应用、鸭群数量、生长增重、疾病发生、死亡淘汰数等很有必要，做好详细的记录可据以了解鸭群的生产性能，改善饲养管理。可通过抽检部分鸭，称量其样本重来测定鸭的生长情况，评价在现有饲养管理水平下鸭的生产性能，作为调整饲养技术的根据。

目前我国为应对加入WTO后国际市场对我国农业的冲击，在农业领域大力推广实施农业良好操作规范(GMP)，以生产出无公害的农产品。各养鸭场或养鸭户，应将制定一个科学的养鸭管理规程纳入建立肉鸭养殖良好操作规范的范畴，以生产无公害鸭产品为目的进行生产操作。

三、季节对育雏的影响

肉用商品鸭一般是全年都可育雏，特别是采取舍饲和集约化饲养时更是如此。而种用雏鸭则通常在3～5月份育雏，到秋季开始产蛋，直至第二年5～6月份才停产。但由于各地气候条件、鸭的品种、各自的育雏及饲养设施、地方消费习惯、风俗民情及市场价格波动规律等的不同，育雏的季节需仔细考虑，尤其是种用雏，应选择最佳的育雏季节，以取得最好的经济效益。

（一）春季育雏　指3～5月份进行育雏。春季气候逐渐回暖，阳光充足，对雏鸭生长有利，成活率和强健率高，到中鸭阶段，由于气温适宜，舍外活动时间长，体质好，生长增重快。春雏做种鸭的成熟期早，到第二年夏天才换羽停产，产蛋时间长，经济价值高。因此，种雏鸭常选用春雏。不过早春育雏需注意做好保温工作，而且春季少雨干燥，疾病容易发生，所以管理需仔细认真，把各方面的工作都做得充分和完善。

（二）夏季育雏　指6～8月份进行育雏。此时高温高湿，雏鸭食欲差，生长发育受影响，成鸭的生产力降低，且防暑降温工作量大。不过，夏雏一般不需供热保温，做肉用商品鸭时只要适当做好防暑工作，饲养成本一般较低。处于炎热夏季的育成期要做好防暑遮阳等工作。

（三）秋季育雏　指9～10月份进行育雏。由于秋季天气较干燥，日照逐渐缩短，鸭的体质较春雏弱，而到育成后期自然光照逐渐延长，因而母鸭成熟早，开产早，停产早，产蛋量低，蛋重小，产蛋持续性差，所以秋雏不做种用，多做商品肉用，此时气候暖和，鸭增长快，育肥容易。

（四）冬季育雏　指11～12月份进行育雏。由于此时天气寒冷，保温费用高，鸭的体质好，生长快，而种用时育成期处于自然光照逐渐延长的阶段，种母鸭性成熟迟，开产迟，生产力较低，产蛋量少，常不做种用。做商品肉用鸭时只要育雏时保温良好，即能生长发育快，增重快，肉用价值高。

虽然育肉用商品鸭一年四季均可进行，但不可忽视保温问题和肉鸭上市价格问题，既要照顾到雏鸭的保温、饲料的利用率和生长增重，又要充分考虑当地的风俗民情和消费习惯，预测好上市肉鸭的价格，以选择适当的育雏季节。

四、育雏方式

肉鸭育雏可采取多种方式。年轻种鸭的育雏舍结构应比肉用商品鸭的好，而且两者需隔离，具体方式有以下 7 种。

（一）地面育雏　这是使用最多最普遍的一种方式，即直接在鸭舍地面上铺厚垫料，如刨花、粗木屑、干禾草、干沙等，在其上育雏，定期清理更换垫料，使之保持清洁干燥。此法简单易行，成本不高，但清洁卫生工作量大，对雏鸭造成应激大，且不易控制疾病，特别是通过粪便污染传播的疾病，育雏效果一般。

（二）网上育雏　即在离地面 50 cm 处用铁丝网、塑料网或竹木条板等铺设成平面，再往网上铺麻袋、编织袋等，雏鸭育于垫料上。这种方法一次性投资大，成本高，但易于清洁管理，雏鸭受应激和疾病影响小，育雏效果好。

（三）半地半网育雏　即鸭舍 1/3 地面铺设离地网面，另外地面不铺网，只铺垫料。饮水全部放置在网上，这样舍内地面保持干燥。注意斜面坡度须小于25°。此法成本适中，且利于清洁工作，效果较理想，所以较常用。

（四）层叠笼式育雏　将鸭舍分隔为若干层或若干层叠的笼，雏鸭育于其中。此法投资大，清洁管理工作繁杂又不方便，不过空间利用率高，保温性能好。

（五）纸箱育雏　利用普通大一点的硬纸箱，将雏鸭养于其中。

此法在暖和天气时不用热源供温，可自温育雏，大大降低保温费用，且简单易行、投资小，但须注意保持干燥、卫生和通风，常在纸壁凿孔以通气，需适时分群转移，随着雏鸭逐渐长大，逐步将部分鸭移出至其他纸箱或育雏舍，使其饲养密度适中并逐渐脱温。因此法受天气影响较大，工作繁杂，育雏数量有限，所以集约化饲养时较少采用纸箱育雏。

（六）塑料大棚育雏　它是结合应用塑料大棚饲养肉鸭而采取的育雏方式，其具体方法是在大棚内用塑料薄膜帘子隔出一部分空间用来育雏，优点是容易保温，不需专门设置育雏室，投资少，成本低，易于管理，成活率高。

（七）离地保温的小空间有架　将每层的长×宽×高分别为 5 m×1.8 m×0.5 m 的四层育雏笼（网孔 1 cm×1 cm）放在一个比笼稍大的小房间内，四周用透气的塑料薄膜围成一个小空间，以便保温，前 4 天每层每 1.5 m^2 吊一个 60 W 灯泡，温度可达 33℃，以后逐渐减少灯泡，直到 8 日龄。1～3 日龄的雏鸭保持环境温度达到30～35℃，4～6 日龄时为28～30℃，7～10 日龄时为25～28℃，11～15 日龄时为20～25℃，16 日龄后逐渐脱温。密度保持，1～7 日龄雏鸭为16～20 只/m^2，8～14 日龄时为 10～15 只/m^2。湿度在育雏期间保持无水珠凝结。

离地保温的小空间育雏的优点为：

(1)供温保温相结合的离地小空间节能育雏方法，能减少雏鸭与粪直接接触的机会，增强鸭抗病力，降低用药成本，提高成活率，有利于肉鸭的后期生长。笼中育雏，网上育雏 8 日龄时成活率达 99%以上。

(2)供温保温相结合的离地小空间育雏方法，为雏鸭提供一个保温性能较好的小空间，便于保温，可达到既提供适宜的育雏温度，又能节省能源的目的。

(3)保持适宜的育雏温度、湿度和密度，可提高饲料利用率。

因为鸭粪多水、潮湿，所以无论采取何种育雏方式，都必须注意给雏鸭提供一个清洁干爽的环境休息。因此，地面垫料需及时清理更换，网面育雏在3～7日龄可将麻袋等垫料层逐渐移走。这些工作安排需视天气和鸭舍具体情况而定。鸭群饲养区也必须有一个由小到大的逐渐扩大过程，以达到既保温，又有合理的密度。

若条件许可，雏鸭可在鸭舍中培育到上市或开产期而不设专门的育雏室。即先将鸭舍适用的一部分围起来，用塑料布或竹篱等材料隔开，雏鸭育于其中，以后随着雏鸭的生长而逐渐将此范围扩大，直到整个鸭舍都利用起来。也可设专门的育雏舍，雏鸭在育雏舍饲养至21日龄后，搬至肥育舍、育成舍或户外圈养。育雏要遵循"全进全出"制，并且雏鸭不能同中鸭、大鸭混养，种雏鸭不能同商品雏鸭混养，必须设有隔离带，以免疾病传播，影响育雏效果。

五、育雏前的准备工作

育雏前，要对鸭舍进行检修、消毒、垫料等一系列的工作。

首先，检修鸭舍，使育雏舍保温良好，干燥，光亮适度，便于通风换气等，并对所有育雏器具，喂料、饮水设施进行检修。

其次，进行灭蚊、灭鼠等工作。

对育雏舍应彻底进行清洁消毒。先将舍内使用过的垫料全部清除出舍外，在远处集中严格处理(如深埋消毒等)，清扫舍内，地面和网上的积粪要刮干净，其后用水冲洗，最好用高压水龙头抽水冲洗干净。舍外杂草、瓦砾和垃圾应清理干净，疏通水沟，排除污水。然后彻底消毒，舍内舍外面面俱到，不可遗漏。消毒方法有喷洒法、熏蒸法、灼烧法等，实际生产中视具体情况而定。要使用高效广谱、未过期的消毒药水，且不腐蚀舍内设施。消毒后让育雏舍空置2周以上，以便晾干和消除异味。

将所有设备、用具洗净、消毒。小件的可浸于消毒水中(3%克辽林或1%苛性钠等)，大件的可用喷洒法。稀释消毒药最好使用温热水，因为在常温下水温每提高10℃，消毒效果会增加2倍。育雏舍利用熏蒸法消毒时，可将所有洗净的设备、用具放入舍内，关闭门窗，每立方米空间用甲醛溶液15 mL 和高锰酸钾7.5 g，加少许水混合后，空气中喷洒，人员迅速离开，密闭1天以上。消毒后空置几天，以便全部彻底地杀灭细菌和病毒，加强消毒效果。

雏鸭进舍前2天，应在舍内地面和网上铺设好干净的垫料和垫层，垫层切忌霉烂、结块和颗粒细小，要求干燥，清洁，柔软，吸水性好，粉尘少，无尖硬杂物。常用的垫料有刨花、粗木屑等，有时也用干禾草、麦秸、干沙、谷壳等。同时要将其他育雏设备准备好，特别是保温设施，需反复检查试用，以确保工作正常。

雏鸭到达前，应在育雏舍内安放好充足的饮水器和浅水盆，并开启热源使室内空气和饮水的温度达到要求。饮水器需在育雏区域内均匀分布，勿太靠近热源，且高度与鸭背平，正好适合鸭群饮用。要保证雏鸭有足够的饮水点，一般最初几天每100只雏鸭需有一个5 L大的饮水器，每群中再加放1个浅水盆，水深以1 cm为好。饮水中最好放有水溶性的多种维生素、葡萄糖、抗生素等，经长途运输的雏鸭还应补加补液盐，以满足雏鸭的生理、生长需要，维持其正常食欲，帮助卵黄吸收和饲料消化，防止虚脱。

六、雏鸭的运输

雏鸭出雏后24 h之内应运到目的地，如果时间过长，因雏鸭开饮、开食过迟会影响正常的生长发育，特别是对卵黄吸收不利。运输时最好选用特制的纸箱装运，如用竹筐、塑料箱装运时，底部需垫好柔软的垫料，如干禾草、布或纸等，天气冷时还要用厚布或毯子等盖好顶部和周围，但要注意适当通风换气，以防雏鸭呼吸困难，甚至闷死。装运时要注意密度，密度太大时雏鸭互相挤压，应激多，死伤多；密度太小时箱内温度低，运输车摇晃时雏鸭到处跌撞滚动，应激大，受伤多。天热时密度可小些，天冷时密度可大些。运输途中要注意防寒、防晒、防热、防淋、防颠簸摇摆，以及保持适当的通风换气等。雏鸭运到后，应立即搬进育雏舍，以减少外界环境的影响。

七、雏鸭强弱分群

雏鸭品质的好坏直接关系到雏鸭的生长发育、饲料报酬和以后的生产性能，影响其成活率和经济效益。不同健康程度的雏鸭饲养管理措施应有不同，因此应将雏鸭进行强弱分群，将弱雏放在室内温度较高的地方养育，进行高水平的饲养管理。

刚孵出的雏鸭，毛干后应立即从出雏机中捉出，进行去劣选优，将残次鸭苗淘汰。雏鸭0～3周龄不做雌雄鉴别，因为肉用商品鸭在50日龄左右时雌雄的生长、增重和肉的品质不会有明显的差别，而分开饲养对种用公鸭很不利，会出现同性求偶的倾向，到成熟时无法补救。

强健雏鸭的标准是：

(1)在正常孵化条件下，28天出壳，并在24 h之内出壳完毕，脱壳迅速。

(2)富有活力，活泼好动，对周围环境反应敏感，眼大有神，绒羽整洁光亮，柔软致密，腿结实，站立行走姿势正直有力，脚胫油亮，富有光泽，肛门周围没有粪便等玷污。

(3)卵黄囊收缩良好，脐部正常，无出血痕迹和突出现象，腹部柔软，大小适中。

(4)叫声清脆响亮，手握时挣扎有力。

(5)体重基本一致且符合品种标准。

弱雏的表现与上面相差较大，具体表现在：

(1)出壳延迟至28天以后。

(2)活力低，嗜睡，脚干瘪无力，眼无神，脚胫发暗无光，绒羽稀薄蓬松，有粪便等玷污，畏寒，食欲差或不采食。

(3)脐部收缩不良,脐口封闭,卵黄囊吸收差,腹部膨胀,或硬或松软波动。

(4)手握时挣扎无力,叫声微弱,体重不均,大小不一等。

对严重弱雏,如畸形、过小、腹太大太硬、扭头、盲眼或歪腿的,应予淘汰。雏鸭强弱分群应在运到后休息片刻再进行,然后分为400～1 000只雏鸭为一群进行饲育,群体越小越好,特别是种雏更应如此,需视鸭品种、栏舍设备等具体情况而定。

八、肉雏鸭的饲养技术

雏鸭阶段是鸭一生中相对生长最快的阶段,是整个生长期中的主要阶段,因此饮水和饲喂应特别引起注意,也是关键工作之一。但由于雏鸭具有补偿生长功能,雏鸭时期稍有生长不足,只要没有严重影响发育,到以后可慢慢追补回来,并达到标准体重。所以雏鸭的营养和饲喂工作,不必像对待雏鸡那样精细和高要求,营养水平可适当低些。主要饲养要点如下。

(一)先饮水,后开食　培育雏鸭要掌握“早饮水,早开食,先饮水,后开食”的原则。运来或购来的雏鸭,应马上进入育雏舍,让其稍安静片刻,然后放入保温区域内,设法让其尽快学会饮水。一般做法是:将雏鸭放入1 cm深的浅水盆中几分钟,让雏鸭湿脚和饮水,即通常所说的“点水”。“点水”有利于雏鸭排除胎粪,增强食欲,刺激尾脂腺的分泌等。雏鸭在出壳后24 h内一定要饮到水,以防出现虚脱和脱水现象。水质必须新鲜、清洁,水温接近室温,如夏季气温达25℃时,直接将雏鸭放到1 cm深的水盆中,让它边喝边洗;冬季气温低(水温在15℃以下),应先提高水温,使其达到20℃以上时,然后再放鸭饮水。每次饮水5 min左右,然后把雏鸭赶到干燥的垫草上,让它梳理羽毛,休息一会儿。而且饮水器数量要足够,分布要均匀,且高度要适中,这些都需随雏鸭日龄的增加而加以调整。高度应同鸭背持平。若水位过低，鸭在饮水时会反吐饲料，而且用水来洗身、理毛。饮水器数量不够或摆放位置不均匀时，弱雏和部分雏鸭难以饮到水，对生长不利。对不会饮水、呆立的雏鸭，应采取多次“点水”或人工摄取的训练方法，让其学会饮水。

饮水后1 h左右就可以喂食。雏鸭的第1次喂食称“开食”。“开食”一般都用碎玉米、碎黑豆、碎糙米等煮成半熟后放到清水中浸一下再捞起。初次喂食的饲料要求做到不生、不硬、不烫、不烂、不黏。开食时将煮过的饲料撒在油布或塑料布上，要撒得均匀，边撒边吆喝，调教采食。饮水槽要放置在食盆的旁边，便于边吃食边饮水。随着雏鸭长大，把水盆和料槽的距离拉开，可节约饲料。

（二）少喂多餐，逐步过渡到定时定餐　初生的雏鸭，食道膨大部分还很不明显，储存饲料的容积很小，消化器官还没有经过饲料的刺激和锻炼，消化机能尚不健全，肌胃的肌肉也不坚实，磨碎饲料的功能还不强。所以，要少喂多餐，少喂勤添，随吃随给，饲槽内要稍有余食，但不能太多，否则易酸败变质。开头3天的饲养是很关键的，除白天每隔1.5～2 h喂1次外，晚上也要加喂2次；对不会自动走向饲槽的弱雏，要耐心引诱它去采食，保证每只都能吃到饲料，吃饱但不能吃得过头。3天以后，可改用食槽饲喂，槽的边高3～4cm，长50～70 cm，这样可以防止混入鸭粪污染饲料。6日龄起就可以进行定时喂食，每隔2 h喂1次；8～12日龄时每隔3 h喂1次，每昼夜喂8次；13～15日龄每隔4 h喂1次。每昼夜喂6次；16～20日龄。白天每隔4 h喂1次，夜间每隔6 h喂1次。每昼夜喂5次；21日龄以后，每隔6 h喂1次，每昼夜喂4次。

随着雏鸭的逐渐长大，可以不用食槽而改用水泥圈饲喂，即在育雏室一角，做好水泥圈，先将饲料拌好，分小堆放在水泥圈上，然后分批将雏鸭放入，每批200～300只为宜。每次吃食10 min。但每次投料不要太多，以每批都能吃完为度。

（三）饲料　雏鸭饲料宜用新鲜、清洁、营养全面、颗粒大小适中、适口性好、易于消化的碎粒饲料，一般采用全价的配合雏鸭料。也可自行配制，利用当地已有资源或剩饭等制成混合饲料，但必须符合雏鸭营养要求。饲料应放置在干燥处，均匀分布，料位高度应同鸭背平，这样鸭采食时既方便又不浪费。

在育雏期间，除供给全价配合饲料(其中粗蛋白含量19.8%左右，代谢能11.87 MJ/kg)外，还要及时补充天然青绿饲料，习惯的养法是从3日龄开始喂青绿饲料，夏季用水草，冬季用胡萝卜、白菜叶，先切成碎末，在精料喂后再放青料，用量占精料量的20%。随着日龄的增长，逐步增加青料用量。2周龄时，青料约占精料总量的30%，3周龄时青料可占40%。在缺乏青饲料的大型鸭场，必须添加鸭用多种维生素，以预防维生素缺乏症的发生。

(四)饮水　在整个育雏期，供水很重要，如果饮水不足或水质不良都将会影响雏鸭的采食量、抗病力和生长发育。一般提倡供给清洁常流水，水温随季节略有升降。随着日龄的增加雏鸭的饮水量加大，而且嬉水性充分表现出来，这时需逐渐增加饮水器数量，或改用大饮水器和大水盆，水深以从鸭鼻孔到喙端距离为准，并经常清洗饮水用具和换掉脏的饮水，装入新鲜的水。水质要求酸碱适度，细菌含量符合要求，含盐量低。若鸭舍装有自动饮水器，需待1周龄后才逐渐换用，并视鸭的适应情况采取相应措施。如果饮水量突然下降，往往预示着雏鸭群开始发生异常，可能有疾病感染或饲料饮水有问题，需马上调查，找出原因，加以补救。

另外，每周用0.02%的高锰酸钾水供雏鸭饮服1次。

(五)光照制度　光照不仅与雏鸭的生长速度有关，也与种鸭的性成熟期有关。肉用雏鸭的光照要制订制度，严格执行。光照量过度，种鸭性成熟提前，母鸭开产早，蛋形小，产蛋持续性差。在整个育雏阶段的前3天，进行连续光照，4～7天每天23 h，8天以后每天减少1 h，直至自然光照。以后让雏鸭自由采食，自由饮水，晚上一般不设人工光照。

(六)洗浴和运动　雏鸭期间进行适当的洗浴和运动,可以促进鸭体的新陈代谢,增强体质,促进发育,对防止填鸭阶段的伤残很有作用。但雏鸭的尾脂腺尚不发达,初期洗浴的时间要短,水的深度要浅。一般方法是在地上铺塑料薄膜,把四边垫高3～5 cm,薄膜中间倒入温水。从出壳后的第3天起,每天把雏鸭分批赶入水中嬉戏 5～8 min。然后赶回到无风的太阳下或垫有干草的舍内,使羽毛迅速干燥,以免受凉。冬天时中午进行洗浴,每天1次;夏季可每天洗浴2次或3次,时间可延长一些。夏天洗浴,不仅能增进运动,锻炼肌肉与骨骼,还有防暑降温的作用。1周龄以后的雏鸭可在深5～10 cm 的水池内洗浴,每次洗 10 min 左右。2周龄以后,可将雏鸭放到深15～20 cm 的水池中洗15～20 min,以后逐渐延长洗浴时间,直至放牧游水。

除水浴以外,育雏期间还需雏鸭做一些适当的活动。一种是室内运动,即每隔20 min 左右,将躺睡着的鸭子徐徐轰赶,沿鸭舍做转圈运动,避免雏鸭久卧在潮湿的褥草上,导致胸腹部及腿部疾患。如果发现垫草已经潮湿,一边驱赶一边清除潮湿垫草,撒上一层干净的垫草,使雏鸭运动完后能舒舒服服地睡在干燥的垫草上休息。另一种是室外运动,将雏鸭赶到运动场上,使它接触阳光和呼吸新鲜空气。1周龄左右的雏鸭,当室内外的温差不超过3～5℃时,即可把它放到运动场上。初放时以中午为好,每次活动 15～20 min,随着日龄的增加,逐步增加室外活动时间。雨雪天气,一般不做室外活动。夏季气温高,阳光强烈,室外运动场要搭遮阳凉棚,以免雏鸭中暑。运动场的前方,最好有水(池塘或河流),或人工挖一水池,天热时,稍大的雏鸭便能自由地在池中洗澡,以防暑降温。人工水池要求有一定的深度和坡度,最浅处水深5～10 cm,最深处可达 30～40 cm。池水必须清洁,最好是活水,进排水方便。夏天要经常换水,以免水质过肥变臭。

(七)防病　由于雏鸭生长周期短,一旦发病,往往到出售也来不及恢复。因此,应坚持做好预防工作。良好的免疫程序可提高鸭群的育成率。雏鸭在2周龄内,要每隔1天喂1次浓度为0.1%的高锰酸钾水。以后每隔3～5天适当喂点土霉素片;在1日龄进行病毒性肝炎的免疫;在3周龄后进行1次"鸭瘟、禽霍乱"二联苗的预防注射。

九、冬季育雏

现代化肉鸭生产一年四季均可进行,但冬季育雏比较麻烦,特别是要做到既保温又通风,满足育雏的适宜环境,使育雏达到良好效果,必须从以下5方面着手:

(一)选雏　挑选绒毛光亮,腹部柔软有弹性,肛门清洁,腿粗,嘴大,眼睛有神,活泼有力的雏鸭;剔除歪头、瞎眼、跛脚、血脐的雏鸭。

(二)保温和通气　雏鸭出壳后7天内室温保持在27～30℃;8天后,每日可降温1℃,15天后保持在15℃左右;20天后即按常温饲养。育雏前期若气温低,可在箩筐内垫切短的干稻草,做成平底窝。每箩放雏鸭10～20只,上盖旧衣、棉絮,使雏鸭互相依偎保温,特别要注意透气。

(三)开食　雏鸭出壳20～24 h即可开食。开食时先饮水后喂料。可将水盛入中央加盖的浅口水盘中,只露出有水的盘边,让雏鸭围盘学饮。饮水后及时用煮得半生半熟、不软不硬的米饭,经清水浸泡,除去黏性,沥水后拌入1.5%～2%的白糖,撒在垫有塑料布的摊盘或漏筛内,让雏鸭学啄吃,边吃边撒。开食的当天,每隔1.5～2 h饮水、喂食1次,每次只喂八九成饱,防止胀食。

(四)饮水和喂料　自开食第2～4天,每日饮水、喂食各5次或6次,第5～15天为4次或5次,15天后为3次或4次。饲料仍用半生半熟、不软不硬的米饭,但从第4天起不加白糖,改加配合饲料,数量由少到多,至第10天时全喂配合饲料。参考配方(%):玉米

45，碎米10，小麦5，麦麸5，炒黄豆17，菜子饼7，蚕蛹7，贝壳粉2.7，骨粉1，食盐0.3。同时，雏鸭还要加喂青饲料，第4～10天，青饲料可占日粮的20%左右，10天后占日粮的30%～40%，单喂、混喂均可。

（五）浸水　雏鸭出壳2～5天后即可用漏筛装雏鸭浸入水中5～7 min，光湿脚，再徐徐下沉，洗绒，以后便可每日定时浸水。7天后，即可每次喂料后放入深8～10 cm的浅水围中；15天后，围内水深增至15～20 cm，让其游泳。

第三节　肉用仔鸭中雏的饲养管理

肉用商品鸭4～5周龄为中雏鸭阶段。此时鸭体各组织和器官迅速生长发育，胃肠容积增大，消化能力大大增强，代谢加快，绒羽慢慢更换为正羽，骨骼结构基本发育完全，肌肉迅速生长，皮下脂肪日益积累，机体各种功能加强，适应性和抗病力增强。饲养管理上可以粗放一些，应从育雏舍搬出移至肉鸭舍，减少饲养密度，改喂营养水平较低、粒度较大的中鸭料，随时注意观察鸭群动态，特别是清早，依照鸭的行为采取相应的有效措施。

一、过渡期的饲养

1. 饲料　从雏鸭舍转入中雏舍的前3～5天，将雏鸭料逐渐调换成中雏料，使鸭逐渐适应新的饲料。

2. 温度　除冬季和早春气温低时采用升温育雏饲养外，其余时期中雏的饲养均采用自然温度饲养方法。但若自然温度与育雏末期的室温相差太大（一般不超过3～5℃），会引起感冒或其他疾病，这时就应在开始几天适当增温。

3. 空腹转舍　转群前必须空腹方可运出。

4. 逐步扩大饲养面积　若采用网上育雏，雏鸭刚下地时，地上面积较小，待中雏鸭经过2～3天的锻炼，腿部肌肉逐步增强后，再逐渐增大地面活动范围。一般中雏舍的地面面积比网上面积大，雏鸭从网上到地上，活动量突然增大，一时不能适应，容易导致鸭气喘、拐腿，重者甚至引起瘫痪。

二、中雏鸭的饲养方式

中雏鸭的饲养方式与雏鸭略有不同，因为中雏鸭不再需要保温，饲养密度也小得多。中雏鸭可采用地面平养、离地网面平养、平面地网结合及笼养等舍饲方式。同时，也可以户外圈养和放养，或者舍内与运动场结合饲养，陆地与水面结合饲养，这样可大大节省鸭棚建筑费用。

（一）舍饲饲养　舍饲饲养主要适用于樱桃谷鸭、北京鸭、狄高鸭等白羽型品种。场地可选在河塘水库或河湾旁边，也可在庭院空处。圈舍要空气流通，地面需排水良好，最好是水泥或砂石地等硬表面，地面要平整，地面平养的鸭舍地面倾斜度不得大于15°。舍内用竹条搭制高60 cm的分格鸭栏，每格5 m^2可养鸭20～30只。在靠人行道侧的栏外挂食槽和水槽。此外，舍饲中要加强中雏鸭的洗浴，可放入塘、水库、河中洗浴，也可在舍外建有洗浴池。舍外陆地地面也需排水良好，最好是水泥或砂石地等硬表面，地面要平整，倾斜度不得大于25°。跟水面接头处需渐渐倾斜，绝对不允许有陡坡突然高出水面。陆地跟水面应保持清洁，防止蚊、蝇、寄生虫和致病微生物滋生。

（二）放牧饲养　放牧饲养主要适用于高邮鸭、建昌鸭等麻鸭品种。可放入冬闲稻田、塘库、溪渠、河湾等水域。放牧时间户外场地若无天然树木、竹木遮阳，则一定要搭人工遮阳棚，而且树木、竹丛应有铁网围护，以防鸭群啄食损坏。放牧时间一般为上、下午各1次，上午在11时前，下午在4时后。同时每日补喂配合饲料2次或3次，可按舍饲中雏鸭的饲料配方配制。

中雏鸭的整个饲养过程中，要注意搞好清洁卫生，彻底消毒，检修遮阳棚和休息场所，铺设垫料，及时供饮水和饲料等。搬移鸭时宜抓颈部，不宜抓脚，轻拿轻放。如需装箱转运异地饲养，盛放鸭的箱、笼等容器底部要垫以垫料，密度要适中，途中要防晒，防颠簸，行车速度要均匀，并要选择气候凉爽的傍晚或清晨搬动，尽量减少应激。

三、中雏鸭的饲喂

（一）中雏鸭的饲料　中雏期鸭生长发育迅速，对营养物质要求高，要求饲料中各种营养物质不仅全面，而且配比合理。科学实践证明，该期使用全价配合饲料能使肉鸭生长快，缩短饲养周期，提高饲料报酬，减少饲料浪费，降低饲养成本，提高经济效益。

这个时期要逐步加大粗料和青料的用量，适当加入精饲料和动物性饲料，并且满足其对无机盐饲料和维生素的要求。应供给颗粒较粗和营养水平稍低的中雏鸭料，以方便采食，减少饲料损耗和营养浪费。饲料摆放的高度应同鸭背持平。变换饲料时需有3天的过渡时间，第1天用2/3的雏鸭料和1/3的中雏鸭料混匀后饲喂，第2天雏鸭料和中雏鸭料各用1/2混匀饲喂，第3天则用1/3的雏鸭料和2/3的中雏鸭料混匀饲喂，第4天全部用中雏鸭料。这样减少因饲料突然变换而引起的应激，避免饲料原料配比和营养水平突然变化而造成的消化不良、腹泻，甚至拒食。转料时前后两种料需由相对稳定的同样原料配合而成，最好为同一生产厂家所生产。中鸭胃肠容积大，采食量大，中雏鸭料颗粒较粗，便于中雏鸭吞咽，采食容易而不挑食。颗粒太细或用粉料饲喂时，中雏鸭采食少，难吞入，常需洗口、洗鼻孔，浪费多。注意在鸭将食入的饲料消化完而又不过分饥饿时供料，这样既可减少饲料的浪费而又不至于抢食、暴食、饮水过多，造成应激。

（二）中雏鸭的采食方式　中雏阶段采取自由采食和自由饮水

制，即全天24 h保持供应饲料和饮水，并经常保持饲料和饮水的清洁卫生，但晚上不一定增加人工光照，自然光照时间已经足够了。

中雏鸭采食和饮水时，应有适当的间隔距离，以防抢食，造成摄食不均，生长不均匀。建议标准如下：采食间隔距离每只中雏鸭不少于10 cm，饮水间隔每只中雏鸭不少于1.5 m。饲料桶和饮水器应均匀分布。

（三）中雏鸭的饮水 中雏鸭饮水多，而且喜欢戏水、溅水理毛，所以需水量大，而且水易弄脏，因此需适当增加饮水器数量，水要常换，保持新鲜清洁。饮水器和水盆上最好覆盖有铁丝网，阻止鸭进入水中而又不妨碍其饮水和溅水洗理身体。水位高度应同鸭背持平，既方便鸭饮水，又不使饲料随鸭口中流出。使用自动饮水器的，要经常注意检查供水情况，适时修理和更换损坏的饮水器，同时鸭舍应适当放几个水盆，水深以从鼻孔到喙端的距离即可，有利于鸭用来溅水洗鼻理毛，不至于浪费太多的饮用水和弄湿地面。要清除地面的积水，以防鸭饮用，水池水也要保持干净。

四、中雏鸭的日常管理

1. 调整密度 中雏鸭生长发育快，需注意其饲养密度的调整。使其适合于肉用中雏鸭的生长需要。如果密度过大，中雏鸭互相挤压，甚至相互啄毛，影响其正常生长发育，所以需及时扩大饲养面积，减少密度。通常舍外饲养每平方米3～4只，舍内地养每平方米4～6只，网养为6～8只。中雏鸭性情好动，爱抢食，在大群饲养时，往往强者采食多，生长快；弱者采食少，生长慢，差异逐渐增大，应及时将弱雏挑出另养，否则其采食饮水不能满足需要，易被挤压、践踏，到肉鸭上市时残次鸭数量增多，影响经济效益。鸭群不可太大，以每群500～1 000只为宜。

2. 适时通风 舍内饲养时要注意通风，保持舍内空气新鲜，氧气充足。若舍内通风不良，空气污浊，氧气不足，则鸭体新陈代谢产生障碍，生长发育受到影响；而且污浊的空气刺激鸭的眼、鼻、肺等部位，严重危害健康，甚至给疫病传染创造了条件，所以舍内通风是非常重要的。户外饲养的鸭不需要担心通风的问题，但要避免暴晒、严寒、贼风、冷雨的侵害。虽然中雏肉鸭的抗寒能力较强，但贼风对鸭体的强刺激会使鸭呼吸急促，生长不良，能量消耗加大。

3. 防暑降温　中雏肉鸭羽毛较为厚密，皮下脂肪日益增厚，而皮肤又没有汗腺，因此散热能力差而抗寒能力强。在炎热的天气下，应多设置水盆，让鸭多溅水洗身；装设风扇，用动力加强通风散热；直接向鸭身喷水和在舍顶、舍外多设遮阳棚等。这些措施会有效地防止鸭中暑，其中风扇通风结合水雾喷洒的方法效果较好。而水面对鸭也有很大帮助，鸭并非一定要游泳才健康，但游泳对鸭的防暑散热作用很大。

4. 防止啄羽　如果鸭群密度太大，地面垫料潮湿，通风不好，或者饲料营养不全面，特别是含硫氨基酸缺乏时，都会引起鸭互相啄羽。这在集约化饲养时尤需注意。啄羽使鸭的羽毛被动脱落，严重时容易使鸭受伤出血，影响屠体的外观，甚至胃肠内脏被啄出而致死。鸭是不断喙的，所以必须在饲养管理中应予以特别注意，使其密度适中，地面和垫料保持干燥，舍内通风良好，饲料营养全面等。

5. 保持环境卫生　中雏鸭采食多，饮水多，粪多且潮湿，易腐臭和滋生蚊蝇，若不经常清扫冲洗，保持干净卫生，会使鸭群应激大，生长发育不良，甚至暴发疾病。因此，鸭粪需常清除。地面常扫，垫料常换，饲养工具也要常洗，保持清洁干净。执行严格的卫生防疫制度和预防接种制度，做好经常性的灭蚊、灭鼠和防兽害等工作，保持环境优良、安静。

6. 适时洗浴　鸭子具有喜水性，应定时让鸭子下水洗浴，这样不仅可促进中雏鸭的新陈代谢，而且有利于中雏鸭体质的锻炼和羽毛的生长。肉鸭下水的次数和时间应根据季节气温的不同而定。在夏季每日下水3次或4次;春、秋季下水2次或3次;冬季下水1次或2次,特别寒冷时应不下水。每次在水中活动时间1 h左右,天热时间可长一些,天冷则短一些,然后让鸭子上岸理毛,待羽毛干后再赶进鸭舍。

7. 加入沙砾　为满足中雏鸭生理机能的需要,应在中雏鸭的运动场上专门放几个沙砾小盘,或在精料中加入一定比例的沙砾,这样不仅能提高饲料的转化率,节约饲料,而且能增强其消化机能,有助于提高鸭的体质和抗逆能力。

第四节　肉用商品大鸭的饲养管理

6周龄至上市期的肉用商品鸭为大鸭阶段,俗称育肥阶段。此阶段肉鸭采食量最多,消化代谢最快,生长增重也快,脂肪沉积多,绝对生长迅速。育肥阶段是决定肉鸭的肌肉品质、商品价值和养殖效益的主要阶段。由于鸭体各部分正充分发育,各种机能不断加强。因此,饲养管理上可比中雏鸭粗放些,除饲养密度应小些,饲料营养水平相对低些和慎防腿病之外,其他饲养管理方法基本跟中雏鸭相同。

一、饲喂技术

肉用商品大鸭一般采用自由采食和自由饮水制,这样做既节省人力,又对鸭应激少,还能收到良好的育肥效果。此期夜晚开灯与否应视鸭的肥育程度而定,一般是夜晚不需照明,只让鸭白天采食、饮水,采食量已能满足育肥需要;若大部分鸭达不到标准体重,或体重轻的弱鸭群,可在夜晚增加人工光照,以增加采食、饮水时间,加速育肥。大肉鸭料应比中雏鸭料颗粒粗,营养水平和原料口味等要求可适当降低。在大鸭阶段应尽快转喂大鸭料,转料过程应有3天过渡时间，具体方法与中雏鸭阶段转换饲料方法相同。

大鸭料的颗粒应完整，无散碎粉状，方便大鸭采食。如果颗粒太细或呈粉状，大鸭采食困难，难吞入，吃得少而浪费多，从口中随水流出的料多。料位高度应适当增加，保持与鸭背持平，以方便鸭采食又不至浪费太多。

大鸭饮水比中雏鸭多，溅水也多，所以需供给更多的清洁水，提供更多的供水设备。水位高度应同鸭背持平，且供水设备下边的地面应排水良好，以防止积水和潮湿。采用自动饮水设备的应经常检查其性能情况，并加放水盆，供其戏水、溅水。

二、饲养密度

大鸭个体大，生长发育和增重快，因此，饲养密度应比中雏鸭小一些，饲养面积和圈养范围适当扩大。建议舍外饲养每平方米为2～3只，舍内地养为3～4只，网养为4～6只。若密度过大，鸭群会发生互相啄毛现象和生长增重缓慢。大鸭肥胖，不喜动，腿部负担重，所以鸭群应适当小些，以免互相挤压致残，建议大鸭群以400～700只为宜，群体越小越好。

三、预防疾病

肉用大鸭身体肥胖，体重增加快，而腿部发育跟不上，极易发生腿病。除饲料中钙、磷及其他矿质元素需足够外，在管理上也应小心仔细，尽量不惊扰鸭群，不要踩鸭，对久卧不起的鸭应适时轻轻轰赶，使其行走，以免腿部和其他部位瘀血或瘫软，胸、腹部出现挫伤等。舍内舍外地面、运动场、网面等要平整，便于鸭只行走，防止跌伤。另外，要防暑降温，因为鸭会因热而中暑，因热而不想活动，这会增加腿病发生的机会和猝死现象。若发现鸭因炎热高温而中暑，站不起来或昏迷，可将其放于阴凉地面，用风扇吹其身，并喂些解暑药和维生素。

四、肉鸭夏季饲养要点

夏季是饲养肉用仔鸭的黄金时段，但高温高湿环境易使鸭舍粪便腐烂发酵、滋生病原微生物、诱发疫情疾病，对仔鸭生长不利。要想提高夏季仔鸭的成活率，必须做到“九注意”。

(1)降低饲养密度：每平方米容纳的鸭群密度过大，将造成拥挤、堆压、积温闷圈，所以应减少圈内鸭数，增设水盆食槽。

(2)调整饲料配方：不同生育阶段的仔鸭饲料配方各不相同。夏季的饲料配方应在满足所有必需氨基酸的前提下，使蛋白质水平可能处于最低限，以减少饲料消化散热。

(3)改变饲养方式：网养可减少仔鸭与粪便的接触，减少疫病传播机会，降低发病率，同时网养可以减少鸭群的营养消耗及产热量，有利于健康生长，故宜采取网养。采取地面养鸭，最好不用厚垫料，尤其不宜垫稻草。

(4)减少阳光照射：建造高而宽敞的鸭舍是减少阳光照射影响的有效方法。高温期间可在屋顶淋水或喷雾化水，也可在屋内顶刷上白灰换气。

(5)优化喂料时间：尽量在上午和晚上8～10时，比较凉爽的时间内喂料，白天让鸭多休息。

(6)搞好日常消毒：做好消毒工作，防止苍蝇、蚊子滋生，使鸭群免受虫害骚扰。

(7)供给新鲜饲料：在高温、高湿期间，饲料放置过久或料槽中的饲料停滞过久会引起发酵变质，因而应保证供给新鲜饲料。

(8)保持环境安静：炎热时期要避免突然的惊吓、噪声干扰鸭群，以使鸭群活动量降低到最低程度。

(9)加强疫病防治：切实搞好鸭群疫病的综防救治工作，如发现病鸭要及时对症治疗，确保饲养管理措施得以顺利进行。

五、肉鸭的育肥

(一)放牧育肥　南方地区主要采用此法。放牧育肥与农作物收获季节紧密结合,是一种较为经济的育肥方法。通常1年有3个放牧肥育期,即春花田时期、早稻田时期和晚稻田时期。事先估算这3个时期农作物的收获季节,把鸭养到40～50日龄,体重达到2 kg左右,在作物收割时期,便可放到茬田内充分采食落地的谷粒和小虫。经10～20天放牧,体重可达2.5 kg以上,即可出售屠宰。

(二)圈养(舍饲)育肥　育肥鸭舍应选择在有水塘的地方,用砖瓦或竹木建成,要求舍内光线较暗,但空气流通。育肥时鸭舍周围保持安静,适当限制鸭的活动,任其饱食,供水不断,定时放到水塘活动片刻。这样经过10～15天肥育饲养,可增重0.25～0.5 kg。

采用自食育肥法,最好喂给全价颗粒饲料,把料倒入饲料箱内,一次加足,任其自由采用。颗粒料比粉料适口性好,采食时间短,采食量大,催肥效果明显。

(三)网上快速育肥

1. 饲养舍设置　鸭舍宜选择在离村庄较远、地势干燥、安静、水源充足、通风采光好、交通方便的地方。舍内网床下面设有半倾斜水泥地面或水沟,以利冲洗打扫鸭粪。鸭舍建筑面积按饲养量大小决定,如饲养1 000只肉鸭,育雏室需8 m^2(育雏室利用率为80%),育雏密度为每平方米网床15只;中成鸭舍240 m^2,饲养密度为每平方米网床5只。

育雏网床和中、成年鸭网床高70 cm,宽300～400 cm,长与鸭舍长度相等,可单列式,也可双列式。网床用木架,网用毛竹片(毛竹破成宽2 cm,长与网床宽相等的竹片)铺成。育雏网床的竹片间距1 cm,中成鸭网床的竹片间距2 cm,网架外侧设有高50 cm左右的拦鸭栅栏。在栅栏内侧设置水槽和食槽。若有条件,网床可用8号或10号铁丝编织,网眼直径均1 cm。

2. 饲养与管理 肉鸭6周龄即长成为成年鸭，最好的方法是进行成年鸭填肥。填肥前，淘汰瘫、残、病鸭及体重过小的鸭，并按鸭体重分为大、中、小3类，平均饲养密度为每平方米5只。

（四）填鸭育肥

1. 开填的日龄 开填的日龄一般在40～42日龄，体重达1.7 kg以上的中雏鸭就应当开始填饲。但在饲料条件差，鸭子生长慢的情况下，有时需延至45～49日龄，体重达1.6 kg以上时才开始填饲。一般开填日龄早，饲料报酬较好，开填日龄过晚，饲料转化率降低，经济效益差。但过早地填饲，由于雏鸭骨骼、肌肉发育尚不十分健全，消化机能也不发达，容易造成瘫痪和死亡。

2. 填鸭前的准备 开填前将鸭子按体重和体质分群，挑选体质强壮、发育正常、健康状况好的鸭子先开填，淘汰病残鸭和过于弱小的个体。这样可以获得较好的育肥整齐度。此外，填鸭前应剪去爪尖，以免互相抓伤，影响屠宰体的美观，降低等级。

3. 配制填鸭专用日粮 填鸭的饲料应含有较高的能量（代谢能12.55 MJ/kg饲料左右），而粗蛋白含量14%～15%即可。这种营养水平有利于快速提高体重和积累一定量的肌间脂肪。填料配方：

①玉米60%，麸皮10%，草粉4%，米糠10%，豆饼4%，菜子饼5%，鱼粉5%，骨粉1.7%，食盐0.3%。

②玉米58%，大麦8 %，高粱5%，豆饼10%，鱼粉5%，麸皮7 %，骨粉1.7%，草粉3%，松针粉2%，食盐0.3%。在上述两个饲料配方中，每100 kg还要加沙砾2 kg。

由于人工填饲填入的饲料量，比自由采食多得多，产生热能也高。所以，一定要供应充足的饮水。

填鸭的饲料中需加入一定量的维生素和微量元素。这是维持填鸭生长发育和健康所不可缺少的，添加的维生素主要有维生素A、维生素D_2、维生素E、维生素K、维生素B_{12}、核黄素、泛酸钙、氯化胆碱、尼克酸等，微量元素和硫酸锰、硫酸铜、硫酸亚铁、碘化钾、硫酸锌等。还要特别注意钙和磷的数量及比例。以免因无机盐不足或钙、磷比例失调，影响增重或引起瘫痪。

4. 填料方法　采用人工或机械填料均可。填料时要轻赶、慢捉、慢放。填料采用水拌料，水料比为1.2∶1。一般开食量每只每日0.25～0.3 kg，填食后期每只每日0.4～0.5 kg。日填4次，每隔6 h 1次。填料前，要停水30 min，其余时间要供给充足的清洁饮水。夏季填食时，夜间多填，白天少填，对个别食量小和消化不良的鸭要少填或停止填料，以免发生“填鸭病”（即瘫痪或病死）。

填鸭白天自然光照，夜间除填食补光外，其余时间黑暗。填鸭阶段通风尤为重要，鸭舍门窗要经常打开，夏天还要做好防暑工作。网床每隔2天打扫1次鸭粪，网床下粪便5～7天打扫1次，鸭舍外每周用石灰消毒1次。

填饲的操作要点：首先将调好的饲料装入填饲机的储料箱内，转动搅拌器以免饲料沉淀。然后，将鸭慢慢赶入待填圈内，等候填饲。接着操作人员先用脚踏填鸭机的离合器，检查唧筒的出料情况，并调整出料量，达到规定数量后即可捉鸭填饲。有经验的填饲人员都采用抓嗉（嗉囊的部位）的方法，即四指并拢握嗉部，拇指握颈的底部。这种方法既可将鸭捉稳，又不会引起挣扎伤残。填左侧小圈的鸭子时。用左手提鸭子头部，掌心靠着鸭的后脑，用食指和拇指打开鸭喙，中指伸进口内压住鸭舌，将鸭喙送向填饲胶管，让胶管准确地插入食道膨大部，同时用右手托住鸭的颈胸接合部，将鸭体放平，使鸭体和胶管在同一条轴线上。这样，才不至于损伤食道。插好管子后，用左脚踏离合器启动唧筒，将饲料压进鸭的食道后，放松开关，将胶管从鸭喙退出。填饲操作在技术上的要领是：鸭体平，开嘴快，压舌准，插管适，进食慢，撤鸭快。

5. 填饲的时间和填饲量　通常每日填饲4次，每隔6 h填1次，每次的填饲量（指带水饲料的重量）约为鸭体重的1/12，以后每日饲量可增加30～50 g湿料。1周后，每次可填300～500 g。在凉爽季节，鸭子消化好可适当多填，应根据具体情况灵活掌握。填饲时要注意观察，发现嗉囊内有未消化的积食，应考虑少填或不填，以防消化不良或“撑死”。

6. 填鸭的管理

(1)填鸭体重大，行动笨，赶鸭要慢，不可惊吓鸭群，道路及运动场要平整，防止摔伤鸭脚。

(2)下水洗浴，可清洁鸭体，帮助食物消化，促进羽毛生长，炎热天可延长下水时间。

(3)填鸭栖息的场地要卫生清洁，并保持干燥。饮水充足，解热降暑，以助消化。

(4)要保持鸭舍安静，闲人不得进出。饲养人员要细致、耐心，不要粗暴驱赶，以免影响消化和增重。

(5)要做好防暑降温工作。鸭没有汗腺，填鸭的皮下又沉积了大量脂肪，过于闷热能使呼吸加快，影响育肥，甚至造成死亡。因此，在高温、高湿情况下，应采取加强通风除湿，植树遮阳等防暑降温措施，为填鸭生长创造较好的环境条件，以期获得最佳的生产效益。

(五)冬季快速育肥

1. 品种选择　冬季快速育肥的肉鸭可选择樱桃谷鸭、康贝尔鸭、上海白鸭、北京鸭、高邮鸭、建昌鸭、淮鸭等。这些品种耐寒性强，生长发育快，育肥性能好，屠宰率高，适宜冬季快速育肥。

2. 快速育肥　主要是为了提高肉鸭体重和肥度，使肉质更加鲜美细嫩。当中雏鸭养到50～55日龄时，开始育肥最为适宜。育肥期间要使用“高能量、低蛋白”的配合饲料。参考配方：玉米35%，面粉30%，米糠25 %，高粱6.5%，贝壳粉2%，骨粉1%，食盐0.5%。

实行填喂育肥，最简单的方法是：将配合饲料加水调成干糊状,用手搓成直径3.3 cm、长5 cm的圆条。操作者坐在小凳上,双腿夹住鸭体下部,左手拇指和食指撑开鸭嘴,中指压住舌头;右手把圆条先沾水使之润滑,然后从口腔向食道填入。每日填喂3次。育肥第1～3天,每次填喂3根或4根圆条;第4～8天,每次填4～6根,8天以后,每次填6～8根。填喂后供足饮水,每日进行几十分钟的水浴,以利消化育肥。管理上注意鸭舍光线要暗,使鸭少活动、多休息。育肥期一般为10～15天。当肉鸭体重达2～3 kg,用手摸到皮下脂肪增厚,翼羽的羽根呈透明状态时,即可上市出售。

3. 疫病防治　在肉鸭冬养的快长速肥中,疫病是最大的危害。除加强饲养管理外,要特别做好防疫工作。可用鸭瘟弱毒疫苗预防鸭瘟,在肉鸭养至20天左右时,每只肌肉注射1 mL鸭瘟弱毒疫苗;预防鸭霍乱可用禽霍乱菌苗,在肉鸭养至30～40天时,每只肌肉注射2 mL禽霍乱菌苗。平常可用磺胺二甲嘧啶或磺胺噻唑按0.5%～1%的比例拌饲料连喂3～4天,停10天后再喂一个疗程;也可用0.01%高锰酸钾水饮水预防肠道感染。

(六)中草药育肥　幼鸭饲养1个月后(250 g以上)就开始育肥,第1天用槟榔粉50 g加水1 000 mL煎煮,之后,每只小鸭用小胶管喂服2～3 mL,其目的是驱除鸭体内的病虫;第2天用健胃散50 g,拌入大米饭饲喂;第5天就开始喂育肥药粉了,其配方为:山药20 g、当归10 g、甘草10 g、茯苓25 g、黄芪25 g、首乌23 g、党参23 g、麦冬20 g、六一散30 g、川芎10 g、多种维生素30 g、鱼粉500 g、黄豆500 g。将以上粉碎,可供30只鸭育肥,每餐用一大汤匙,充分拌匀混于饲料中饲喂,一只鸭每天增长100～150 g,15天就可出售了,如果再喂,效果则不明显。

第五节　种用育成肉鸭的饲养管理

种鸭的育成期是指4周龄至开始产蛋这段时间,也称后备期,育成鸭也称后备鸭。这一阶段种鸭迅速生长发育并达到性成熟和体成熟，是决定成年鸭生产性能最主要的时期。这一时期最主要的工作是限制饲喂、控制体重和控制光照，饲养管理方法要科学化，这与肉用商品鸭有很大的不同。如果饲养管理不当可导致成年种鸭生产性能低下，经济价值低，甚至失去种用价值。

肉用种鸭的价值在于其生产性能的高低。种鸭的生产性能主要包括母鸭产蛋量和产蛋质量、种蛋受精率、种蛋孵化率及雏鸭强健情况等。生产性能的高低取决于遗传性能和饲养管理两个基本因素，这里只谈谈后一个因素。正确的饲养管理能使种鸭充分发挥其遗传潜力，获得最佳的生产性能，其重要性不可忽视。种鸭的育雏应比肉用商品鸭育雏更加精心仔细些，种鸭的育雏最好在春季，而且其育雏舍应独立隔离，不可与肉用商品鸭混养。育成期种鸭的体重控制是最重要的，当然科学的管理计划也非常重要，使种鸭经常感到非常舒适，不受外界和恶劣条件的影响，尽量减少应激，以发挥最佳的生产性能。

一、后备种鸭舍的准备

后备种鸭进舍前，应对鸭舍进行仔细检修，保持舍内不漏雨，无贼风，干燥，光亮适度，便于通风换气等。运动场和圈养场地需平整，无积水现象，遮阳设施完好，树、竹等要设置铁丝网保护，使其与鸭隔离，以免被鸭损伤。对所有饲喂工具和设备进行彻底检修，同时做好消毒、灭鼠等工作。

在后备种鸭入舍前 2 天，应在舍内地面和网上铺好垫料和垫层，垫料和垫层切忌霉烂结块，要求颗粒适中，干燥，清洁，柔软，吸水性好，粉尘少，无尖硬杂物。然后安放好饲料桶和饮水设施，调整其至恰当的位置和高度。

迁入后备种鸭舍时，应有专门的清洁消毒过的箱或笼盛装后备种鸭，这些箱和笼的底部应柔软，铺有软垫料。捉鸭时应小心，轻拿轻放，最好双手捧鸭身，或者抓其颈部，不宜抓脚，要轻放于笼底，不能甩丢。盛装密度要适中，密度太大或太小都不好，途中要注意通风换气，防霉防震，行车速度要均匀。笼中的鸭捉出时也要轻拿轻放，不要让鸭碰伤，不要把鸭甩丢在地上。搬迁前后最好给鸭各补充一次维生素C 和葡萄糖水，以减轻应激反应。同时将不合乎种用要求的鸭，如盲眼、扭头、拐脚等畸形鸭及疫病鸭等淘汰。

也可以在育成舍育雏，先将所需的育雏区域用保温性能好的塑材围住。以后随雏鸭的生长逐渐扩大育雏区域。这样，可避免搬迁的应激反应。

二、后备种鸭的饲养方式

后备种鸭的饲养方式主要有以下 4 种：

(1)在铺有干燥清洁垫料的地面上平养。

(2)在离地 50 cm 处的铁丝网、塑料网、木条板或竹条板上进行网面平养。

(3)前两种方式结合的半地半网平面饲养。

(4)层叠式或笼式饲养。

另外，后备种鸭的饲养应当舍内舍外结合，即需设有户外运动场或圈养场地，起码在后备期的后半段应让后备种鸭有适当的活动和运动场地。所有的地面应平整，保持清洁干燥，舍内地面应是水泥地面、石材地面等硬表面，且不积水；户外场地最好为沙地，排水性能好，并设有遮阳设施；如树、竹、人工棚等。可以设水面供鸭游水，但不能有污染和脏臭现象。要记住种鸭并不一定要游水才健康，不是只能在水中交配繁殖。所有地面的坡度应小于25°，在陆地与水接头处地面应逐渐倾斜入水，不可有陡坡和突然高出水面的现象。

值得注意的是，种鸭育成舍应同肉用商品鸭舍、成年种鸭舍隔离开，并且其结构和设施要相对良好。

三、后备种鸭的管理

(一)后备种鸭的饲喂技术

1. 常规管理饲喂法　必须供应清洁、新鲜的饲料和饮水。育成鸭饲料可用小鸭料,也可另行配制,但最好颗粒比小鸭料粗,到后期饲料颗粒同大鸭料一样粗;也有喂粉料的,但鸭对粉料的采食量小,吞咽困难,撒出浪费多。任何转料过程都需有3天的过渡时间,不然对鸭的采食、消化功能影响大,应激大。

2. 育成期的饲喂　种鸭质量的好坏,直接关系到合格种蛋的多少、肉用仔鸭的生长速度和填鸭的品质。因此,养好种鸭是一项关键性的基础工作。

一般从50日龄至开产(180日龄)称"育成期"。种鸭在育成期间,各器官系统进入旺盛的发育阶段,向健全和成熟阶段发展。因此,这阶段的肌肉系统、骨骼系统、生殖系统能否打好基础,关系到将来产蛋性能高低的问题

育成期间鸭的相对增重降低,但绝对增重增加。因此,表现为食欲旺盛,消化能力提高,爱活动。饲养种鸭的目的不是指望它们增加体重,而是为了获得正常体重的前提下,将来有良好的产蛋性能,产蛋量高,蛋重个大,饲料转化率高,所产后代雏鸭的育肥效果好,此期的饲养特点主要是对鸭子进行限制饲养。

限制饲养的目的,不是让鸭吃料不够,而是防止青年鸭吃料过多而增加脂肪积蓄,从而保证鸭的正常生长发育和满足种鸭对营养物质的合理需要。

限制饲养在育成期的主要作用是使鸭生长略受抑制,防止过早性成熟(过早开产),控制体重增长,维持标准开产体重,减少采食量,从而节省饲料,降低体内脂肪积累,以免体重过大鸭体过肥。

限制饲喂的具体方法:

(1)限时。限时饲喂,或减少饲喂次数,或缩短饲喂时间。隔

1 天喂 2 次的方法，更符合育成鸭的饲养需要，效果最佳。

(2)限质。控制营养水平，降低日粮中粗蛋白和能量的含量，增加纤维素。但钙、磷、微量元素和维生素仍保证满足需要，以促使鸭体骨骼和肌肉的正常生长发育。

(3)限量。在日粮营养水平较高的情况下，适当减少其采食量，限喂前应根据出雏日期在、体重标准、饲料及饲养方式等条件制定限喂计划。

无论采取何种限饲方法，必须注意以下几点。

第一，育成种鸭的日粮应为营养全面的颗粒饲料，特别是维生素类和限制性氨基酸不可缺少，必须由经验丰富的营养专业人员来配制，通常不能只供应单一的粗劣原料，因为鸭喜食颗粒料，所以一般不采用自动喂料机，自动喂料机的传送系统易使饲料颗粒散开，也不方便限饲，站在料槽旁边前后位置不同的鸭，采食量会不相同。不管何种喂料设施，均应做到既不浪费饲料，又利于限饲均匀。如采用饲料桶喂饲时，可在其底下套一个稍大的盆，以盛接漏出的饲料，然后将这些漏出的干净饲料再倒回给鸭采食。

第二，隔天饲喂的饲料应在 4～6 h 吃完，隔 1 天喂 2 天的饲料应在 3～5 h 吃完。若饲料投喂量没变而采食时间发生变化，则需检查原因，投喂量是否过多或过少。

第三，一定要保持适当的饲槽间隔，使每只鸭获得其定量饲料的机会均等。育成期种鸭的采食间距每只应不少于15 cm，饮水间距每只不少于2 cm。除了采食和饮水间距应当足够外，饲料和饮水的分布应当均匀，饲料放置的高度应与鸭背持平，而饮水位置也应差不多或高或稍高，并尽可能使鸭舍保持干燥。也可将饲料铺撒到干燥清洁的地面或编织布上。

第四，称量饲料要准确，使配给的饲料量准确无误；要定期抽样称量鸭体重，通常每 1 000 只鸭中抽称 50 只，需随机抽样，称量准确，而且必须在非饲喂日或在饲喂之前称量，即统一用空腹体重衡量。这样可比较客观地评定其体重是否符合品种标准，并适时做出饲喂量的调整。

第五，调整饲喂量，应在准确称量鸭体重，表明鸭群不符合品种体重标准以后再进行。饲喂量增加或减少的幅度应按每100只鸭0.5 kg的比例掌握，不要超过这个比例。

第六，在母鸭开产前一段时间，需逐渐增加饲喂量，一般是每周增加2次或3次，每次按每100只鸭增加1 kg；到刚开始产蛋时，需改为每日饲喂，并更大程度地增加饲喂量；至母鸭产蛋量达5%左右时，应采取自由采食制，这样既能供给其足够的营养，用于蛋的形成，刺激开始产蛋，又能很好地控制其体重，并且尽量减少应激。

目前常用的投喂方法有隔天饲喂和隔1天喂2天法两种。也有喂粉料或粗料而不限时间的，但这种方法不足取。隔天饲喂法是指将鸭2天该采食的总饲料量在1天之内投喂完毕，另外1天则停喂。隔1天喂2天法是指将鸭3天该采食的总饲料量平均分2天投喂完，而第3天停料。据统计，隔1天喂2天的方法更符合育成鸭的饲养需要，效果最佳。

由于采食量少，育成种鸭的饮水量比肉用鸭少，供水情况与肉用商品种鸭相同。若运动场放置有饮水，则一定要保持饮水清洁，并且及时排除溢出的水。如果设置有水池，水池的水应清洁，无病菌污染。

（二）后备种鸭的体重标准　通过限制饲喂的手段来实现控制体重的目的，但绝不是体重控制的越小越好，要求达到标准体重。而限制饲喂的体重标准因品种的不同而不同，因此限饲的结果必须通过抽样，进行体重测定来和标准相对照。

称重必须在同一时间进行，而且必须是空腹，因为品种标准表列出的是空腹体重。体重测定应该从第4周开始，并且每周定期进行称重，直到开产。具体抽样称重方法是：先随机抽取所有雌鸭的

5%和所有公鸭的5%，分别称量其公、母鸭的总重，算出平均数；再将这部分鸭的个体重逐只称出，如果平均数特别高或特别低，则需称重和增加抽样数量的10%，并且再测量其个体重。将公、母鸭体重平均数分别与其品种标准比较，如果相同或很接近，则饲喂量正常；若两者不同，就要相应改变饲喂量，如体重比标准轻，则需适当增加饲喂量；如体重比标准重，则需适当减少饲喂量。如果样本鸭的体重个体差异大，则要改善饲喂方法，例如，增加饲喂设备、改变饲喂时间、避免贼风等，同时将弱残鸭淘汰。

个体称重时所使用的秤可以有多种，但以漏斗形弹簧秤为佳。

抽样必须完全随机，使样本具有代表性，绝对不能有意选择鸭来称重。几种肉用种鸭的体重标准，如表4-1至表4-3所示。

表4-1 北京鸭肉用种鸭的体重标准 kg

周龄	母	公	周龄	母	公
4	1.60	1.65	14	2.50	2.60
5	1.80	1.85	16	2.55	2.65
6	1.90	2.00	18	2.60	2.75
7	2.00	2.10	20	2.68	2.80
8	2.10	2.20	22	2.75	2.85
9	2.20	2.30	24	2.80	2.95
10	2.30	2.40	26	2.85	3.00
12	2.40	2.50	28	2.90	3.10

表4-2 狄高鸭肉用种鸭的体重标准 kg

周龄	母	公	周龄	母	公	周龄	母	公
4	1.70	1.75	9	2.20	2.30	14	2.50	2.65
5	1.80	1.85	10	2.30	2.40	15	2.50	2.70
6	1.90	2.00	11	2.35	2.45	16	2.55	2.75
7	2.00	2.10	12	2.40	2.55	17	2.60	2.80
8	2.10	2.20	13	2.45	2.60	18	2.65	2.80

续表 4-2

周龄	母	公	周龄	母	公	周龄	母	公
19	2.70	2.85	23	2.75	2.90	27	2.85	2.95
20	2.70	2.85	24	2.80	2.90	28	2.90	3.00
21	2.70	2.85	25	2.80	2.95			
22	2.75	2.90	26	2.85	2.95			

表 4-3　樱桃谷肉鸭肉用种鸭的体重标准　kg

周龄	母	公	周龄	母	公	周龄	母	公
4	0.97	1.11	12	2.44	2.77	20	2.89	3.24
5	1.34	1.53	13	2.52	2.86	21	2.92	3.27
6	1.76	2.01	14	2.60	2.94	22	2.96	3.31
7	1.95	2.22	15	2.68	3.03	23	3.00	3.35
8	2.13	2.44	16	2.76	3.11	24	3.04	3.39
9	2.21	2.52	17	2.79	3.14	25	3.07	3.42
10	2.29	2.61	18	2.81	3.16			
11	2.37	2.69	19	2.85	3.20			

（三）后备种鸭的光照控制　限制饲喂、控制体重应同光照控制结合起来，才是控制种用育成鸭的性成熟和开产期的最有效的方法。三者应相辅相成，相互配合，统一安排，认真执行。

光照刺激鸭的新陈代谢，影响性成熟和开产期，并影响早期种蛋的受精率和孵化率。育成期是鸭的一生中易出问题的阶段，光照太多或太少都会引起经济损失。如果在育成期光照时间过长，会导致早熟和早开产、蛋小、受精率低等；如果光照时间过短，可导致延迟成熟，产蛋较迟。即使在雏鸭 2 周龄时，光照也能影响未来的生产性能。开放式鸭舍应根据出雏日期、当地太阳出没时间规律。来制定光照制度。从开产前8 周左右起，可在日出前或日落后提供适当的人工光照，每周增加0.5～1 h。应该在产蛋高峰期光照时间达到最长；从开始增加光照时间开始，每日光照时间可保持恒定，也可以逐渐增加，但绝对不能减少，因为在产蛋期间，正常的光照制度被中断或光照时间被减少，将引起产蛋量降低而难以恢复。每日11～12 h 以上的光照即会刺激产蛋，但产蛋高峰时每日至少需14 h的光照，最好每日光照总量为18 h。人工光照最好设计在早上日出前，因为这样将促进所有母鸭在早上日出前产蛋。

全封闭式鸭舍的光照比开放式鸭舍好控制，可以全部采用人工光照来控制，但其建筑成本和光照费用将增加很多。全封闭式鸭舍与开放式鸭舍两者的光照长度及光照变化规律类似，都采用渐减渐增法或恒定光照法两种光照制度。

1. 渐减渐增法　即在育成阶段要逐渐减少光照时间，产蛋前和产蛋期间逐渐增加光照时间。具体方法是：出雏后最初2 天给予全天23 h 光照，以后逐渐递减光照时间，到10 日龄为15 h 左右，以后每周递减0.5 h，到开产前第8 周左右每日光照只有8～9 h，然后逐渐递增光照时间，每周增加 0.5～1 h，直到产蛋高峰时每日光照时间达到 16～18 h，维持至产蛋结束。

2. 恒定光照法　即在育成期采用固定的光照时间，产蛋前和产蛋后逐渐递增光照时间。具体方法是：出雏后最初2 天给予全天23 h 光照，从第3 日龄开产前至第8 周左右每日固定8～9 h 光照；然后每周增加光照 0.5～1 h，到产蛋高峰时光照达到 16～18 h，维持至产蛋结束。例如，樱桃谷种鸭和狄高种鸭的光照制度，如表4-4 所示。

表4-4　光照时间递增表　　h

出雏月份	周龄 18	19	20	21	22	23	24	25	26	27	28	29	30	31	32	34	36
3	1/2	—	1/2	—	1/2	—	1/2	—	—	1/2	—	—	1/2	—	—	1/2	—
4	—	1	—	1/2	—	1/2	—	1/2	—	—	1/2	—	1/2	—	—	1/2	—
5	1	—	1/2	—	1/2	—	1/2	—	1/2	—	1/2	—	1/2	—	—	1/2	—

（四）后备种鸭的日常管理

1. 调节密度　一般来说，育成期地面平养每平方米不超过5只，网养不超过10只，半地半网养不超过7只，具体饲养密度需视房舍设计、天气情况、饲料和饮水设备以及通风状况等决定。在运动场和户外饲养的种用育成鸭应保证每平方米不超过1只，而且场地地面应排水良好，有遮阳设施，最好为水泥地面或沙地。

2. 注意通风　必须保持通风良好，以排除污浊空气，使鸭得到新鲜的空气和足够的氧气，感觉舒适，以维持健康和正常新陈代谢，促使其生长良好均衡。要避免贼风入侵和温度突然大幅度变化。

3. 控制垫料　育成种鸭最好采用离地网养或半地半网平养。地面平养时需用水泥地面，大部分地面应干燥，垫料厚薄均匀．最好用抛撒的方式撒铺垫料，且每日保持垫料干燥清洁，供鸭休息睡眠。良好的通风、排水及饮水器的放置位置等都可保持垫料和地面干燥。运动场最好为沙地，而且有一定的坡度，使多余的水能排除出去，保持场地干燥。种鸭不一定需要游泳，但水面对种鸭的防暑散热和提高蛋的受精率有一定的帮助，而且可节省陆地，综合利用水面，因此可充分利用水面饲养种用育成鸭。

4. 适量喂沙　禽类的共同特点之一是无牙齿，靠肌胃内的沙磨碎食物。因此，从第6周龄开始，应该提供给鸭不溶的、颗粒大小适当的沙砾。沙砾应稍粗但直径不应大于0.5 cm，用量为每6周每100只鸭加500 g，盛于盆中，放在地面上供鸭采食。沙砾不宜与饲料混合饲喂。有运动场的鸭舍养鸭时不需要喂沙砾，因为鸭能采食到运动场里的沙砾来满足自身的需要。可溶性的颗粒如贝壳粉、石粉等，只有在产蛋期间，当饲料中的钙、磷不能充分满足生产需要时，才适当饲喂。若供给育成鸭，可能因采食太多而引起营养不均衡和相互拮抗，甚至导致钙中毒。

（五）肉鸭育成后期的管理

1. 公鸭的饲养及选择　在整个育成期，公、母鸭都混合饲养，限制饲喂初期，公鸭一般较瘦，但到育成后期18周龄左右后，随着饲喂量的逐渐增加，公鸭的体重将逐渐增加，到母鸭开始产蛋时，公鸭的体重会达到品种标准。如果在限饲初期让公鸭超重，那么它们将在母鸭开始产蛋时超重，从而使蛋的受精率降低。在公、母鸭混养时，会因公鸭强壮而抢食较多，或行动不如母鸭那么轻便而采食较少，因而引起体重过重或过轻，这时必须采取措施加以纠正，将体重较轻的公鸭挑出来另养，额外补加饲料，改隔天饲喂为隔1天喂2天，然后再与鸭群混养；而对体重过重的肥胖公鸭则挑出来减2次料量。此种方法只能在10～20周龄期间使用，而在其他阶段使用时容易出问题。

在限制饲喂开始时，即第4周龄，应将一些公鸭挑出来另养，不留做种用。挑选后的公、母比例应为每100只母鸭配22只公鸭，此为第1次公鸭选择。留做种用的公鸭必须是体重、形态、健康状况均符合品种标准的，而将体重过轻或过重、形态不正常、健康状况不良、有变异的公鸭淘汰出种群。

第2次公鸭选择应在母鸭开始产蛋前2～4周进行，再次将种鸭群中公鸭的数量减少，使种鸭群中每100只母鸭配16～18只公鸭。选择标准和方法与第1次挑选相同。

2. 就巢训练　肉用种鸭经过长期的选育和驯化，已失去就巢的本能，所以在母鸭开始产蛋前，需要很好地练会就巢并养成习惯，使母鸭习惯于在巢箱中产蛋，从而减少破蛋、脏蛋率和简化集蛋工作。

巢箱主要用来让母鸭在其中产蛋，所以也称产蛋箱，通常6～8个巢箱连成一个整体。巢箱不要太重，在搞清洁卫生时一个人要能够搬动而且要与外面有一定程度的隔离，母鸭在产蛋时不受外界干扰；箱底应柔软，保持清洁干燥，使蛋保持完好，不弄脏种蛋。

箱下的垫料需常更换，将旧垫料移出铺在鸭台其他地方，再将新鲜垫料铺入箱下。每4只母鸭应有1个产蛋巢窝。巢窝必须放置在鸭舍或栏的边上靠墙，不能靠近饮水器(距离1 m以上)和湿的区域，也不能放置在鸭通往运动场的路上和门口。

另外，要详细记录好育成鸭的只数、雌雄比例、饲喂量、体重、死亡淘汰数及天气变化等，做好防暑降温，免疫接种、防止啄羽、卫生与环境管理等工作。

第六节　种鸭的饲养管理

种鸭经训练后，能适应一定的饲养规程，而且一经形成习惯就不轻易改变，产蛋种鸭更是如此。所以，要严格执行正常的饲养管理规程，如定期饲喂、定期集蛋、合理光照、准时赶鸭运动和就巢等，让种鸭发挥最大的生产潜力。

一、一般饲养管理

(一)从育成舍到种舍的适应　种鸭在开始产蛋前至少2周，应从后备舍迁移至产蛋种鸭舍，使种鸭有一个适应新环境及其管理规程的过程，并且由限制饲喂逐渐到增加饲喂，并慢慢转为自由采食。所有的饲料和饮水必须新鲜、清洁，杜绝霉变和脏污现象。

(二)划分生活区　要训练种鸭习惯于将饲喂和饮水活动区域与就巢和产蛋活动区域分开，饲料和饮水位置应离巢箱10 m以上，或者将鸭棚分为“日区”和“夜区”。所设计的“日区”，设置饲料桶和饮水器，饮水器的下面要设计有排水沟，上面要有铁丝网围住，以防止溅出更多的水，并能将溅出的水排除掉，有一个小的干燥垫料区。“夜区”全部铺有垫料，沿墙壁边缘放置产蛋巢箱，始终保持干爽清洁。“日区”和“夜区”最好隔离开，只设小门让鸭通过。“日区”可以是在户外运动场、围栏内，也可以是在鸭舍内，但面积需符合密度要求;“夜区”应在棚舍内,所有地面应平整,坡度不得大于25°。每日早上在固定时间(通常在早上7时)将鸭从“夜区”赶到“日区”,在黄昏固定时间再将鸭从“日区”赶回“夜区”,经过一段时间的训练后,种鸭会养成习惯,白天在“日区”活动,不留在巢窝;晚上则在“夜区”休息和产蛋。

(三)防止鸭啄羽和吃蛋 为了防止鸭啄羽和吃蛋,除保持地面和垫料干燥外,还需注意饲养密度,尽快集蛋(特别是运动场上的蛋),以及注意营养的均衡性。种鸭每群不能超过250只母鸭,每只母鸭至少需供给0.5 m^2 的“夜区”和 1 m^2 的“日区”(即运动采食场)。运动场最好宽为40～50 m,长同鸭棚一样。运动场四周的围墙应不低于2 m高,以隔离外来动物的入侵和干扰。棚舍内或运动场内的间墙应为0.75 m高左右。做好灭蚊、灭鼠等卫生工作,避免犬、猫等动物对鸭的捕食和惊吓,防止产蛋量急剧下降。

(四)管理好巢箱和垫料 产蛋巢箱必须数量配足,质量良好,方便母鸭出入,在产蛋时可避免外界的干扰。每4只母鸭应有1个巢箱,其内的垫料必须柔软、清洁、干燥,比其他地方的垫料好,使鸭感到巢箱内最舒适,只喜欢在巢箱里产蛋。若见巢箱里有粪便和破蛋等脏物,应立即除去。巢箱内的垫料最好是刨花,其次是谷壳,木屑和干稻草最好不用。垫料每周至少更换2次,将旧垫料取出铺在鸭舍其他地面,再将最新鲜、柔软的垫料铺进巢箱。下雨天若鸭在户外活动多而易弄湿地面和垫料时,则需每日更换全部巢箱垫料。垫料必须防霉。

地面上的垫料也必须经常保持干燥、清洁、柔软,若其变脏变湿,不仅影响种鸭的产蛋性能,而且影响巢箱卫生,从而影响蛋的清洁和孵化结果。垫料潮湿不洁还会引起腿病和寄生虫病,从而影响公、母鸭交配及受精率,导致其他疾病流行。

保持巢箱和垫料情况良好还需注意做好以下几点:

(1)通风必须良好,以排除产蛋棚内的湿气。

(2)饮水器必须放置在排水良好的地方,如没有排水沟的区域或运动场,应及时排除溢出的水而不要弄湿弄脏地面及垫料。

(3)在炎热季节喷水降温时,不要喷到巢箱区域,而且不能弄湿地面及垫料。

(4)湿的、硬的、差的垫料必须加以更换,或者用新鲜、干燥、柔软的垫料覆盖。

(五)适量喂沙补钙　像后备种鸭一样,要给种鸭提供不溶性的、颗粒适中的沙砾,使鸭的消化功能加强。这些沙砾应装在单独的盆或槽中,供鸭任意采食。如果鸭舍设有沙地运动场,鸭能在运动场上采食到足够的沙砾,可不必补喂。

当饲料中的钙、磷满足不了产蛋生产需要时,必须补充钙、磷制剂,如贝壳粉、磷酸氢钙粉、石粉等,颗粒应稍粗,使鸭不至采食过多,而供其慢慢消化吸收利用。在鸭产蛋高峰期或饲料粗劣时,尤应特别注意补充钙、磷养料。

(六)淘汰病次鸭　鸭群中无生产力的或有病的鸭,应该尽快地予以淘汰,以免浪费饲料或使疾病蔓延。母鸭每个月的淘汰和死亡总数不应超过鸭群的1%,超过此标准时,要彻底检查饲养管理方法和免疫程度等。公鸭的淘汰,则着眼于维持合理的公、母鸭比例。

(七)其他注意事项　舍内应通风良好而无贼风侵袭;夏天做好防暑降温工作,减少热应激;冬季注意防寒,控制好光照,即从增加光照时间开始至产蛋结束这段时间不可减少光照时间;严格执行接种计划,搞好卫生和隔离消毒工作;保持环境安静以及做好各项记录等,以确保种鸭处于完善、舒适的条件下,发挥最佳的生产性能。

二、种母鸭的饲养管理

(一)提高日粮的营养水平　种母鸭在接近性成熟时,要停止限制饲养，按产蛋期的要求，提高日粮中的营养水平(详见肉用鸭的饲养标准)，充分满足产蛋的营养要求。在配制饲料时，应按较高一级产蛋率的标准给予必需的营养物质，除蛋白质满足需要外，还要使各种必需氨基酸保持平衡，其中色氨酸对提高种蛋受精率和孵化率作用较大，这种氨基酸在豆饼和鱼粉中含量丰富。各种维生素也要合理添配，不可缺少，特别要适量增加维生素E，以提高种蛋受精率和孵化率。有条件时，尽量补喂青绿饲料。总之，提供充足的营养是保证种鸭产蛋的关键，多年试验研究表明，种鸭冬季产蛋营养，要求粗蛋白17%～19.5%，代谢能48.95～50.63 MJ/kg。

(二)适当增喂无机盐　种鸭产蛋期内，无机盐的需要量大，特别是钙，鸭体内代谢快，储藏不多，需要从饲料中不断吸收，应尽可能补充小颗粒的钙质，放在小盆里，摆在运动场或鸭舍的一角，任其自由采食。常用的是碎石或碎蛤蜊壳。使种鸭肌胃内经常保持有钙质颗粒，以满足产蛋母鸭对钙需要量的要求。

(三)定时限料　种鸭产蛋期内，代谢机能旺盛，对营养物质的需要量大，应适当增加饲喂次数，一般每昼夜喂4次(白天喂3次，晚上1次)，休产期的种母鸭每昼夜喂2次即可。

三、种公鸭的饲养管理

种鸭的饲养不仅只是母鸭还有公鸭，不但要养好种母鸭，还要养好种公鸭，才能提高受精率。

(一)适当控制体重　经过后备期的限制饲喂，公鸭的体重得到适当控制。到育成后期，鸭群饲喂量将迅速增加，到母鸭产蛋时鸭群将改为自由采食。如果这个过程开始的时间太早，则公鸭的体重将超重，这对种蛋的受精率将产生一定的负面影响。通常将限制饲喂改为自由采食是在母鸭已经产了最初几枚蛋以后，即在预定的开产期(即鸭群产蛋率达到15%时)的前2周时(此时鸭群产蛋率为5%)开始实行。这样可以防止公鸭体重超重而又不会妨碍母鸭开始产蛋。

（二）公、母配比适当　在刚开始产蛋时，每100只母鸭配18只公鸭是必要的，这对保持种蛋良好的受精率很重要，但不要超过20只公鸭，因为公鸭的生活力强，过多的公鸭或新增进的公鸭会扰乱鸭群的秩序，需要立即剔除过剩的公鸭。如果全部公鸭是健康和精力旺盛的，每100只母鸭配16只公鸭就足够了。

（三）保持高的受精率　公鸭要求体质强壮，性器官发育健全，性欲旺盛，精子活力好，才能有高的受精率。公鸭的出生月龄要比母鸭早1～2个月，使它在母鸭产蛋前已经性成熟。育成阶段，公、母鸭最好分群饲养。在有放牧条件的地区，尽可能采用放牧为主的饲养方法，使其能充分采食野生饲料。并且放牧也能使其骨骼、肌肉得到充分锻炼，从而增强体质。性成熟初，尚未到配种期的公鸭尽量少下水，以减少公鸭之间互相嬉水，形成恶癖；配种前20天，将公鸭放入母鸭群中，此时应多下水活动、少关着饲养，创造条件，促使其性欲旺盛，增加有效的配种次数。

管理良好的种鸭群中，蛋的受精率应超过人工入孵蛋的90%，孵化率应超过入孵蛋的80%。在种鸭群中实行人工授精技术也是可行的，但目前种鸭场还很少实行。采用人工授精后可大大减少公鸭的饲养量，减少鸭群中的追逐应激，节省饲料成本，是有利可图的。

（四）种鸭的利用年限　种鸭的产蛋年限一般可达4～5年，母鸭开产后的第1年度内（相当于18月龄），产蛋量最高，2年以上的鸭子产蛋能力逐渐下降（比第1年度降低30%以上），3年以上的老鸭产蛋量则更少（比第2年度降低35%以上）。也就是说，母鸭越老，产蛋量越低，而且种蛋的受精率与孵化率也随之下降。因此，种鸭以利用一个产蛋年最为经济，即种鸭自出雏至养到17～18月龄淘汰最合算。育种鸭群的使用年限，可根据育种需要适当延长，不受上述条件限制。

四、种鸭的特殊管理——人工强制换羽

(一)人工强制换羽的作用和条件　母鸭开产后，在达到理想的产蛋高峰后逐渐回落，直到产蛋结束，历时 8～9 个月，为第 1 个产蛋年。到夏季天气炎热时，鸭群由于受热应激的影响，食欲减退，新陈代谢减慢，加上其他因素，产蛋量明显下降，很多母鸭出现换羽停产。

自然换羽需 4 个月左右的时间，换羽期间产蛋率很低，甚至不产蛋，蛋小，品质不良，受精率低，换羽不一致，换羽后再次产蛋参差不齐，第 2 个产蛋年的产蛋率要比第 1 年低。为了使鸭群在秋季能尽早恢复产蛋，缩短休产期，常采用人工强制换羽的方法。

人工强制换羽只需要 2 个月左右的时间，换羽一致，换羽后产蛋整齐，蛋的品质好，受精率高，蛋重会明显增加，能再次达到较高的产蛋高峰。而经人工强制换羽后，第 2 个产蛋年的产蛋率要比第 1 年高。

人工强制换羽主要是通过对水、饲料与光照时间的控制，使鸭的生活条件和习惯突然改变，营养供应不济而实现的。当鸭群产蛋率下降至 30%以下、蛋形变小，甚至有畸形蛋，受精率降低时，即可进行人工强制换羽。

实行人工强制换羽的鸭群必须是健康的，第 1 年的产蛋成绩良好。如果鸭群的健康状况差或第 1 年的产蛋成绩差，则不要进行人工强制换羽，让其自然换羽，以免引起鸭大量死亡和耗费不必要的人力。

(二)人工强制换羽的方法

第一步，关养限饲。目的是限食停产，制造应激环境。开始的第 10 天将鸭子紧逼驱赶到控制鸭舍(不回原圈)，驱赶时有意惊扰，结合环境改变，使鸭群受到强烈的刺激，夜间控制照明，只给予较暗的光线。舍内不铲粪不垫草。同时限制饲料，第 1～2 天精料

减半，一次投给，夜间不喂，到了第3～4天不喂料，只饮水；原来放牧的停止放牧以“关拦扎蛋”。

第二步，人工拔羽。经过以上十多天的种种措施的刺激，使鸭体重减轻，体内脂肪消耗殆尽。翼肌收缩，此时可试拔主翼羽。拔时注意观察和感觉，若羽根干枯，羽轴与毛囊易脱离，就是所谓已经“脱壳”，即可开始人工拔羽，先拔主翼羽，后拔主尾羽，一次全部完成。如果试拔很费劲。拔出的羽根甚至带嫩尖或带血液，说明拔的时间太早，应延迟几天再拔。

第三步，恢复饲养。拔毛完毕后，要逐步改变饲养环境，提高饲料质量，增加饲喂量，使之尽快恢复体质，待小毛都脱完后，要及时供给营养水平较高的饲料，以满足种鸭所需，促使早开产。在拔毛后的1周，饲料中的粗蛋白含量应提高15%以上，并在这个基础上逐步增加，直至达到种鸭产蛋高峰期的标准。此外，还要适量加喂多种维生素和微量元素以及钙、磷、硫等元素。进入恢复期以后，鸭群要放牧游泳，勤洗浴，增加运动，促进新羽生长，不使之过于肥胖，以免影响产蛋。在恢复期内，舍内要多垫柔软的垫草，并保持干燥，同时要有足够的水盆和食槽，加强饲养管理，一切按产蛋种鸭正常饲养管理方法进行。一般在拔毛后25天左右长出新羽，产蛋逐渐回升。

（三）人工强制换羽期间应注意的问题

（1）人工强制换羽前，先要对鸭群进行个体检查，及早淘汰病、弱、瘦小的鸭，以免在人工强制换羽的过程中造成过多的死亡和不必要的经济损失。

（2）人工强制换羽期间，除最初8～10天部分或全部限制鸭群饮水和给料外，以后就应恢复正常的饲料和饮水供给，尤其是富含蛋氨酸、胱氨酸等含硫氨基酸的动物性蛋白质饲料，如鱼粉、羽毛粉等的供给。

（3）人工强制换羽期间至恢复产蛋前，公、母鸭要分群饲养，以免公鸭骚扰母鸭，影响母鸭的正常换羽和饮食，同时也可保持公鸭精力，以利于母鸭恢复产蛋后的自然配种。

(4)人工强制换羽期间由于鸭体质下降，抵抗力降低，容易发生疾病，因此应该特别注意做好饲养管理和防病工作。

第七节　番鸭的饲养管理

番鸭又称“瘤头鸭”、“麝香鸭”、“洋鸭”，为著名的肉用型鸭。原产于中美、南美洲热带地区的森林禽种，迄今墨西哥、巴西和巴拉圭等国家仍有野番鸭存在。经驯化的番鸭体质健壮，体躯长宽，与地面呈水平状态；头颈中等大小，眼周围和喙的基部有皮瘤，头颈部有一排纵向长毛，受惊时会逆立呈刷状。胸、腿肌肉特别发达，翅较长(30～50 cm)，有一定的飞翔能力。尾较长而窄，胫短而结实，步态缓慢而平衡。羽毛有黑、白、褐等色。黑羽鸭的羽毛泛绿色光泽，皮瘤黑红色，较单薄，喙红色带黑斑，虹彩浅黄色，胫、趾、蹼多黑色。白羽鸭的喙呈粉红色，皮瘤红色，肥厚，虹彩浅灰色，胫、趾、蹼橙黄色，叫声低哑，繁殖季节公鸭散发出麝香气味。

我国饲养的番鸭，顾名思义是由海外而来。目前，已驯化成为适应我国南方生活环境的良种肉用鸭。番鸭虽有飞翔能力，但性情温驯，行动笨重，不喜在水中长时间游泳，极适于陆地舍饲，故福建、江西、台湾、广东、广西、浙江、湖南等地均大量繁殖饲养。

番鸭的饲养价值在于：耐旱、耐粗饲、易肥育、瘦肉多，体型肥大，生长迅速，肉细、味美，雏鸭成活率高等。民间素来视之为补壮身体的珍品，多饲养以供自家食用。据国外报道，成年公鸭体重4.5～5 kg，母鸭2.5～3 kg；饲养至8周龄，公鸭体重可达3 kg，母鸭可达2 kg。国内亦有公鸭体重5 kg，母鸭体重2.5 kg，以及120日龄一般体重可达4～6 kg的。

公番鸭与母家鸭杂交所生的第一代，无繁殖力，专供肉用，叫做“半番鸭”或莱鸭。这种杂交鸭体格健壮，适于放牧，增重快。因此，番鸭不仅本身可供肉用，而且为生产半番鸭提供种公鸭。

一、番鸭的常规管理

（一）保暖和防潮　雏鸭一出壳，全身潮湿，特别怕冷，要放在干燥的鸭笼里保暖。雏鸭爱挤在一堆相互取暖，应时常用手拨开，以防压死或闷死。垫草要勤换，以防潮湿引起脚病。

（二）试水　刚出壳的雏鸭于喂食前2～3 h，应先“试水”，即用盆盛水约深2 cm，把雏鸭放至水中，只使鸭脚浸到水，任其在水中吞吐和洗涤。这样有助于清除肠粪，预防干热和刺激食欲。但试水时间不宜过长，以免弄湿羽毛受凉。

（三）饲喂　试水2～3 h后，即可开食。古田、福州等地多用半生熟的米饭，闽南一带多用碎米或稀饭给雏鸭开食。每日喂5次或6次。3～5日龄起喂切碎的蚯蚓、泥鳅、小鱼虾和蛆虫等动物性饲料，喂到30日龄，其食量大大增加。因为番鸭最喜吃动物性食物，食量很大。动物性饲料不宜在晚餐喂给，以防食量过饱胀死或影响翌日食欲。7～10日龄开始喂青饲料。1月龄以后，每日喂3次，多用青菜、糠麸拌稀饭、米汤或熟地瓜喂给，还有搀喂一些稻谷的。

（四）限饲　8周龄时公鸭体重可达3 kg，母鸭2 kg，每千克体重耗料不超过2.8 kg，但此时屠宰率低，屠体品质不佳。胸肌的增长，主要在8～12周龄。目前认为，较适宜的屠宰期是：母鸭10周龄，公鸭11周龄。此时，公、母鸭的主翼羽都已长成。如延长饲养2～3周，由于增重缓慢，耗料量增加，饲料报酬降低，而影响经济效益。

由于番鸭具有特殊的补偿生长的能力，国外采取控制饲养（或称限饲、节制给食）的方法，公鸭从7～8周龄开始，母鸭从6～7周龄开始，一种是按自由采食量的95%喂给，即减少5%的饲料，不影响生长，料肉比可提高5%～10%，这种叫轻度控制方法；另一种是按自由采食量的80%喂给，生长速度有所减慢，料肉比不增加，胸、腿肉无明显改变，但屠体肥肉明显减少。故目前认为，在雏番鸭的生长后期，降低光照强度，按自由采食量的90%～95%喂料，即采取轻度控制饲养的方法，可改善屠体品质，提高饲料报酬。

（五）管理

1. 公、母分群饲养　番鸭异性间差别较大，3周龄以后，公、母之间的体重距离拉大（达50%左右），公鸭性情粗暴，抢食强横，如公、母混群饲养，若按公鸭的要求饲养，则造成浪费；若按母鸭的要求饲养，则影响公鸭的生长或使部分母鸭受到压制。正确的方法是从初生雏进行性别鉴定，公、母分群饲养。

2. 切喙防止啄羽　番鸭啄羽一般发生在4～5周龄（尾蜕和背部羽毛发生时）和6～7周龄（翼羽发生时），预防的办法主要是喂给丰富的含硫氨基酸饲料；控制饲养密度；限制照明强度，缩短光照时间；此外，可在2～3周龄时进行一次切喙，以防啄羽。

切喙最好用鸭子专用的切喙器，或用剪刀代替，切喙前先将剪子烧灼，在鸭嘴豆的中部切去。为防止出血，切喙前喂少量维生素K。

番鸭的爪子很锋利，为便于饲养时操作，防止鸭子互相追逐时踩压抓伤，改善屠体外观，也可以同时进行断爪。

二、雏番鸭的成活率及其控制

（一）影响雏番鸭成活率的因素

1. 种鸭质量不高　导致原因是选种不严格，饲养管理欠科学，栏舍卫生消毒意识差，禽群免疫预防措施不全面甚至空白，使得其后代雏先天性营养不足、发育不良或从母体传染上病原。

2. 种蛋品质不良　导致原因除种鸭素质差外，还包括产下的蛋收集不及时，未执行必要的清洁、消毒和适当的储存措施，运输颠簸，储存时间过长等。

3. 孵化技术滞后　目前相当一大部分番鸭种苗场采用桶孵或炕孵等孵化方式。这些土办法如技术掌握不好特别易使胚蛋受热不均，发育不良，出雏时间不统一，尤易孵出较多弱雏。另外，土法孵化过程很难执行规范的卫生、消毒制度，孵房空气污浊、潮湿，易滋生细菌、霉菌，使雏禽出生时感染。某些孵房，在种苗销售旺季，为了增加出雏数量，擅自提高孵化后期温度，促使雏鸭早出壳，而在种苗销售淡季，又不及时将破壳出雏鸭取出饮水，尤其与未出雏胚蛋混杂，长时间饥饿脱水，造成衰竭，这些种苗的成活率是不可能达到理想水平的。

4. 育雏期饲养管理欠科学　番鸭的生活习性是喜温暖、好干爽，对卫生的要求比其他饲养鸭的条件要求高，而下述一些情况是不利于雏番鸭正常发育成长的：垫料不足，潮湿，温度过低易使雏鸭埋堆，冷死压死；温度过高易使雏鸭脱水，腹内残留蛋黄吸收不良，且高温高湿利于垫料中球虫卵的发育；育雏室温度分布不均；雏群受应激因素作用，如免疫接种时，没有适当地提高室内温度；为了保温而过度封闭育雏室，造成空气污浊，氧气不足；入雏后没有及时饮水、喂料，营养不足；没有及时正确地调教下水，或冬天下水过早等。

5. 疾病因素　疾病是影响雏番鸭成活率的又一重要因素，对雏番鸭危害较大的常见疾病有：雏番鸭细小病毒病、小鹅瘟、雏鸭病毒性肝炎、鸭疫里默氏杆菌病（旧名为鸭疫巴氏杆菌病）、大肠杆菌病、沙门氏杆菌病、禽霍乱、球虫病、"新羽症"等。

（二）控制措施

1. 加强种鸭的饲养管理，保证获得高品质的种蛋　选种时应严格挑选，留优去劣，做好免疫接种，注意卫生消毒工作，及时收集种蛋，严格挑蛋及清洁消毒，提供优质种蛋。

2. 改进孵化条件，提高孵化技术　改良孵化方法，采用机孵，保证稳定的温度、湿度，种蛋的保存时间不能超过 5 天，入孵前做好种蛋与孵化器、室的消毒，控制适当的温度、湿度、翻蛋、凉蛋等。出雏后及时拣出雏鸭并挑出脐部收缩良好、绒毛干的雏鸭分筐放置。

3. 做好育雏环节工作　入雏后及早进行调教饮水，保证在24 h内开饮开食。可在饮水中加入适量的补液盐、多种维生素，还可使用抗生素饮水，预防沙门氏杆菌病及大肠杆菌病等疾病；为加强棚舍的保温性能可以采用保温性能好的材料构建温室，使用保温伞或煤炉保温。约 20 m^2 用 1 个炉，但必须把废气排出舍外，同时在棚舍的南边开高窗，保证舍内通风良好。1 周龄内温度保持28～32℃，以后逐渐降低，要注意保持舍内温度的均一。采用竹、木板等材料搭成棚架，使鸭群与地面上的粪便分开；5～6 日龄时(冬季应延长几天)，选择晴朗天气对雏鸭进行下水调教。其方法是：把鸭赶进浅水池(水深不淹过雏鸭背部)，绒毛稍湿即赶起。如此反复3 次或 4 次，让雏鸭逐渐熟悉水性；在全价饲料的基础上添加适量的维生素、鱼肝油等，特别是在免疫接种前后及发生疫病时添加3～5 天，并加强场地的卫生消毒工作。

4. 做好免疫防制工作　针对常发病，结合实际情况，进行科学合理的免疫接种，以下方法可供参考。

3 日龄内皮下注射细小病毒与小鹅瘟高免血清每只 0.6～1 mL，如发病初期每只注射 1.2 mL；平时适当投喂抗生素或磺胺类药做细菌病的预防，特别是在有不良因素存在时，应提前应用药物预防，同时根据各个场的实际情况应用疫苗做主动免疫接种，例如，于 5 日龄与 15 日龄时各接种 1 次鸭疫里默氏杆菌灭活菌苗；大肠杆菌病常可分离本场菌株制成菌苗进行免疫接种，能使本病较有效地得到控制；对鸭霍乱的防疫可于 20 日龄注射禽霍乱亚单位菌苗等。

综上所述，影响雏番鸭成活率的因素繁多，涉及种鸭、孵化、育雏以及疾病等各个环节，任何环节存在不良影响时都不可能有高的成活率。生产上只有针对各种不良因素，进行改进，做好每一环节的工作才能把不良因素的影响降至最低程度，最终取得较高的成活率而获得高效益。

三、番鸭的填饲

3 月龄以后，不做种用的番鸭体重达到 1.5 kg 左右即可开始填肥。正如群众"三月大，四月肥"的说法。填肥必须适时，太早会影响生长发育，甚至引起死亡；太迟增重缓慢，使饲料转化率降低。填肥的饲料，一般是米糠和熟地瓜各 1/2，用米汤或稀粥调成糊状，搓成团用手填喂，亦可装入填筒，推送到鸭的食道。填喂的饲料量应由少到多。可在第 2 天清早用手触摸食道扩大部，以没有积食为适度。当番鸭体重达到 4 kg 左右，皮下、腹内脂肪形成时即可宰食或出售。

四、种番鸭的饲养管理

(一)种鸭的选择　公番鸭应选择肌肉发达，体质健壮，羽毛华丽的。配麻鸭用的公番鸭以体重 3～4 kg 为适中，体躯和脚也不宜太长，以利于人工辅助配种。阴茎色白、皱纹细密的公鸭，配种能力较强。

母鸭应挑选羽毛细密而光亮，体躯紧凑而呈椭圆形的。颈、喙较短的善于觅食，抓在手上有反抗力的母鸭宜留做种用。

(二)公、母配比　自然交配按公、母 1∶7 的比例放入公鸭，如进行人工授精，可按公、母 1∶10 的比例留足公鸭。公鸭的月龄应比母鸭大 1 个月。

公番鸭的睾丸无论是绝对重或是按占体重的比例，都比普通鸭小 50%以上，睾丸功能低下。据实际观察，公鸭每日平均交配 5～8 次，比普通鸭少 1/2。交配时间大都集中在下午 3～5 时，故每日下午定期放水，可提高受精率。

公、母鸭前期分群饲养，至22周龄时将公鸭放入母鸭群中，互相适应熟识后，有助于提高受精率。

（三）种鸭的利用期　公鸭只利用1年，母鸭可利用2～3年，第4年必须淘汰，因母番鸭随年龄增大，就巢性增强，产蛋力下降。

国外母番鸭只利用2个产蛋期，第1个产蛋期有22周（5个月），产蛋高峰出现在开产后的第7～13周。第1个产蛋期结束后进行人工强制换羽，约需13周（3个月）。接着第2个产蛋期，约22周，然后淘汰，此时母番鸭的肉用价值尚好。

（四）种鸭舍的要求　种鸭舍要求保温性能好，地面保持干燥，可补充光照，有产蛋巢箱，运动场上有配种池。

番鸭耐热能力强于耐寒能力，所以夏季对产蛋率没有影响，而低温对产蛋影响很大，室温低于15℃时，受精力就要降低。因此，在建造种鸭舍时，要重视保温性能。

鸭舍的地面可采用一半垫草，另一半用条子或网。垫草有利于种鸭产蛋和生活，但不容易保持清洁干燥。用条子（或增塑网，网孔方形，直径1.5～2 cm）离地饲养，可保持鸭舍干燥，但长期生活在条子上，容易造成腿趾疾病。

鸭舍在靠墙一面设置产蛋巢，高和宽各28 cm，长35 cm。每6只母鸭准备1个产蛋巢。巢底铺木屑或切短的垫草。

鸭舍的大小按每平方米养种鸭3～4只计（根据品种的大小而定），每群不超过500只，每一单间30 m^2 左右。

（五）种鸭的饲料和饲养　种鸭的饲料分产蛋期和休产期饲料两种。产蛋期的饲料营养水平高一些，每千克含代谢能11.30～11.72 MJ，含粗蛋白质16％～17％，休产期饲料能量不变，粗蛋白质降为14％。配制成的粉料，最好加工成直径5 mm的颗粒饲料，任其自由采食。母鸭每日耗料量120～130 g，公鸭每日耗料量200 g左右。种鸭产蛋期，舍内需另加无机盐盆、添置沙砾和牡蛎粉，任其自由采食。

番鸭最爱吃蚯蚓、昆虫等动物性饲料，适当增喂这类饲料，仔鸭生长快，母鸭开产早，产蛋多。

（六）种鸭的管理

1. 逐渐补充光照　光照和温度对母鸭的产蛋影响最大，一般从 26 周龄开始补充光照，每周照明时间增加 15 min，直至达到 16 h不再增加（表 4-5）。补充光照用普通白炽灯泡，照度每平方米 15～20 lx。补充光照结束后，只要在走廊上留暗灯照明即可，亮度比一般鸭舍更弱些。

表 4-5　种番鸭不同周龄光照时数表

周龄	光照时数(h)	周龄	光照时数(h)
26	13.00	33	14.45
27	13.15	34	15.00
28	13.30	35	15.15
29	13.45	36	15.30
30	14.00	37	15.45
31	14.15	38	16.00
32	14.30	39 至淘汰	16.00

2. 保持适宜舍温　据观察，番鸭在我国长江以南各省饲养，冬季很少产蛋，而夏季对产蛋影响不大。因此，保持鸭舍内的温度，尽可能不低于 15℃，是提高种鸭产蛋率的关键。缺乏人工加温设备的鸭舍，冬季要关闭门窗，堵塞东、西、北三面的通气洞，北窗外加塑料夹层。适当增加单位面积的饲养量，提高饲养密度，聚集鸭体本身散发的热量以提高舍内温度，饮水尽量用温水。缩短在运动场上的放牧时间，晴天出太阳以后，气温升高时，再将鸭放到外面活动，遇到下雪、下雨或大风天气，停止放鸭。

3. 保持清洁干燥　番鸭怕脏怕冷，舍（蛋巢）内要勤换垫草，保持清洁干燥。冬季尤应注意，因饲养密度提高后，垫草污秽、湿度增大，勤换清洁而干燥的垫草，对保持舍温、提高产蛋率有很大作用。

4. 固定产蛋巢位置　番鸭有定位产蛋的习惯，如家庭分散饲养，蛋巢不要随便移动，否则会产地蛋（搬动位置必须待一窝蛋产完以后进行）。产蛋初期，蛋巢内的蛋不要拣光，每日要保留1枚或2枚“引蛋”。

5. 创造安静环境　母番鸭性情温驯，平常很少争斗，但产蛋时（产蛋大都在上午7～9时）和孵化伏巢期间，警惕性很高，陌生人不能走近，以免产生应激；公鸭的性情较暴烈，常在抢食时发生斗殴，自卫能力强，陌生人干扰时，会与人对抗。因此，必须保持饲养环境的安静。为避免公鸭之间的斗殴，饲槽和饮水器要均匀地分散放置，这对提高产蛋率和受精率都有作用。

6. 种公鸭的饲养管理　种公鸭养到6月龄，体重达2.5～3 kg，有“嗞嗞”叫声的，标明将到性成熟，应立即上笼，分别饲养，以防相互打架，造成伤害。

公鸭夏季特别怕热，夏季应每日下水洗澡1次或2次，冬季应每隔2～3天洗澡1次，以保持羽毛整洁。据古田和漳州养鸭户介绍，配种的公鸭补喂少量枸杞可以提高受精率，补喂红糖、猪油拌糠饭，可以保持旺盛的配种能力。配种期间还要控制适当的配种次数，在正常情况下，以每日早晚各配1次为宜。

五、番鸭的杂交利用

番鸭与一般家鸭之间可进行杂交，是不同属不同种之间的远缘杂交，所得杂交后代称之为骡鸭，我国福建一带叫“半番鸭”。一般有较强的杂交优势，但没有生殖能力。

骡鸭具有生长快、肉质好（脂肪含量为16%）、产肝性能好。耗料少、抗病力强等优点，因此，饲养成本低，售价也合适，深受生产者和消费者的欢迎。但长期以来，由于公番鸭体重大，配种困难和受精率低，大大影响了骡鸭的生产量，近年来，国内外采用人工授精技术繁殖骡鸭，受精率已提高到70%以上，为骡鸭的生产起到了促进作用，提高了饲养效益。

番鸭的杂交方式有正交和反交两种。在正交时，母本可用二元杂交后代的母鸭，以提高杂交优势率。经测定，正交效果较反交好。因为以家鸭做母本，产蛋多，生产鸭苗量多，成本低，杂交优势显著，杂交后代公、母鸭差异不大，饲养10周平均体重可达2.8～3.0 kg。

骡鸭生产常用的配种方法有自然交配，辅助配种和人工授精等方法。自然交配是在家母鸭中以1∶(3～4)公、母比例配给足够的公番鸭。在性成熟前(20～22周龄)，公番鸭与母家鸭混群，使公、母有较长时间适应环境的过程，以提高受精率。缺点是公鸭数量大，受精率又不高(40%～50%)，公番鸭和家母鸭体型体重悬殊，交配困难，在生产中应用不多。

人工辅助配种是把公鸭赶到靠近交配台的公鸭篱围里，细心地用右手抓住公鸭的两翅端，避免公鸭产生剧烈的挣扎，左手把握住母鸭的胸部，将母鸭身体平前沉于水中并让头部露在水面上(也可在陆地上操作)，配种员左臂向前伸直，让公鸭左右脚并列踩在母鸭背上，右手拉去公鸭翅端，以防逃脱。待公鸭发情，啄母鸭颈部羽毛后，松开右手，拉开母鸭的尾羽，此时，公鸭就会不断地把尾部从左边向母鸭的泄殖腔口摆动，企图交配，配种员把右手略为提高，使雄雌鸭泄殖腔互相吻合。若公鸭不交配，就选用母番鸭诱导，让公鸭站在母番鸭背上，另一个人捉住母番鸭站在旁边，待公鸭性冲动，啄住母番鸭颈部羽毛时，将母番沉于水中，当公番鸭嘴一松开时，即把母番鸭从水下移开，马上将放到公鸭腹下，让公鸭改啄母番鸭的颈部进行交配。经过这样5～10次的交配训练，待公番鸭对人工辅助交配的姿势和动作建立条件反射后才能进行交配。若公鸭体质好，性欲强，操作熟练，受精率可达60%～80%。

人工授精首先做好采精前的准备。采精前2周公、母鸭隔离，分关小群或个体笼养，以免相互爬跨和攻击。受精前要有3～5天的调教训练。对选留公鸭的阴茎、性反应、精液品质等进行检查，选择射精量多、精液浓调、呈乳白色、精子密度大、活力强的种鸭。采精方法有台鸭诱情法、按摩法、电刺激法、假阴道法、舍鸭诱情和按摩结合法等。具体介绍一下简便易行的舍鸭诱情法。舍鸭诱情法是用母鸭向公鸭诱情，待公鸭追赶母鸭，啄住母鸭头颈部，爬跨在母鸭背上时，让其自然交配，采精者蹲在公鸭右侧，面朝尾部，当公鸭频频摇尾时，采精者左手持集精杯挡住母鸭的泄殖腔，集精杯斜向左上方，与地面呈60°角，靠近母鸭左侧腹部，以防阴茎插入母鸭泄殖腔。待公鸭性冲动达到高峰时，公鸭阴茎自动伸到集精杯即射出精液。在公鸭性欲旺盛，采精技术熟练时，只需1～2 min即可完成。通常采精量为0.44～2.2 mL。

由于鸭的生殖道开口较深，阴道括约肌紧缩。实践证明采用“输卵管外翻输精法”和“手指引导输精法”效果最好，且操作简便易行。输卵管外翻输精法是用左脚轻轻踩压母鸭背部，用右手挤压泄殖腔下部，迫使泄殖腔张开以暴露阴道口，再用右手将吸有精液的输精器从阴道口注入精液，同时松开左手。注意做好消毒工作，预防阴道炎症。手指引导输精法是用左手食指从泄殖腔口轻缓插入泄殖腔，往泄殖腔左下侧寻找阴道口。阴道口的括约肌较紧，而且阴道口较松。待摸到阴道口时，左手食指尖顶住阴道口的括约肌，与此同时右手将输精器的头部沿着左手食指的方向插入泄殖腔的阴道口后，才将食指抽出，并注入精液。每次输入精子数不低于1亿个，即稀释的精液0.2～0.5 mL。一般认为3天左右输精1次，受精率最高，傍晚输精较上午输精受精率高。

精液稀释液。台湾刘瑞珍、戴港的研究认为：分别用5.7%葡萄糖液、磷酸缓冲液和0.9%生理盐水，各以1∶1稀释番鸭精液，授精量均为0.06 mL，其受精率分别为65.5%，63.4%，66.5%。

林朝星的研究是氯化钠 1 g、氯化钾 0.06 g、乙二胺四乙酸钠 0.05 g 加蒸馏水 100 mL 配制的稀释液，受精率可达 56%～72%。

第八节　美国野鸭的饲养管理

美国野鸭属候鸟类，性情温顺，产蛋量大，饲料利用率高，生长速度快，70 日龄体重平均可达 1.27 kg。成熟也早，最早 165 日龄开始产蛋，年产蛋 150 枚以上。全净膛屠宰率可达 87.5 %。肉质鲜嫩，味美可口，脂肪较少，肌肉率高，富含多种人体必需的氨基酸、脂肪、糖分、无机盐、维生素及微量元素等，特别是完全没有家鸭那种令人不愉快的臊味，是传统的滋补食品和宴宾餐桌上的野味家肴，具有较高的经济和食用价值。而且美国野鸭抗病力强，疾病效少。对一般高温、高湿、寒冷和干燥的气候有较强的适应能力。

20 世纪 70 年代以来，国内成功地开展了美国野鸭的驯养，并建立了鄱阳湖野鸭养殖公司。驯养后的野鸭生产性能明显提高。体重由 1.8 kg 增至 2.5 kg，料肉比(2.5～3.3)：1，商品肉鸭育成期缩短至 90 天左右。同时它保持了天然野鸭的营养和风味，备受消费者青睐，近年来成为特禽养殖的后起之秀。

一、美国野鸭的生物学特性

(1)食性杂而广，耐粗饲，植物种子、根茎、叶菜、谷实、杂草、软体动物等均可食用。

(2)喜在河流、湖泊、沼泽地及水生植物较多的地带活动。

(3)喜群居生活，有群居习性，迁移时多结群而行，此习性有利于集约化饲养。

(4)胆小，警惕性高。遇见陌生人或畜禽，即发出惊叫，成群逃离。

(5)适应能力强，有较强的抗逆性和抗病力。

二、饲养场地的选择与建设

美国野鸭是水禽类动物，与鸟类有一共同的特点也会飞翔，且有以上生物学特性。因此，人工圈养时，必须考虑上述特点选择饲养场地、舍地和搞好必要的建设，应注意以下几点。

(1)鸭场、舍地必须建筑在背风向阳、能御寒防热、地势较高，并靠近水质良好的河沟、水库、湖泊、池塘的边缘。水面宽阔，水深要适中(深度一般以1 m左右为宜)，最好有活动水流。周围环境较僻静，与公路、村庄、工厂等嘈杂的地方保持一定的距离。

(2)鸭舍外应设有运动场，并有一定的缓坡到达水场，方便鸭群落水、入舍和活动。水面上应设有用竹子或木棍拼制的浮动食台，以利野鸭觅食。

(3)鸭舍应本着“因地制宜，就地取材，少花钱，多办事”的原则，建造砖瓦木结构或简易的草木竹结构，但必须坚固耐用。美国野鸭除会飞翔外，还会潜水，因此其鸭舍不同于家鸭舍，运动场、水场都要建造天网，网高距水面或地面2 m左右。周围加围网，深至水底，与天网连成一个封闭体，以防野鸭逃逸。天网与围网孔眼3 cm×3 cm。用尼龙网或经久坚固耐用的绳网均可。

(4)合理安排饲养面积。鸭群在饲养过程中，应保持各生长期的适宜密度，若过大则影响野鸭的活动与生长发育；若过稀成本高，经济效益低，达不到饲养目的。根据美国野鸭的生活特性，经实践证明，如表4-6所列饲养面积，可供参考。

表4-6 每100只美国野鸭饲养面积 m^2

日龄	舍面积	运动场面积	水面积
1～30	5～7	10	10
31～70	10～15	20	15
71～130	15～18	20	15

三、营养需要与饲料

（一）营养需要　美国野鸭营养需求与家鸭基本相同。不同日龄、不同生长发育阶段和不同用途野鸭的营养需要有所不同，如表 4-7所示。

表 4-7　野鸭的营养需要

类型	日龄（天）	代谢能（MJ/kg）	粗蛋白（%）	粗纤维（%）	钙（%）	磷（%）	食盐（%）
肉野鸭	1～30	11.30～11.50	21	3	0.9	0.5	0.35
	31～49	11.51～11.92	18	1	0.8	0.5	0.35
	50～90	11.93～12.13	23	4	1.2	0.8	0.40
种野鸭	1～45	12.13	20	3	1.0	0.5	0.35
	46～100	11.72	19	10	1.0	0.6	0.35
	产蛋期	11.92	18	5	3.2	0.7	0.40

（二）饲料　美国野鸭的食性很广，在一般情况下，用饲喂家鸭的专用饲料喂野鸭生长发育正常。如果没有专用的野鸭颗粒饲料，可根据野鸭的营养需要，用玉米、糠麸、豆饼（粕）、鱼粉、草粉或鲜草、蔬菜等原料自行配制。表 4-8 配方可供参考。

表 4-8　野鸭的饲料配方　　%

日龄（天）	大米	玉米	稻谷	肉鸡浓缩料	米糠	麦糠	骨粉	贝壳粉	食盐
0～30	65.0	—	—	31.0	3.8	—	—	—	0.2
31～70	65.0	—	8.0	23.0	3.8	—	—	—	0.2
71～130	56.5	—	36.2	14.0	—	—	—	—	0.2
产蛋期	—	33.0	25.0	29.0	—	7.0	1.2	4.5	0.2

若没有肉鸭浓缩料，可用一般饲料，查阅各种饲料原料的营养成分，按营养需要配制成野鸭各生长发育阶段所需的饲料，其成本较低。参考饲料配方如表 4-9 所示。

表 4-9 野鸭各生长发育阶段饲料配方 %

日龄(天)	鱼粉	豆饼	花生饼	小麦	玉米	麦麸	米糠	稻谷	贝壳粉	骨粉	食盐
0～30	4.0	22.0	—	15.0	47.6	10.0	—	—	1.5	—	0.2
31～70	4.0	13.7	—	14.8	40.0	17.5	8.0	—	1.0	0.2	—
71～130	2.0	10.0	—	—	35.0	15.0	36.8	—	1.0	0.2	—
产蛋期	5.0	—	21.0	—	24.0	7.0	37.0	2.7	1.0	0.2	—

原料准备好后，按说明书搀入食用多种维生素添加剂和微量元素添加剂后充分拌和。在配制饲料时要注意如下几点。

(1)选择品质优良、适口性好、容易消化、没有霉变的饲料原料。

(2)原料最好就地取材，来源方便，保证质量，缩短运输时间，降低成本。

(3)如果变换饲料，需逐步进行，特别在产蛋期，尤应注意饲料的相对稳定。

(4)有条件的可在饲料中加一些新鲜切碎的蔬菜、青嫩草、水草等，其用量约占饲料的20%，以增加维生素等营养物质，增进食欲，帮助消化。

四、饲养管理

(一)雏野鸭的饲养管理　育雏鸭(1～30日龄)入舍前，地面及用具用10%石灰水或3%烧碱水消毒。铺垫料要做到无霉败，并放置阳光下翻晒，达到清洁、干燥、蓬松的要求。

1. 保温　雏鸭对温度变化敏感，保温是育雏成败的关键。冬、春季育雏，可用煤球炉将室温保持在15～20℃。育雏开始时为30℃，以后每隔2天降1℃，20日龄后逐步过渡至常温。

2. 密度　10日龄内的适宜密度为每平方米40只，11～20日龄为30只，21～30日龄为25只。20日龄后，天气晴暖可做适度户外活动，以促进生长发育。雏鸭有堆睡习性，育雏期间（尤其夜间停电）应有专人值班，每 2 h 左右观察 1 次，分开堆睡的雏鸭。

3. 湿度 相对湿度 70%左右为宜。初期因室温较高，较干燥，湿度偏低，可在煤炉上放置水壶，用其产生的水汽来提高湿度；后期因采食量、饮水量、排泄量增加，湿度超过 80%，应及时清除粪便，铺以干燥垫草，并及时更换。

4. 通风 雏鸭粪便稀、氨味重，舍内空气易污染，故应加强通风换气。不影响育雏温度时，通风换气量越大越好。育雏室前后均要装透气窗，有条件时可装换气扇。冬、春季育雏，透气窗白天开晚上关，窗上应设置铁丝网，以防鼠、猫等兽害。

5. 光照 雏鸭对光照敏感，有很强的趋光性，育雏期合理的光照尤为重要。10 日龄内每日为 20 h。可用普通白炽灯，强度以每平方米 8 W 为宜，也可用可见光型红外线灯，保温、照明一举两得。11～20 日龄，白天不补充光照，逐渐减少夜间光照时间，21 日龄后过渡到自然光照。

6. 饮水 雏鸭出壳 12 h 后绒毛已干，有啄食行为时，即可饮水，先用与室温相同的 0.1%高锰酸钾水，以清理胃肠。10 日龄以内忌饮冷水，以免引起肠道疾病，饮水应清洁，可适量加维生素 B。由于美国绿头野鸭没有唾液腺，因此无论何时栏内均需备足清洁水，以便随时饮用。

7. 开食 雏鸭饮水后即可开食。开食时，可将米煮至七八成熟，然后用水冲洗成松散的米饭粒，慢慢地撒在事先摊放的塑料薄膜上，做到边撒边食。在喂食时，旁边供给充足的与室温相近的清洁水，边食边饮。如果用粉状料，则应加水拌成半湿状后再喂。

喂饲次数，一般 10 日龄前，每日 7 次（包括晚上 2 次）；10 日龄后，每日可减至 5 次（包括晚上 1 次）；育雏后期，每日可喂 4 次（包括晚上 1 次）。

8. 放水 野鸭为水禽，喜在水中洗浴、梳毛，但出壳后不能立即放水，待1周后视天气晴朗，气温、水温较高，方可试行放水，最初每日1次或2次，每次2～3 min，如果绒毛受湿粘连，应立即离水，让它晒太阳，梳理绒毛，毛干后便可入舍。随着不断的生长发育，雏鸭体质增强，对气温适应能力渐强，可增加放水次数和时间，但以安排在喂食后放水为佳。

在喂料和放水时，饲养人员可发出呼唤口令，形成条件反射，养成习惯，以便于管理。

（二）育成野鸭的饲养管理　31～90日龄的野鸭称为育成野鸭，骨骼、肌肉都迅速增长，活动能力和对水的适应性都不断提高。同时，羽毛逐渐丰满，管状羽毛也增加很多，抗寒能力大大增强，此时可以在常温下自由生活，此期的管理要点：

1. 饲喂　喂以全价饲料，日喂3次，日投饵量为体重的5%，适当喂些蔬菜等，以补充维生素。60日龄以后应适当增加饲料量和喂食次数，以利增加上市体重。

2. 防逃　50日龄左右野鸭羽翼已基本长齐，开始学习飞翔。因此，要注意检查栏、舍、围网是否牢固，以防逃逸。

3. 管理　育成野鸭排泄量大，易污染鸭舍，故应每日清扫鸭舍，勤换垫草，开窗透气，保持鸭舍清洁干燥。条件所限用小池塘作活动水面时，应及时换水，保持水质清洁。

（三）产蛋种鸭的饲养管理

1. 选种　公鸭的选择标准是头大、体壮、活泼、头颈绿色明显，交尾能力强；母鸭的选择标准是头小、颈长、眼大。公鸭年龄以1～2年为好，不宜超期留用。种公鸭的体重大于1.25 kg，种母鸭体重应大于1.0 kg。

2. 比例　种野鸭的饲养密度以每平方米8～10只，公、母比例以1∶(4～6)为宜，这样种蛋受精率可达85%以上。公鸭过多，影响母鸭健康；公鸭过少，交配不匀，降低种蛋受精率。

3. 光照　光能刺激种鸭的新陈代谢，促进脑垂体分泌促性腺激素，从而促进排卵。光照的时间和强度影响产蛋率，产蛋期每日光照15～16 h，每平方米配一个30 W灯泡，离地2 m，这样可延长产蛋期，增加产蛋量。

4. 饲喂　喂以全价配合饲料，日喂3次或4次，喂料量以产蛋率的高低、气候情况而定，整个产蛋期的喂量和营养水平要相对稳定，不得骤然增减。同时，注意饲料中要有足够的钙、磷含量和合理比例。在产蛋高峰到来前应调整蛋白饲料比例，增加蛋白质含量和喂料次数，以利达到高产稳产。

5. 拣蛋　母野鸭习惯在有陷窝的泥地上产蛋。因此，在产蛋期可在地上人工造些陷窝，垫些松软干草。母鸭产蛋时间多在凌晨1～4时，故白天应让鸭充分洗浴、运动、晒太阳和交配，以提高产蛋量、受精率和孵化率。为防蛋破损、污染和受冻，放鸭后应及时拣蛋。

6. 管理　产蛋种鸭要有良好的洗浴条件，因交配主要是在水中完成，故水面的大小和水质的好坏，直接影响种蛋受精率。交配旺期为每日早晚，此期内应主动将种鸭轰下水促进交配。种鸭虽喜水，但忌舍内和运动场潮湿，故每日应清扫舍内地面，清除湿垫草和粪便。

夏季天气闷热，影响公鸭性活动，交尾次数减少，受精率下降。应在网顶遮草席或搭遮阳网，及时开棚放水，在舍内洒水降温。冬季应搞好防寒保温工作。放水前将鸭群轰起，缓缓驱赶在舍内做圆周运动，每次3～5圈，以增加运动，产生热量，提高御寒能力，以免直接下水受凉而减产。

7. 环境　种鸭胆小怕惊扰，应保持舍内安静，尽量减少和避免环境骤变和惊吓等，防止应激反应。受惊1次，产蛋量下降15%。此外，成年鸭善飞，夜间睡觉易压伤青年鸭；青年鸭好动，影响成年鸭产蛋。故不同日龄野鸭宜分开饲养，以防相互影响。

8. 关蛋　即人工强制鸭群停产，促进换羽。为使种鸭全年均衡生产，或因季节性调料缺乏，产蛋率自然降低时，即可采取人为的措施，使鸭群集中在短期内全部停产，再加强饲养管理，使之整齐开产。关蛋可缩短休产期和换羽时间，提前恢复产蛋，且蛋大质量好。

关蛋多在夏初进行，对象是2年的老鸭群。当产蛋率降至70%左右，部分老鸭开始换羽时即可关蛋。先将母鸭关在棚里，停止放牧，减少精料。改喂粗料，停喂青料和草料。经5～6天，多数鸭停产，逐渐消瘦，羽毛松乱，8天后翅羽和尾羽开始长出，背、胸和腹部的羽毛大部分脱落，即可逐渐增加精料喂量，并开始放牧。当羽毛有光泽，体力恢复后，进一步加喂精料，关蛋一般在20天左右，鸭群会逐渐恢复产蛋。

(四)商品肉野鸭的育肥管理　仔公鸭和不做种用的仔鸭经短期育肥，可做商品肉鸭供给市场。育肥方法有：

1. 放牧育肥　这是较经济的育肥方法。放牧前仔鸭应脱温、断翅。野鸭习惯于生食，逐日延长外放时间，使之有一个适应的过程。一般是立秋稻谷收割后，将野鸭放牧在茬田拣食落谷。要选好放牧的路线、地段和水源，由近及远。在河网地带要充分利用河道放牧，以减少体力消耗，确保采食、饮水两不误，注意天气变化，防止农药中毒。放牧密度以每公顷150～225只为宜，放牧前喂半饱，下午视采食情况决定是否补饲及其数量。经1～2个月的放牧，待放牧区落谷拣食完毕，肉鸭即可上市销售。

2. 圈养育肥　若放牧场地不足而饲料条件好时，可采用圈养方法育肥。要求有简易棚舍，舍外有水源和陆地运动场。主要用大麦、小麦、碎米、次稻、玉米、糠麸、块根、块茎类及一些动物性饲料做成配合饲料进行投喂，并添加适量青料。饲养肉鸭应多喂含碳水化合物的饲料，以促进增膘长肉。每次喂料后洗浴5 min，然后在运动场理干羽毛，安静休息，并保证饮水，促进肥育。

养肉鸭不提倡“羽毛齐全”，不能以“羽毛齐全”作为出售标准。

否则，每日采食的营养全耗在长毛上，而体重则有可能每日下降5～10 g，要复原需要多养30～40天。

第九节 樱桃谷肉鸭的饲养管理

一、育雏的基本要求

(一)育雏的准备

首先，整修育雏室、鸭舍、运动场及其附属用具。通过整修，使得圈舍门窗完整，通风、保温性能好，排水通畅，并于进雏前1周对圈舍场地进行灭鼠，同时对圈舍和用具进行清洗、消毒。

其次，设置消毒池，封闭圈舍场地，备足饲料、添加剂、兽药等，准备进雏。

(二)育雏管理　进雏后，要做好以下工作：

1. 保持合适的温度　采用高温育雏法(夏季除外)。雏鸭进入育雏室后，维持室温35℃约48 h，以后每日下降0.5～1℃，直至脱温。保温育雏过程中，注意根据雏鸭的动态、饮食、叫声、粪便等合理施温，以保证雏鸭不打堆、不气喘。

2. 保证合理的密度　根据季节、禽舍的结构、通风条件等，将鸭舍的运动场设计为鸭舍面积的1.5～3倍(主要在夏天的晚上和冬天的晴天使用)，并尽量做到有林木遮阳。育雏室为鸭舍面积的30%～35%，进雏总数为：鸭舍面积(m^2)×饲养密度(7～9只/m^2)÷95%，密度可随季节的不同略有升降。密度过大时，可导致空气污浊，环境过湿，诱发生长不良等；密度过小，经济上不合算。条件良好的鸭舍，育雏室的隔墙可以移动，以保证合理的密度。

3. 良好的通风　鸭的排泄物随着鸭龄的增长而增多，鸭舍内的氨气、硫化氢气体、二氧化碳气体等有害气体会直接污染空气而影响雏鸭的生长发育，因而在雏鸭期内应坚持通风换气。在冬天可先将育雏温度提高1～2℃后再打开门窗，以保证室温稳定。

4. 适宜的湿度　勤换垫料，加强通风以保证相对湿度在65%～70%。主要做法是：将水槽置于易排水的一侧，同时每日坚持及时添加垫料3次或4次，在1周龄以后更要及时更换垫料。凡是出现烂毛、羽毛不干现象，甚至出现宰后胴体次斑等情况时均要考虑降低湿度的问题。

5. 保证光照　育雏0～3天，连续光照以利雏鸭熟悉环境，保证生长均匀。以后每日光照23 h，黑暗1 h，使鸭适应停电的环境变化，防止挤伤。光照强度为每平方米1 W，前期可稍大一些。在气温许可的条件下让雏鸭多行日光浴。

（三）加强饲养管理

(1)雏鸭孵出后24 h内，初次饮服0.2%高锰酸钾水。并不要中断饮水，3天后改为饮清洁常流水。

(2)在初次饮水后，采用全价料开食，对于不会吃食的雏鸭，应加以人工辅助，防止“僵口”。

(3)供应全价配合日粮。日粮中应考虑各种营养全面，达到品种营养需要。采用二阶段饲料配方，其主要营养成分见第二章表2-4。同时在配方中还应添加一些抗菌、促生长、防霉、增加食欲的添加剂。

(4)饲喂方法。整个饲养阶段实行自由采食，保证采食量；少给勤添，槽不剩料；保证鸭舍冬暖夏凉，不喂霉变、腐败饲料等。

(5)及时分群。雏鸭进入育雏室后就进行强弱分群，以后每周抽样称重1次，抽样数为5%，同时进行再分群，对弱者进行营养补充。

（四）做好防疫，控制疾病

(1)实行自繁自孵自养一体化，不外购鸭苗，减少交叉感染。

(2)采用全进全出制度。出售后及时对整个鸭舍内外进行彻底的扫除、清洗、消毒，切断病原微生物的循环途径，保持鸭舍卫生和群体健康。

(3)每周更换垫料1次或2次,同时用2%~3%烧碱水或0.5%农福喷雾消毒场地等,严格执行肉鸭卫生防疫制度。

(4)发生疫病时,做到及时诊治,并按要求做好有关处理工作。

二、种鸭的育成

20世纪90年代以来,我国肉鸭养殖业发展十分迅速,养殖规模越来越大,由此刺激了许多鸭场和农户开始饲养父母代肉用种鸭。一些鸭场和农户在饲养父母代肉用种鸭过程中,忽视了种鸭在培育过程中严格控制标准体重和保持鸭群群体的均匀度,致使部分种鸭过肥或体重不足,影响鸭群的产蛋率和种蛋受精率,进而影响种蛋孵化效果和饲养种鸭的经济效益。为了提高种鸭育成均匀度和保持种鸭标准体重,必须采取如下技术措施。

(一)加强育雏管理 除育雏的温度、饲料、预防用药、饮水等都必须达到技术要求外,另外还应注意:

(1)种鸭在开始采食时就采取定量、定时饲喂,使每个育雏舍内的鸭苗数一致,这样便于饲养人员在饲喂时操作,饲料投放量相对准确,鸭苗采食量相对一致。否则,会造成鸭苗采食不均而造成个体间生长速度差异。

(2)鸭苗在育雏过程中,饲喂人员和技术人员应勤于观察,对一些个体较小或体质较弱的鸭苗应分开饲喂,适当增加饲料量,促使其体质尽快恢复,待其生长速度与鸭群达到一致后再合群饲养。

(3)购进种苗个体体质很差或个体特别小的鸭苗,在确定其难以恢复且不符合种苗要求时应及早淘汰,避免由此而增加种鸭的培育成本。

(二)在限饲期间应保证足够的饲喂场地 种鸭育雏3~20周龄时,因鸭苗生长较快,个体较大,一般都要将饲料撒在地面上饲喂。此时应注意:

(1)要保证有足够大的饲喂场地,使饲料分撒的范围大而均匀,便于每个后备鸭能均匀采食。

(2)所用的饲料品质要好,饲料制粒均匀且粒度要硬,饲料中粉料含量低,这样既便于种鸭采食而又能减少浪费。如饲料是粉料,则要相应增加饲料量 5%～10%。

(3)由于种公鸭一般生长较快,体质好,采食量也较大,因此不能把公鸭单独集中饲养而给予同母鸭相同量的饲料。最好能使每个饲养单元的公、母鸭比例一致,这样既能保持鸭群均匀度,又能防止公鸭在培育过程中因单独饲喂而产生性功能障碍。

(4)在培育过程中,如出现个别体质较差、生长跟不上大群的后备种鸭仍应分开饲喂,适当增加饲料,提高其体质和生长速度。

(5)种鸭在培育过程中,应从 4 周龄开始至 26 周龄每周定期称重,并与肉用樱桃谷种鸭培育各阶段标准体重表进行对照,以确定饲料喂量。例如,在 28 日龄早上空腹称重时,如体重符合标准体重,则维持原饲料量,即每日 140 g;如体重超过标准体重,则降低饲料量,即每日 135 g;如体重低于标准体重,则增加饲料量,即每日 145 g。这样的饲喂量维持 1 周,至下周称重再做相应的调整。种鸭在育雏期的饲料量和 4～26 周龄标准体重如表 4-10 和表 4-11 所示。

表 4-10　樱桃谷肉鸭雏鸭 0～28 日龄的日耗料量　　g/只

日龄	日耗料量	累计	日龄	日耗料量	累计
1	5.1	5.1	15	75.8	606.3
2	10.1	15.2	16	80.8	687.1
3	15.2	30.3	17	85.9	773.0
4	20.2	50.5	18	90.9	864.6
5	25.3	75.8	19	96.0	960.0
6	30.3	106.1	20	101.0	1 061.0
7	35.4	141.3	21	106.0	1 167.1

续表 4-10

日龄	日耗料量	累计	日龄	日耗料量	累计
8	40.4	181.9	22	111.2	1 278.3
9	45.4	227.9	23	116.2	1 394.5
10	50.5	277.9	24	121.3	1 515.7
11	55.6	333.5	25	126.3	1 642.6
12	60.6	391.1	26	131.4	1 773.4
13	64.7	459.8	27	136.4	1 909.8
14	70.7	530.5	28	141.5	2 051.6

表 4-11　樱桃谷肉鸭 4～26 周龄的标准体重　　kg/只

周龄	母鸭			公鸭		
	+2%	指标	-2%	+2%	指标	-2%
4	0.987	0.967	0.949	1.135	1.112	1.090
5	1.361	1.335	1.308	1.563	1.532	1.502
6	1.792	1.757	1.722	2.055	2.015	1.974
7	1.984	1.945	1.906	2.271	2.226	2.182
8	2.176	2.133	2.091	2.487	2.439	2.390
9	2.254	2.210	2.166	2.573	2.523	2.472
10	2.333	2.287	2.241	2.658	2.606	2.554
11	2.412	2.365	2.381	2.745	2.691	2.637
12	2.491	2.442	2.393	2.830	2.774	2.719
13	2.570	2.520	2.470	2.916	2.858	2.801
14	2.649	2.597	2.543	3.006	2.941	2.882
15	2.728	2.675	2.621	3.085	3.025	2.964
16	2.807	2.752	2.697	3.169	3.107	3.045
17	2.841	2.785	2.730	3.208	3.146	3.077
18	2.863	2.807	2.751	3.223	3.166	3.096
19	2.908	2.851	2.794	3.268	3.204	3.146
20	2.943	2.885	2.827	3.302	3.237	3.173
21	2.976	2.918	2.859	3.334	3.269	3.247

续表 4-11

周龄	母鸭			公鸭		
	+2%	指标	-2%	+2%	指标	-2%
22	3.016	2.957	2.898	3.369	3.303	3.239
23	3.056	2.996	2.936	3.413	3.346	3.279
24	3.160	3.040	2.979	3.458	3.396	3.322
25	3.134	3.072	3.011	3.496	3.421	3.353
26	3.176	3.105	3.043	3.521	3.452	3.383

（三）重视种鸭群的系统防疫　系统防疫和卫生消毒及隔离措施在任何种禽场都是至关重要的，樱桃谷种鸭场也不例外。要做好种鸭场区的卫生消毒工作，杜绝外来人员进入种鸭饲养区；按防疫规程做好种鸭群的系统防疫，减少和降低种鸭群感染病原的机会和发病率。

不论其他工作做得如何好，种鸭群一旦发病，将不可避免地出现健康鸭与发病鸭个体间生长发育上的差异，影响鸭群的均匀度。对种鸭群中出现的反应异常的病鸭应及时隔离治疗，同时加强全场的卫生消毒和预防工作。对治疗无效的种鸭应予以淘汰。

在种鸭场的日常管理中，应重视种鸭群的死亡率。过高的死亡率往往预示着饲料质量有问题，或卫生条件差或鸭群潜伏着某种疾病。

除上述所述各项之外，影响种鸭育成均匀度和培育效果的因素还有很多，如不适当的饲喂方法，同一幢鸭舍不同单元之间光照的差异，是否都有充足清洁的饮水，鸭舍空气质量等，都会对种鸭的培育效果产生影响。

三、种鸭育成期的限饲

集约化和半开放条件下的樱桃谷肉种鸭的生产和其他禽类一样，必须根据其生长发育规律，采取相应措施，才能培育出符合本品种特征的后备种鸭群，发挥肉种鸭的高产性能。其中限饲是一项主要措施。

（一）樱桃谷肉种鸭的育成限制饲养目标

(1)标准体重上下浮动2%。

(2)后备母鸭群具有良好的体重均匀度。

(3)后备公鸭符合本品种特征要求。

樱桃谷肉种鸭在育成期实行限制饲养，在生产中有重要的实践意义。它可以使后备种鸭群体的体重在目标体重范围之内，能够推迟种鸭的性成熟，增加累积产蛋总量，降低产蛋期死亡率。提高受精率和孵化率，保证其最佳种用价值。

樱桃谷肉种鸭限制饲养方案很多，如限制采食时间，限制饲喂量，饲喂低营养（低能量或低蛋白）日粮，饲喂氨基酸缺乏的日粮或高纤维素日粮等。在实践中通常采用限制日饲喂量，即每日供给一定的采食量，使其沿目标体重生产曲线生长。

（二）限饲方案　当种鸭第4周末时。在喂饲前即空腹时，对鸭群随机抽取该群的10%进行称重并计算其平均体重，将平均体重与鸭群第4周龄末所推荐的目标体重进行比较。如果鸭群平均体重在目标体重范围之内，就可以采用该周龄所推荐的饲喂量进行饲喂；如果平均体重低于目标体重，则每日饲喂量在所推荐的喂料量基础上略加2～4 g（最好不要超过5 g）；如果平均体重高于目标体重则每只鸭每日饲喂量等于或略低于第4周末饲喂量。总而言之，将平均体重同目标体重相比较，及时调整日饲喂量，调节鸭群的生长，使其达到预期理想体重。

（三）限饲所遵循的原则

1. 科学化、程序化的饲养管理方式　因为鸭是水禽，时刻离不开水的需要，而且鸭有戏水和清洗残留食物并洁身的习性。所以，饮水器或U形水槽应放置在运动场（或舍内）的一侧有水沟的板条或竹排地面或网上。鸭群经常在饮水时排泄，因此可以将排泄物和鸭群溅出的水从水沟里及时排走，并且经常用水冲洗水沟和板条，保持运动场（或舍内）环境清洁。鸭的排泄物中含有大量水分，很容易使舍内环境潮湿，产生氨气，使舍内空气污浊。所以，鸭舍及时增换（添）垫料，确保舍内垫料清洁、干燥。定时进行通风换气，保持舍内空气清新。

2. 控制鸭群适宜的密度　当鸭群在垫料上饲养时，每只鸭在育成期至少应有 0.45 m^2 的活动空间。如果鸭群密度过大，则容易造成饲料及饮水空间不足，后果是体重及体型发育差，整齐度差。鸭舍之间应分隔成栏，每栏以 200～250 只为宜，严禁鸭群串栏。群体过大，往往造成个体差异大和伤残率高（特别腿部疾病）。

3. 足够的采食面积和饮水空间　保证鸭群吃料均匀，饮水充足。在育成期，每只鸭采食面积（料槽）以 13～15 cm 为宜；饮水空间以 3.5～5 cm 为宜，特别要保证为鸭群时刻供应充足且符合卫生要求的饮用水。在运动场上每只鸭应有 2 m^2 左右的洗浴池，供鸭群定期洗澡，保持种鸭清洁有利于种鸭的健康生长。

4. 及时调整鸭群　对鸭群随机抽样，定期周末称重。从第4周龄开始，必须在每周末随机抽取鸭群的 10%进行称重，计算其平均体重、整齐度及变异系数，根据体重大小来确定下周的饲喂量，并及时调整分群，缩小群体内的个体差异。

5. 每周加料幅度不要过大　一般每次加料 2～4 g 为宜，最好不要超过 5 g，否则造成体重曲线不能沿着目标体重生长曲线生长，不能保持每周稳定的增长。

6. 准时加料　将应加饲料准确称量，并在早上一次性投入料槽。料槽在运动场（或舍内）分布均匀，尽可能地使鸭群在同一时间吃到饲料，保持吃料均匀。

7. 准确称重　在对鸭群称重时，要使用同一计量器，以保证其准确度和灵敏度，一般用 10 g 为最小感量的千克秤。

8. 必须考虑应激因素　如不良通风、称重、调群及免疫接种对鸭群的影响，特别是在免疫接种时。在饮水中应添加适量的电解质和多种维生素。

9. 在育成期应实行公、母鸭分开饲养　这是因为后备公、母鸭的采食速度、喂料量及目标体重均有所不同，所以实行公、母鸭分饲既有利于控制后备母鸭的体重和性成熟时间，也有利于控制公鸭的体重，提高其种用价值。但在公鸭群中应配备相应的“印记母鸭”(1∶4.55)，促进后备公鸭的生殖系统发育。

另外，科学的光照制度、严格的卫生防疫制度，也是影响鸭群生长发育的重要因素。总之，使用目标体重标准，定期监测和调控后备种鸭群的生长，使其协调发展，才能培育出整齐度好、高产、稳产的后备种鸭群，提高种鸭场的经济效益。

四、种鸭四季管理要点

由于季节的变化和环境气候条件的不同，对樱桃谷肉用种鸭的影响也不同。因此，在管理工作上要根据不同季节采取相应的措施，才能取得较好的生产成绩。樱桃谷肉用种鸭四季管理要点如下：

(一)春季　春分后，气温逐渐转暖，日照时数逐渐增加，气候条件对种鸭产蛋很有利。但南方进入雨季，空气潮湿，有利于各种细菌的生存。因此，开春时要做好全面的清洁卫生工作，定期消毒，保持鸭舍内干燥、通风。春季是樱桃谷种母鸭产蛋的旺季。要注意日粮全价，以满足种母鸭的产蛋营养需要；严格遵守饲养管理操作规程，延长产蛋高峰期，提高产蛋率。

(1)日粮中增加粗蛋白含量。要求粗蛋白达19%～20%，同时适当添加蛋氨酸与胱氨酸，要求含量在0.68%以上。

(2)要适当补充矿物质和微量元素。在日粮中补足钙、磷，并拌入维生素A、维生素D和鱼肝油等，也可在日粮中加入骨粉或在运动场上堆放贝壳粉，让种鸭自由采食。

(3)适当投喂青绿饲料。增加青绿饲料可增强种鸭食欲,提高产蛋率。

(4)保持环境安静,避免应激影响种蛋品质。

(5)供给充足清洁卫生的饮水。

(6)勤拣蛋,减少污染蛋、破壳蛋等。

(二)夏季　夏季管理工作重点是防暑降温和注意饲料、饮水卫生。此时管理不好,不但产蛋率下降,而且种鸭死亡率高。具体做法是:

(1)调整日粮配方。适当降低能量水平,代谢能 11.5～11.8 MJ/kg,相应增加蛋白质、钙、磷、多种维生素。在饲料中添加一些预防应激作用的药物,如补充维生素 C 等。

(2)改变饲喂方法。加强夜间饲喂,同时采用凉水拌料,现拌现喂。每次上料不要太多,防止过剩变质。

(3)防暑降温。保持有足够的水槽,供给清洁的常流水,最好是地下水;保持水槽清洁,每日至少清洗 2 次,防止饮用混浊和混入杂质的水;鸭舍顶层刷白,周围种丝瓜、南瓜,让藤蔓爬上层顶,隔热降温;运动场内搭设凉棚,避免日光直接照射;加强通风,提高鸭舍内气流速度;鸭舍内可合理配备一定数量的电风扇,有利于鸭体热量的散发。

(4)严防饲料发霉变质。饲料要保存在通风干燥处,运输途中要防止雨淋,发霉变质的饲料绝不可喂用。

(三)秋季　一般 9～10 月份是樱桃谷种母鸭的产蛋旺季,也是冷暖空气交替的时候,气候多变。母鸭经过大半年的产蛋,身体疲劳,既有保持 80%以上产蛋率的可能,也有急剧下降停产换羽的可能。此时管理要点是:

(1)适当增加营养,补充动物性蛋白质饲料。

(2)操作规程和饲养环境尽量保持稳定,避免大的变动。

(3)适当补充无机盐饲料,最好另置无机盐盆,任其自由采食。

(4)克服气候变化的影响,使鸭舍内的小气候变化幅度不要太大。

(5)加强卫生防疫,可在日粮中拌入适量抗菌药物(禁用磺胺类药物)和多种维生素,以提高种鸭的抗病能力。

(四)冬季　种母鸭冬季不产蛋原因是“冬”,不是“冷”,主要是冬季日照和营养不足,改善冬季条件就可提高生产率,管理要点是:

(1)调整日粮配方。提高能量水平,降低粗蛋白质,要求代谢能11.7～12.1 MJ/kg,粗蛋白18%～19%,提高种鸭的御寒能力。

(2)加强光照。一方面要适当延长光照时间,采取人工补充光照,每日的光照时数达16 h;另一方面增加光照强度,防止种鸭采食量及种蛋受精率的下降。在同样的自然光照下,增加光照强度可使产蛋率平均提高12%。

(3)加强夜间饲喂。寒冷的冬季,夜既长又冷,种鸭在此间消耗能量也多,但由于惧寒很少到舍外采食,因此夜间宜将食槽放在舍内,并适时驱赶,使其适当活动。

(4)防寒保暖。在鸭舍及运动场的风口处用茅草、竹子等搭建挡风墙;加厚鸭舍内的垫草,防止鸭蛋直接产在阴冷潮湿的地面上,适当缩短放水时间等。

(5)适时放水。早上和傍晚种鸭交配较频繁,要注意驱赶鸭群在一定水面上聚集,以提高受精率。

第十节　中国野鸭的人工养殖

中国野鸭是指在我国东北、内蒙古、青海和新疆等地繁殖、冬季在长江流域或南方越冬的野鸭。野鸭是多种野生鸭的通俗名称,泛指鸭科鸭亚科的多种鸟类,其中有产业价值的重要狩猎禽种类有绿头野鸭(对鸭)、针尾鸭(中鸭)、绿翅鸭(八鸭)、花脸鸭(元鸭,也叫王鸭)、罗纹鸭(三鸭)、斑嘴鸭、赤膊鸭、赤颈鸭、白眉鸭、琵嘴鸭以及赤嘴潜鸭、白眼潜鸭、青头潜鸭、凤头潜鸭等,其中绿头野鸭为常见的较大型野鸭。狭义的野鸭仅指绿头野鸭,其人工驯养的历史很长,现在的家鸭,除番鸭外,都起源于绿头野鸭。

目前人工饲养的主要是绿头野鸭。绿头野鸭又名大绿头、大红腿鸭、官鸭、对鸭、大麻鸭、青边等。这里也以绿头野鸭为例讲述中国野鸭的饲养管理。

一、生活习性

(一)喜水　野鸭是水禽,水性极好,无论采食、求偶交尾,还是自卫等活动均在水中进行,嬉水更是野鸭的本能。

(二)群居性　野鸭喜集群活动和群栖,野鸭自出壳干毛后即表现出很强的集群性。夏季以小群形式栖息于水生植物茂盛的淡水河流、湖泊、沼泽、水库附近和水流缓慢的河湾芦苇丛中或河滩上。秋季换羽及迁徙过程中常集结成数百以至千余只的大群。越冬时集结成百余只的鸭群栖息。

(三)杂食性　野鸭为杂食性动物。在岸上可掠草捉虫,下到水里可滤食水中的浮游植物和生物。陆地上植物的根、茎、叶、果、苞、昆虫及小动物和水中的鱼、虾、虫、藻类等都是野鸭的良好天然饲料。

(四)做巢习性　野鸭有做巢孵蛋的习性。野鸭在越冬结群期间就已开始配对繁殖,一年有两季产蛋,春季 3～5 月份为主要产蛋期,秋季 10～11 月份再产一批蛋。野鸭营巢条件多样化,常筑巢于湖泊、河流沿岸的杂草垛或蒲苇滩的旱地上,或堤岸附近的穴洞里,或大树的树杈间以及倒木下的凹陷处,巢由本身绒羽、干草、蒲苇的茎叶等搭成。孵化由雌鸭担任,孵化期 27～28 天。雄鸭不关心孵卵,而是去结群换羽,交配繁殖期后与雌鸭分离,越冬期另选配偶。

（五）抗病力极强　野鸭耐受力极强，不易患疾病或被动传染，死亡率极低。

（六）繁殖力很强　野鸭在我国北方繁殖，冬季在长江流域或更南的地方越冬。其繁殖力很强，在水边草丛中筑巢，雌雄交配后产蛋，夏季为产蛋淡季，母鸭第1个产蛋期在9～12月份，第2个产蛋期在1～6月份，年产蛋量可达100枚以上。种蛋孵化期为27～28天，80日龄后有飞翔能力。

（七）飞翔能力强　野鸭翅膀强健，飞翔能力强。秋天南迁越冬，春末北迁。人工驯养的野鸭，仍保持其飞翔特性，所以家养野鸭要设有天网，以防其飞逃。

（八）鸣叫　野鸭叫声响亮，与家鸭极为相似。南方猎人常用绿头野鸭和家鸭的自然杂交后代做“媒鸭”，诱捕飞来的鸭群。

（九）换羽　野鸭1年换2次羽，夏、秋季间全换，秋、冬季间部分换羽。

二、野鸭的养殖场地

（一）场地选择　野鸭养殖场宜建在常年有水的小河、溪流旁或池塘、湖泊及水库的周围。也可将池塘、水田加以改造利用，还可进行庭院养殖。对场地的选择要求遵循以下几点。

(1)背风向阳，自然环境僻静，冬暖夏凉，土质为沙土或壤土为好，无污染源，要求场地土壤未被传染病或寄生虫病原体污染过。

(2)排水良好。

(3)地面平坦或稍有坡度，以利于地面水的排泄。丘陵地区建场，野鸭场应建在阳面，野鸭舍能得到充足的阳光，夏天通风良好，冬天又能挡风，利于野鸭的生长。

(4)附近有开阔的水域（如池塘、河道、湖泊等），如果水域附近有坡地，其坡度小于30°，坡下有浅滩，则在这种坡地上建场是最理想的。如无现成的水域，可人工挖地。

(5)电力与交通便利。

(二)场舍规划　野鸭养殖场的建设规模,根据生产需要、资金投入情况等来确定。一般应有鸭舍、鸭坪、鸭滩、水上运动场以及工作人员房舍。

1. 野鸭舍　野鸭舍可分为种野鸭舍和育成野鸭舍,如育雏量大则要求配置育雏舍。野鸭舍可因地制宜,用空闲房舍或简易草木竹结构,但必须坚固耐用。不同生长阶段的野鸭需要的鸭舍面积不同,以100只野鸭计,1～30日龄需5～7 m^2;31～70日龄需10～15 m^2;71日龄以上需15～20 m^2。

2. 鸭坪　鸭坪为连接鸭舍与鸭滩之间的陆上运动场地,供野鸭在舍外采食、饮水、理毛和休息。鸭坪面积以每平方米不超过20只鸭为宜。鸭坪要平而坚实,并有15°的倾斜,下雨不积水。鸭坪上应适当种植乔木、草丛等,以利遮阳,最好建设食棚。饲养60日龄以上的野鸭应配置天网。

不同生长阶段的野鸭需要的鸭坪面积不同,以100只野鸭计,1～30日龄需10～20 m^2;31日龄以上需20 m^2。

3. 鸭滩　鸭滩是从水面到鸭坪的斜坡,坡度以30°为好,可用石子和水泥修砌,还可在其上铺上草垫,既防止野鸭跌滑,又可使之从水面上滩后不带泥入鸭舍。不同生长阶段的野鸭需要的鸭滩面积与鸭坪相同。

4. 水上运动场　水上运动场可利用湖泊、河道和池塘等,不同生长阶段的野鸭需要的水上运动场面积不同,以100只野鸭计,1～30日龄需10 m^2,31～70日龄需15 m^2,71日龄以上需20 m^2。

没有天然水域的地方可挖人工池供野鸭洗澡和交配。人工池的面积按每平方米水面10～15只野鸭计算。池深30～40 cm,但必须有深水区,水深应在0.5 m以上。人工池要建有供水及排水管道,池水要经常更换,以保证水质洁净。人工池内可以养鱼、培植藻类。由于野鸭具有喜水的生活习性,养殖场必须具备水上运动场。

(三)场地要求

1. 育雏舍

(1)朝阳，保温性良好，干燥，采光好，通风好。关闭时门和窗无缝隙，不漏贼风。

(2)窗的采光面积与舍内地面积之比为1：(10～15)。

(3)地面为水泥地面，并设有小水池。

(4)可将育雏舍分隔成4 m^2大小的小间，以便于分小群育雏鸭。

2. 青年鸭舍　用于饲养育成期种鸭和商品鸭。青年鸭舍可简易些，可建成饲养棚。

(1)大小：一般长9 m，宽4 m，高3.2 m。

(2)结构：棚的立架可用竹、木、钢材或砖石构建，棚的顶架则用竹、木、钢材搭建，棚顶采用芦席铺盖而成，其上再覆以油毛毡或塑料薄膜，以防雨雪。60日龄前用竹栅圈围鸭群，60日龄后需配置天网(图4-1)。

图4-1　天网

(3)分栏：鸭棚内一般分成10～12 m^2的小栏，每平方米饲养8～10只育成期野鸭。

(4)地面：水泥地面。地面铺垫锯末、刨花或铡短的麦秸和稻草等垫料。舍内也可一半放垫料而另一半放饮水盆和食槽，垫料要勤换以保持洁净和干燥。

(5)其他：

①种鸭舍要具备足够的光照条件及保温条件，鸭舍采光面积之比为1∶10。

②北面墙壁要防风，屋顶要求保温隔热性能好。

③种鸭舍内一角设产蛋间。

④在种鸭舍外最好建食棚，在食棚内根据所养种鸭的数目放置食槽和饮水器，这样无论刮风下雨都可在舍外饲喂，有利于保持舍内清洁、干燥，同时使鸭子进食时有遮风避雨的条件。此外，食棚在夏天可起到遮阳棚的作用。

3. 防逃网　野鸭50日龄时，翼羽基本长齐，开始学飞，必须在运动场和水面周围、顶部架设防飞网和防涝网。同时，要建造围网和天网。天网高度距水面2 m左右，周围加围网至水底，与天网联成封闭体，以防飞逃。天网与围网孔眼为3 cm×3 cm，用尼龙网或绳网均可。

(四)饲养方式

1. 舍内地面垫料饲养　即舍内地面养殖。在地面上铺设垫料，炎热季节可以铺设细沙(1周龄雏鸭用垫草)，其他季节在地面铺设垫草。垫料的厚度一般为8～10 cm，并经常翻动和定期更换部分或全部垫料，保持垫料干燥、清洁。夏季使用垫沙有利于防暑降温，垫沙也要及时更换，湿垫沙晒干后可重复使用，但重复使用的次数不能太多。

2. 舍内网上饲养　舍内网上饲养密度比直接地面饲养大。

(1)在舍内离地40～50 cm架设支撑横架，上铺金属网或竹竿栅板，金属网的孔径2～3 cm见方，雏鸭阶段要在金属网上面铺设孔径17 mm×35 mm的塑料网，1周后就可撤掉塑料网。

(2)采用乳头饮水器或水槽饮水。由于鸭子有嬉水的爱好,水槽或乳头饮水器要靠墙安置,并在下面设置水沟,漏掉的水顺水沟排出,避免水粪混合,造成粪便太稀,舍内氨气浓度增加。

(3)雏鸭前3天采用浅料盘喂料,以后改用料桶或料槽,料桶要均匀放置在网上,料桶下面放一块直径比料桶大的塑料布,防止饲料浪费。使用料槽喂料,料槽的安放位置不要靠近水槽或饮水器,避免弄湿饲料。

3. 舍内网上和地面结合饲养　前2周雏鸭阶段采用网上饲养,然后改为地面垫料饲养。

4. 放牧饲养　野鸭50日龄,开始学飞翔,70日龄前后具有了飞行能力。因此,放牧饲养要从小开始驯化。驯化一般要经历两个阶段,即育雏期的驯化和育成期的训练,以后步入放牧期的饲养管理(图4-2)。

图4-2　雏鸭放牧

(1)育雏野鸭的驯化。育雏野鸭的驯化要由专一饲养员进行育雏期的正常饲养管理。在喂食或饮水的同时不断地给予口令或用"嗞嗞"的声音来伴随,使之形成条件反射。雏鸭落地大群饲养时,饲养人员适当接触或驱赶,做好户外运动。野鸭摄食量逐渐增大,表现出奔人要食、抢食的行为。这时,从圈舍去放牧场的道路两侧设食槽、水槽,由原来的饲养员诱导或驱赶出圈放养,饲喂由原来的 4 次改为 3 次，早上和中午均在圈外饲喂，傍晚赶进圈内饲喂，夜间圈入舍内休息。以后除阴雨天均在圈外放养，持续 1 周后，即可赶入最终放牧场中进行放牧饲养管理。

(2)育成野鸭的出牧训练。育成野鸭进行出牧训练时，放牧场与圈舍的距离不宜超出 300 m；放牧场中的饲喂场地要整平，设置食槽、水槽，野鸭出入水面处的地面坡度不得大于 30°。

放牧场中池水面积可在 1 hm^2(15 亩)左右，水深不大于 3 m。要求水肥、无化学污染，池水的背荫处栽种树木，便于鸭子遮阳、避雨等。

鸭舍与放牧地间的路上应无干扰，避免炸群。

三、雏鸭饲养管理

雏鸭是指出壳后 1～30 日龄的幼鸭。雏鸭绒毛稀少，体质较弱，体温调节能力差，对外界温度变化较敏感，需要进行人工保温。雏鸭的消化器官不健全、消化能力差，生长速度慢。因此，雏鸭的饲养和管理是非常重要的。

育雏方式为室内离地平网育雏(图 4-3)和室内地面围栏育雏(图 4-4)。

图 4-3 室内离地平网育雏

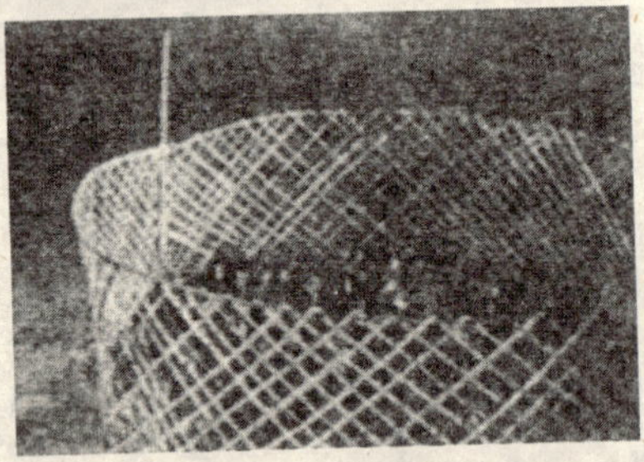

图 4-4 室内地面围栏育雏

(一)准备工作

1. 种苗选购 选购种苗时。必须选自健康、高产的种群及信誉高、技术力量强的种鸭场。种苗必须健康、活泼、无外伤及畸形。

2. 育雏室清理与消毒

(1)清舍。进雏前必须清扫育雏室灰尘、料屑等脏物以及育雏室周围环境的杂物,然后用火碱水喷洒地面,或者用白石灰撒在育雏室周围。

(2)清洗。将食槽和饮水器具浸泡在加入清洁剂的消毒水池中,清洗干净后用消毒剂溶液浸泡,最后用清水冲洗干净、晾干备用。

(3)消毒。将饲槽、饮水器以及育雏所用的各种工具放入育雏室内,然后关闭门窗,用甲醛熏蒸消毒。熏蒸时要求鸭舍的湿度70%以上,温度10℃以上。消毒剂浓度为每立方米体积用福尔马林42 mL加42 mL水,再加入21 g高锰酸钾。1~2天后打开门窗,通风晾干鸭舍。空舍2~3周后在进鸭前约3天再进行一次熏蒸消毒。

3. 预热试温 雏鸭对外界温度的变化比较敏感,受低温的影响很大。1周龄内的雏鸭在温度低于28℃时表现为扎堆、厌食等症状,不仅影响雏鸭的生长发育,而且引起雏鸭的高死亡率,所以雏鸭舍的升温和保温直接影响雏鸭饲养的效果。

(1)升温设备。雏鸭舍升温的方法有电热供暖、锅炉暖气供暖、热风炉供暖、煤炉供暖和地炕供暖等。电热育雏伞主要用于平养育雏,一般在育雏伞周围设护栏,利于保温和防止雏鸭离开热源。锅炉供暖是大型鸭场通常采用的加热形式。烧煤炉和地炕供暖一般用于小型鸭场和个体鸡场。烧煤炉比较脏,烟囱必须保证不能漏气。鸭舍外烧煤,鸭舍内无污染,空气质量较好。

(2)升温时间和温度要求。雏鸭进舍前24 h必须对鸭舍进行升温,尤其是寒冷季节,温度升高比较慢,鸭舍的预热升温时间更要提前。雏鸭舍的温度要求因供暖的方式不同而有所差异。采用育雏伞供暖时，1 日龄时伞下的温度控制在 34～36℃，育雏伞边缘区域的温度控制在 30～32℃，育雏舍的温度要求 24 ℃。采用整舍供暖（如暖气、煤炉或地坑），1 日龄的室温要求保持在 29～31℃。随着鸭子的逐渐长大，羽毛逐渐丰满，保温能力逐渐加强，对温度的要求也降低。因此育雏室的温度要随鸭龄的增长而逐渐降低，但不要采取突然降温的方法。

4. 铺好垫料　地面平养需要在水泥地面铺上 8 cm 的垫料（每平方米约 5 kg）。垫料最迟应在进雏前 24 h 铺好，一般要在鸭舍第 2 次消毒前铺好。垫料要求干燥、无霉菌、无有毒物质、吸水性强。如切成长 10 cm 左右的麦秸或稻草，稻壳是较好的垫料。刨花可引起脚底慢性疾病和胸部囊肿。使用锯末做垫料需要在育雏的前几天在锯末上铺上一层报纸，以免雏鸭啄食锯末。

5. 饲料、用具及药品　入雏前必须准备好饲料、饲养用具及各类保健药品。

进雏前，将所有的育雏设备洗净、消毒、晾干，料盘中加入雏鸭料，饮水器中加入饮水。雏鸭开食料盘的摆放要均匀，使用电热育雏伞育雏时料盘放置在离伞边缘 20 cm 左右的地方。

（二）温度、湿度管理

1. 温度　雏鸭对温度比较敏感，防止忽高忽低，否则会影响成活率和抗病力，造成生长发育受阻。因此，育雏阶段管理的关键环节之一就是抓好保温工作。

当育雏温度比较适合时，雏鸭分散均匀，活泼好动，采食积极，饮水正常，发出欢快的叫声；温度过低时，雏鸭表现为靠近热源拥挤在一起，惊慌颤抖，常发出尖叫声；温度过高时，雏鸭远离热源，卧地张嘴喘气，饮水量增加。

（1）适宜温度。雏鸭室在离地面或网底 5～10 cm 处的温度要求如表 4-12 所示。

表 4-12 野鸭育雏适温 ℃

日龄	育雏温度	室内温度
1	34	28～30
2～5	33～34	27～29
6～9	32～33	26～28
10～13	31～32	25～26
14～17	30～31	24～25
18～21	29～30	23～24
22～24	28～29	22～23
25～27	27～28	21～22
28～30	26～27	20～21
31	25	19～20
32	24	18～19
33	23	17～18
34	22	17～18
35	21	17～18

(2)夏季育雏。雏鸭一般在育雏室保温 2～3 天后，选择早上或傍晚气温适宜的时候赶雏鸭至室外或下水活动，晚上赶回室内，继续保温，1 周后完全脱温。此时，要注意防暑，若室温超过 35℃或 1 周龄以上的雏鸭室温超过 30℃时，要做好通风和喷水降温等工作。

(3)冬季育雏。雏鸭应在育雏室育雏 10 天后，阴雨寒冷天气需保温 14 天左右，选择温暖的中午赶雏鸭漂水和逐渐脱温，让其尽快适应外界环境。

2. 湿度　雏鸭入舍后第 1 周，育雏室内的相对湿度控制在 70%～80%；第 2～3 周育雏室内的相对湿度控制在 60%～70%；第 3 周后育雏室内的相对湿度控制在 55%～60%。

(三)饮水、开食　雏鸭出壳后 24 h 内饮水是十分重要的。雏鸭在孵化过程中，体内水分散发较多，刚出壳的雏鸭必须适时补充水分，这不仅有利于维持雏鸭体内的水分平衡，而且有利于胎粪的排出。在野鸭育雏阶段，要充分供应清洁的饮水，确保不断水。

饮水后即可开食。

1. 开饮　雏鸭首次饮水称为开饮。

饮水用具可买小型的鸭用饮水器，也可用生活用的碟子做底盘，选择适宜的广口瓶倒扣在碟子上即可。规模养殖时不可用真空饮水器或自流式饮水器。

开饮时间在雏鸭出壳后24 h内进行。发育正常的雏鸭，在出壳后12 h内比较安静，其腹部大小适中，拿在手中轻握有力，此时不必急于开饮。若雏鸭开始活动，并不时地啄这啄那有饮食欲，这时就应抓住时机开饮。不宜开饮的雏鸭要单放，待时机成熟再开饮。

饮用水的温度，在寒冷冬季，应提供与室温相差不超过2℃的温开水，在炎热季节，尽可能给雏鸭提供凉水。

饮用水要使用洁净水或糖水，水中可加入适量的维生素、抗生素等，糖水浓度一般为8%。初次饮水也可用0.01%的高锰酸钾水。

开饮的方法是将水放在浅盘内或盛水器皿中，任雏鸭自由饮水。

2. 日常饮水　日常饮水给水的原则是少给勤添。给水次数是喂料前5～10 min，给水1～3次；喂料结束时，给水1～3次；在2次喂料之间，视情况给水1～3次。

3. 开食　雏鸭首次吃食称为开食。一般雏鸭开饮2～3 h后即可开食。同批雏鸭，出壳时间有差异，开饮开食时间应有区别，即使是同一时间出壳的雏鸭，也应根据实际情况，区别对待。将不宜开食的雏鸭单放，待时机成熟再进行开食。

雏鸭开食一般用浅料盘或蛋托，也可以把饲料撒在浅料槽内。为了防止雏鸭浪费饲料，在浅料盘或蛋托下面铺一层报纸，或把雏鸭盒拆开垫在下面。3天后把报纸或纸板撤去。喂料用具可以自制，也可选用厚一点的塑料布，根据育雏面积的大小和育雏的数量的多少，裁成宽 60～90 cm，长 90～120 cm 的长方形。

开食饲料按 200 只鸭用 500 g 大米或小米准备，先将大米或小米煮成半生半熟，捞出米饭用冷水浸一下去掉黏性，然后拌入鱼粉和豆饼（鱼粉的用量为每千克大米或小米 25 g，豆饼的用量为每千克大米或小米 50 g）。也可采用加水的湿粉料或碎粒料饲喂。雏鸭开食后要喂配合饲料。

开食方法是将开食饲料撒在浅盘内，或塑料纸上，任雏鸭自由采食。

（四）正常饲喂

1. 饲喂次数　1 日龄全天供料；2～5 日龄，每日 8 次，白天 5 次，晚上 3 次；6～10 日龄，每日 6 次，白天 4 次，晚上 2 次；11～16 日龄，每日 4～5 次，白天 3 次，晚上 1～2 次；17 日龄以后，每日喂 4 次，白天 3 次，晚上 1 次；种鸭饲养时，20 日龄后，基本让其整天在野外寻食，早上补喂 1 次。

2. 饲料　5 日龄内，喂给熟米饭，同时加入适量维生素、抗生素、鱼肝油以及切碎的青菜、水草等；6～10 日龄，在米饭中搀入1/4的混合饲料，可配合喂些青绿饲料以及小鱼虾、蚌肉、蚯蚓、黄粉虫等鲜活动物；11～20 日龄，喂水泡的糙米，搀入 1/3 的混合饲料；21 日龄后可全喂混合饲料；30 日龄以后，饲料中适当减少鱼粉、豆饼的比例，逐渐增加粗饲料至 15%～20%，同时要喂足青绿饲料，如各种菜叶、苜蓿、青草和水草等；55 日龄后，要减少粗饲料，增加鱼粉和豆饼，同时也要喂足青绿饲料。

3. 饲料用量　1～14 日龄，20～40 g/(只·日)；15～30 日龄，50～70 g/(只·日)；31～40 日龄，约 100 g/(只·日)；60～70 日龄，约 150 g/(只·日)。

4. 喂料方法

第 1 天，准确称取雏料，加入适量的温水拌匀，加水量以混合料拌好后，手握成团，手松开能散开为宜。雏鸭料不宜太细，也不能太粗，颗粒直径应在 1 mm 左右。拌好的料要做到既散又湿，且撒到雏鸭身上不粘。应特别注意，料不能拌得过稀。喂料时，将拌好的饲料均匀地撒在铺好的塑料布上，让雏鸭自由采食。

第 2 天后，定时、定点、定量。每次喂料时间不超过 20 min。拌好的雏料分 2～3 次投给。每次投料要均匀，尽量避免撒在雏鸭身上。每天喂料量应参照标准量，但实际喂料量应灵活掌握。

（五）分群和饲养密度

1. 分群　根据新出壳的雏鸭体质强弱和大小，对雏鸭进行分群，这一工作可结合进雏进行。一般来说，健雏脐带收缩良好，肚腹平而不显膨大，羽毛丰满，眼大有神，步态正常，活泼好动。

育雏时将强弱大小不同的雏鸭群分开饲养，以 50～100 只雏鸭为一群。随着日龄增长，再将鸭群逐渐合并，利用野鸭喜群栖的特性，进行大群饲养。

2. 饲养密度　地面饲养时，0～7 日龄为 15～20 只/m^2；8～14 日龄为 10～15 只/m^2；15～21 日龄为 8～10 只/m^2；22～49 日龄为 6～8 只/m^2。离地网养时，饲养密度加倍。

（六）放水　野鸭出壳后不久就需进行放水。放水时间要严格掌握，刚出壳的雏鸭不能放水，但待其羽毛干后，可向雏鸭的身上喷细雾水，以便雏鸭自己整理羽毛。由母鸭孵出的野雏鸭在出壳后的第 3 天，即可由母鸭带领下水戏耍。家鸡代孵的雏鸭可迟几天下水。人工孵化的雏鸭应在 7 日龄时适时放水。

放水一般在食后进行。

放水方法：开始时，将雏鸭放在育雏室内的小水池或浅盆内戏水，每次下水时间不宜过长，一般为 3～5 min。每天 2 次，上、下午各 1 次。放水后，应在太阳下晒一会儿，待羽毛干后回舍。25 日龄开始，选晴天上午 10 时后放到鸭坪、鸭滩，学习水上运动。30 日龄后放入深水中自由活动。

（七）其他管理

1. 光照　雏野鸭在不同日龄时需要的光照条件不同。光照时间一般为：1～10 日龄，昼夜光照，每天光照时间不少于 20 h；11～20 日龄，白天停止人工光照，并逐渐减少夜间补充光照；21 日龄后，用自然光照。光照强度为 8 W/m^2。人工光照使用普通电灯泡做光源。

2. 堆睡　雏鸭有堆睡习惯，要日夜提防，以免压死、闷死。每隔 1 h 用手轻轻拨弄赶堆 1 次，防止压死、闷死。

3. 垫料管理　高温条件下，湿垫料容易腐败产生有害气体，影响野鸭的生长发育。应及时更换湿垫料，或在原垫料的基础上再铺上一层厚 5～8 cm 的新垫料。

夏季舍内地面平养可使用细沙作为垫料。细沙容易被排泄物弄湿，因此需要经常更换细沙。湿垫沙清除后，可以晒干后重复使用。

4. 通风　必须在保温的前提下注意通风换气，同时排出水汽和氨气。冬、春两季，透气窗白天打开，夜间关闭。

5. 运动场设遮阳棚　运动场上需设有遮阳凉棚，夏季可以避烈日和雨水，冬季可以挡风雪。夏季野鸭在运动场过夜，运动场内要有照明装置，供野鸭夜间采食和管理人员观察鸭群动态。

6. 卫生防疫　注意保持鸭舍环境清洁卫生，每日清除鸭舍内鸭粪，经常洗刷食槽，定期消毒，不喂腐败劣质饲料，保证料槽内饲料不湿、不留。

当地有禽病流行或可能受到禽病威胁时，尽早做好防疫接种。接种程序见第五章。

7. 防逃　野鸭 50 日龄开始学飞，此时应注意检查围网是否牢固，防止逃失。

8. 防敌害　注意其他野鸟、老鼠、犬、猫等进入育雏室，以免造成惊群。

四、青年鸭育成管理

青年鸭是指31～70日龄的鸭。野鸭的育成阶段主要长羽毛、肌肉和骨骼，是生长发育最快的时期，平均每只鸭每日增重量最大。至40日龄身上羽毛基本生长完成，仅头后还留有一点绒毛。在良好的营养和管理水平下，60日龄可达体重增长的最高峰，需要较多的营养物质。这一阶段的野鸭采食能力、消化能力以及对外界温度的适应能力都大大地增强了，一般可在鸭舍里常温下生活，如遇气温突变可酌情采取保温措施。

（一）分群　野鸭由育雏阶段进入育成阶段之前，应进行一次挑选，按体质强弱和体型大小分群，并淘汰严重病残的个体。

（二）密度　每平方米10～15只。

（三）防止"噪棚"　"噪棚"是指60～70日龄的野鸭，由于体内脂肪增加和生理变化，使野鸭野性发作，激发其飞翔的欲望。鸭群表现为骚动不安，呈神经质状，似无饥饿感，采食锐减，导致体重下降（每日采食量减少60%～70%），凡遇应激，也可激发"噪棚"。

对"噪棚"的预防方法有：限制饲喂，增加粗饲料含量；饲养员在网栏内忌穿鲜艳衣服；避免惊扰鸭群，尤其是避免外人进入等等。

（四）喂料

1. 喂食特点　绿头野鸭在育成阶段体重增长最快，对饲料的需要量增加也很快，同时其食欲和消化能力显著增加，耐粗饲，可减少谷类饲料和动物性饲料等精饲料，适当增加糠麸类饲料、水草和青绿饲料，以适应其野生状态的食性，但不能缺少矿物质和维生素，尤其是在40～60日龄应实行限制饲喂，即适当减少蛋白质饲料和能量饲料，另增糠麸类、水草和青绿饲料等粗饲料，可推迟和减轻野鸭野性发作，既减小了由此造成的损失，又可节约饲料。否则，野鸭体内脂肪迅速积累，激发其飞翔野性发生，导致"噪棚"。

2. 精心饲喂 户外饲喂，以保持鸭舍清洁卫生。采用配合饲料，定时定量，日喂3次或4次，日投饲率为其体重的5%。投饲量一定要保证每只鸭都能吃到食，而又无剩料。如果放牧饲养，要尽量延长放牧时间，使其能吃到更多、更完全的食物。放牧后，根据采食情况，决定是否补喂。如果是作为后备种鸭，应酌情增加青绿饲料，用量占喂料量的15%左右，以适当控制体重。产前30～40天可增至青料占55%～70%，粗料占20%～30%，精料占10%～15%，控制动物性饲料，以防早产。

（五）光照控制 本阶段需减少光照时数，与限饲（限饲量为自由采食量的70%左右）结合起来，使控制性成熟更有效。

（六）运动与洗浴 40日龄后，除恶劣天气外，一般晚上也可不关在鸭舍里，让其自由栖息过夜。一方面可以使其保持野性，维持肉质的细嫩野味，防止肉质退化；另一方面也锻炼其合群性，克服饲料配方营养之不足，提高体质和种用价值。

每日喂食后将青年鸭放牧于附近的草地或运动场，任其洗浴和活动，傍晚收牧。

（七）防逃 野鸭50日龄时翼羽基本长齐，开始学飞，必须在运动场和水面周围、顶部用金属或尼龙网架设天网和围网，以防飞窜。拦水竹竿或网要深及水底，以防潜逃。

（八）选留种鸭 60～70日龄，按雌雄（4～6）∶1的比例选种。要求雌鸭头小、颈长、眼大，雄鸭体大、健壮、灵活。选留出来的种鸭另行饲养。余下的野鸭作为肉用仔鸭上市销售或育肥后上市销售。

（九）其他 每天清舍，勤换垫草和通风换气，保持水源清洁卫生；气温较高时，要注意防暑降温；确保每只鸭子都有采食位置；注意防治病害；防止其他动物的侵害和干扰等。

五、野鸭填饲育肥

一般在65日龄前后填饲育肥，即人工强迫野鸭采食大量的高能饲料，使其在短期内迅速长肉和积累脂肪，至 80 日龄前后，体重达 1 kg 以上。填饲育肥的野鸭肉质鲜美、柔嫩多汁，商品价值高。

（一）填饲育肥野鸭的选择　用于填饲育肥的野鸭应是专门用于肉用菜鸭的野鸭，或淘汰的种鸭。

（二）饲料要求　用于填饲的饲料要求碳水化合物水平较高，粗蛋白质以 14%～15%为宜，并要注意矿物质（特别是钙和磷）的含量及适当比例，以免因矿物质不足或钙、磷失调影响增重和引起腿病。使用粗蛋白质含量为 12%的饲料，填饲期适当缩短，这样有利于快速提高体重，积聚一定量的肌间脂肪。

野鸭育肥，可用填饲育肥饲料，也可用放牧饲料。

（三）填鸭的分群　填饲开始前，按体重大小和体质强弱分群饲养。分群时，为了保证今后填鸭的外观质量，应将公、母鸭的脚趾甲剪掉，以免互相抓伤。因为公鸭的生长速度比母鸭快，最好将鸭群按公、母鸭分开填饲。

（四）填饲时间　每昼夜 4 次，即上午 9 时，下午 3 时，晚上 9 时，清晨 3 时。

（五）填饲技术

1. 手工填饲　将配合饲料中加入适量开水调成面糊状，用手搓成小丸状。填饲时轻轻将鸭子捉住，用两腿夹住鸭体下部，左手大拇指和食指捏住野鸭的上腭，中指压住舌的前部，其余两指托住下喙，右手取饲料填入鸭嘴，直到填饱为止。

2. 填鸭机填饲　填鸭料主要用水稀料，即将混合饲料用水调制成稠粥状，料水各占 1/2。填饲初期水料可稀些，后期应稠一些。为了便于填鸭的消化，填饲前先把水稀料闷浸约 4 h，用填饲机搅拌均匀后再进行填饲。夏季高温时不必浸泡饲料，防止饲料变馊，或只进行短时浸泡。开始时的填食量以每次 150 g 水料（水料比 62∶38 或 56∶64）为宜。8 天后每次填饲水料 350～400 g。凉爽季节，鸭群消化良好的状态下，每次填饲水料可适当增加2%～10%。

(六)注意的问题　填饲的最初几天不要喂得太饱，以防造成食滞。待野鸭习惯后，再逐日增加填饲量。填饲后，要确保充足的饮水，每日除保证育肥鸭 30 min 的水浴时间外，尽量减少运动。

六、种鸭育成管理

野鸭性成熟期，公鸭约在 150 日龄，母鸭在 150～160 日龄开始产蛋。种鸭育成管理是指 70 日龄至性成熟时期的饲养管理。这一阶段，种鸭生活力较强，对饲料的消化吸收功能也已完善，而体型的变化和体重的增加却相对较少，管理的关键措施就是限饲，以避免因体重过大、过肥或过早性成熟而影响以后的产蛋。

(一)选留种鸭　60～70 日龄，按雌雄(4～6)∶1 的比例选种。要求雌鸭头小、颈长、眼大，雄鸭体大、健壮、灵活。选留出来的种鸭另行饲养。余下的野鸭作为肉用仔鸭上市销售或育肥后上市销售。

(二)饲养密度　种鸭不同的发育阶段饲养密度不同，15 周龄之前，为 4～5 只/m^2；15 周龄之后，不超过 3 只/m^2。

(三)群体规模　每小群 200 只左右为宜，最多不超过 500 只。

(四)光照　光照逐渐增加，育成末期每日 15 h 光照。鸭舍内光照强度以每平方米 5 W 为宜。早晚补充人工光照 2～3 h。

(五)限饲

1. 限饲的优越性

(1)延迟性成熟：通过限制饲喂以适当控制种鸭的性成熟期，在不限饲或限饲效果不理想的情况下，种鸭最早可以在 17 周龄产蛋，而这时的蛋重较小，种公鸭可能还没有完全性成熟，所产的蛋不能做种用。前期开产早会影响后期的产蛋量，因此应适当控制种鸭的性成熟日龄。通过限饲可以延迟种鸭的性成熟期，使种鸭适时开产，并有理想的前期蛋重和理想的种蛋受精率。

(2)提高产蛋率：在限饲过程中，通过不断调整种鸭群，对不同体重的育成种鸭实施不同的限饲计划，提高鸭群的体重均匀度，使种鸭同时开产,产蛋期有明显的产蛋高峰,提高产蛋期的产蛋率。

(3)提高蛋重:蛋重对后代增重有直接的影响。限饲可以延迟种鸭的性成熟期,体型充分发育,初产蛋重增加,使种鸭多产合格的种蛋。

(4)降低产蛋期死亡率:通过限饲使体质弱的种鸭不能适应而被淘汰,剩下的多是健壮的种鸭,整体抗病力增强,使产蛋期的成活率提高。

(5)提高种蛋受精率和孵化率:限饲提高了种鸭的体质和体重均匀度,并能适时性成熟,公鸭的配种能力增强,母鸭的产蛋率提高,种蛋的受精率和孵化率也较高。

(6)降低育成期的耗料:限制饲喂,一般为自由采食量的70%左右,可以节省饲料,降低育成期的成本。

2. 限饲方法

(1)降低日粮的营养水平:将日粮中的蛋白质含量降至15%~16%。饲料中加入糠麸等纤维素含量较高的饲料。

(2)限制给料量:一般给料量为自由采食的70%左右。

(3)减少饲喂次数:限饲期间每日仅饲喂1次,或隔日饲喂1次,也可以每周饲喂5天,总的饲喂量不变。要求每次所有的鸭子都能同时吃饱。

(六)其他　注意保持环境清洁安静;注意鸭舍通风换气;早放鸭,迟关鸭,增加种鸭户外活动;及时防治疾病;防逃。

七、野鸭产蛋期饲养管理

种鸭产蛋期指从开产至产蛋结束这段时间,这一时期饲养管理的主要目的是获得较高产蛋量和受精率。公鸭约在150日龄性成熟,母鸭在150~160日龄开始产蛋。每年2~5月份为早春第1个产蛋期,也是产蛋高峰期,产蛋量占年产蛋量的65%;8~12月份为第2个产蛋期,产蛋量占年产蛋量的35%。种鸭在产蛋前和休产期，采用种鸭育成期相似的饲料和饲喂方式，只是需要根据体重等情况，酌情改变饲喂量。产蛋期，则要采用种鸭的饲料配方，并根据体重变化和产蛋量调整日喂量。产蛋期的饲料要注意补充钙质，增加青绿饲料等，以满足其对钙质、维生素和微量元素的需要。

(一)公鸭饲养管理 公鸭对提高受精率的作用大。公鸭必须体质健壮，性器官发育健全，性欲旺盛，精子活力好。选留公鸭要比母鸭早1～2月龄，到母鸭开产时公鸭正好达到性成熟。在采食过程中，公鸭争食凶，十分好斗，导致公、母鸭采食不均匀，体重不齐，所以公、母鸭在育成阶段要分开饲养，但要注意防止公鸭间相互嬉戏，形成恶癖。一般到配种前20天公、母鸭才混合饲养。但如果育成后期公鸭有明显的性行为，可以提早公、母鸭混养时间，防止公鸭间形成同性恋的恶癖。

饲养过程中，限饲开始前和育成结束时集中淘汰残弱种鸭，其他时期对不合格的种公鸭应随时予以淘汰。淘汰体型发育不完善、体重太小或太重、腿部畸形、精神状态委靡的种公鸭。种公鸭育成期要进行光照控制和限饲，增强公鸭的体质。进入配种期之前，适时给予光照刺激，使公鸭在母鸭产蛋时有配种能力。

(二)配种比例 种鸭在交配产蛋期间，公、母鸭配种一般按1∶(5～6)或1∶(7～8)的比例混群饲养，以确保种蛋的受精率。鸭群规模以240只左右为宜。

配种时，选择体壮、羽毛发育良好、声音洪亮、生殖器官发育正常的公鸭配种。

(三)饲养密度 每平方米8～10只。

(四)光照 光照对种鸭的作用不仅仅是增加采食时间和熟悉周围环境，更重要的是让种鸭适时性成熟，并维持正常的产蛋和排卵。

1. 光照时间 20周龄时，第1次增加光照时间1 h。以后每次增加光照0.5 h，直到16 h(包括自然光照和人工补充光照)为止，以后恒定16 h光照。种鸭有在黑暗中产蛋的习惯，不要在产蛋的集中时间给予光照。早晚补充人工光照2～3 h。产蛋期，光照时数不能减少，以维持正常的排卵和产蛋。

2. 光照强度　种鸭舍内光照强度以每平方米5 W为宜。灯泡悬吊高度离地面2.2～2.5 m，灯泡之间的距离为灯泡距地面距离的1.2～1.5倍，灯泡到鸭舍边的距离约为灯泡之间距离的一半。选用节能型简易荧光灯，灯泡的功率25～40 W。

（五）产蛋箱　根据实有母鸭数配备产蛋箱，通常每3～4只应有一个产蛋巢。产蛋箱的尺寸为40 cm×40 cm×40 cm，每个产蛋箱由5～6个产蛋巢组成。产蛋箱用木板或白铁制成无顶无底的卧式框架，中间用挡板隔开，在框的前下方钉宽10 cm的木板，一方面用以固定蛋巢，另一方面防止种蛋滚出。

蛋巢内铺设厚约10 cm的干燥清洁的垫料，垫料可以是碎麦秸，也可以是稻草，垫料尽量柔软。产蛋箱的位置一般在鸭舍靠墙根的地方，不要妨碍开关门窗和人员及鸭的行走。

条件差的鸭场，产蛋箱可采取因陋就简的办法，在鸭舍内离墙根40 cm的地方，用砖围成长条形，高度为2～3块砖，中间不必有隔断，或者用稍粗的竹竿围起来也成，铺上10 cm厚的垫料即可。

（六）日常管理

1. 定时、定量喂料　野鸭每只每日平均耗料110 g，日喂3次，一般在清晨6时、下午4时及晚上10时饲喂。高产期夜间加喂1次。夏季要提高饲料浓度，饲料要现喂现拌，不喂变质料。产蛋期间及时添骨粉、贝壳粉、鱼肝油、蛋氨酸、酵母粉、维生素E粉等。注意饲料的稳定性，不要轻易改变，如要改变，应有7天的过渡期。

2. 定时放牧　水是种鸭交配的良好场所，为使其有足够的时间运动、晒太阳、交尾，放牧早、中、晚各1次，每次为30 min。水池的两侧或一侧设遮阳设施。

3. 饮水　产蛋期必须要确保饮水的充足供应和清洁。

4. 及时拣蛋　母鸭产蛋多在后半夜，夏季稍早，在凌晨0～2时；冬季稍晚，在2～4时。如饲养管理得好，产蛋会比较集中。饲养员要及时拣蛋，通常每0.5～1 h拣蛋1次。产蛋高峰期和寒冷的冬季，拣蛋间隔更要缩短，以免窝内蛋太多时被损坏、污染或被冻坏。

5. 其他

(1)注意保持环境安静，尽量减少和避免环境骤变、惊吓等，避免惊扰鸭群，尤其是避免外人进入。

(2)注意天气的剧烈变化，冬季防寒，夏季防暑。

(3)搞好鸭舍内外及周围环境的消毒卫生，及时清除粪便和更换垫草。

(4)避免发生疫病，做好各种疫苗的免疫注射。

(5)防逃逸。

第十一节　鸭的绿色饲养

目前，无公害食品的生产已成为我国农产品生产中重中之重的问题。具体到无害化鸭产品的生产是一项系统工程，涉及鸭的饲料、饮用水水质，养殖环境，兽医防疫，兽药使用，饲养管理等方面，国家现已对养鸡有相应的标准，在鸭的饲养中却未有具体标准。无害化鸭产品的生产应包括以下几方面的内容。

一、自然放养

要在无任何污染的自然条件下饲养鸭。选择无工业废物和农药污染的地区，或空气、土壤、水源等环境指数均达标的地区，以自然放养方式饲养鸭。在自然条件下，通过添加对人体无害的生物制剂饲养鸭，可采用休药期生产法。生产周期可分为两个阶段，第一阶段按常法饲养，第二阶段为休药期。在休药期内完全使用无污染、无残留、无公害的来自“绿色”食品产地的饲料。

二、生态原理饲养

对鸭生产中产生的有污染的易造成“公害”的粪尿和有机废水进行生态无害化处理，使鸭的生存环境始终保持在无污染、无公害的生态平衡的环境中。可采取“中心畜牧场＋粪便处理生态系统＋废水净化处理生态系统”的人工生态畜牧场模式，利用粪便处理生态系统产生沼气，并对产生沼气过程中的产物直接或间接再利用。

三、“绿色”饲料饲养

在整个饲养鸭过程中，使用无污染、无残留、无公害符合要求的“绿色”饲料。不用有农药等物质污染的饲料，不使用有残留添加剂的饲料。

四、生物安全措施

采用生物安全措施饲养鸭，即采用全进全出的方法来切断病源在饲养场(户)内的传播。通过严格的制度，将病源拒之门外，每个养鸭户(场)只养一个品种的鸭。因为鸭对疫病的抵抗力有种间差异，采用“全进全出”的饲养方法，可以有效地切断病源在养鸭场(户)内的传播。

五、加强环境管理

加强养鸭户(场)的兽医卫生管理工作，创造适宜的生态环境，减少细菌病毒的感染机会，切断疫病的传播途径，严格控制各种疾病的发生，保证鸭健康成长。

六、生态原理防病

在环境指数达标的地区或鸭场，选择适宜的鸭品种，在整个饲养过程中，采用无污染、无残留、无毒副作用的生物制剂作为促长添加剂和防病的药品，按规定不滥添加药物，并且严格遵守停药期，把药物残留量控制在安全残留量以下。

七、控制鸭疾病

在鸭发病时，及早淘汰病鸭，需要治疗时，要尽量使用高效、无毒、低残留的药物。在生产过程中，必要时可添加作用强、代谢快、毒副作用小、残留最低的药品和添加剂，或以生物制剂作为治病的药品，控制鸭疾病的发生。

第五章 鸭病的预防和免疫

第一节 鸭病的预防

随着我国养鸭业的快速发展，鸭病已成为发展养鸭生产的最大隐患之一，它和其他动物疾病一样，种类繁多，发病原因复杂。目前的养鸭业已由农村的家庭式饲养发展到规模化饲养，少则数千只，多则几十万只，鸭发病的可能性随饲养数量的增加而增加。要保证鸭的健康成长和生产，必须建立健全一整套的综合性疫病防治措施。否则会因密集饲养，一旦发生传染病，极易造成全群覆灭。

一、鸭病传播流行的基本规律

目前严重危害养鸭生产的常见疾病有数十种。根据鸭病的性质，一般分为传染病、寄生虫病和普通病 3 大类。

传染病是由致病微生物（如病毒、细菌、霉菌、霉形体等）侵入鸭体，在一定的部位生长繁殖，并释放出大量的毒素和致病因子，当感染的病原体具有相当的毒力和数量时，鸭就表现出一定的临床症状，同时遭受感染的鸭也具有相应的传染性。当病原体从受感染的机体排出，通过直接或间接接触传染给健康鸭，即造成传染病在鸭群中的传播流行。尤其是鸭瘟、雏鸭肝炎等急性传染病，发病后常可使鸭群大批死亡。还有一些人、畜共患病，不但会造成重大的经济损失，甚至会影响和危害人类的健康。

寄生虫病是由寄生虫（如绦虫、吸虫、棘头虫、球虫等）寄生于鸭的机体，损害鸭的器官和组织，吸取体内营养物质，或产生毒素，从而使鸭群消瘦、贫血、营养不良，严重者甚至导致死亡。寄生虫病与传染病有相同之处，即具有侵袭性。如雏鸭球虫病，一旦发生感染就会引起雏鸭致病。寄生虫的种类较多，有些寄生虫在其生活史中还需要中间宿主，如鸭东方次睾吸虫的中间宿主是麦穗鱼，细颈棘头虫的中间宿主是钩虾，东方杯叶吸虫中间宿主是螺蛳，鸭鸟蛇线虫、剑带绦虫的中间宿主是剑水蚤。由于这些寄生虫病造成的危害，有时也不亚于传染病，因此对养鸭业同样构成危害。

普通病是指传染病和寄生虫病以外的疾病，即内科疾病、外科疾病和产科疾病等。就鸭而言，重点是内科疾病中的营养代谢病和中毒病。这类疾病的产生，多由饲养管理不当、饲养环境差、营养代谢失调以及误食各种有毒有害物质或其他外界应激因素引起。虽然普通病不像传染病和寄生虫病那样具有传染性或侵袭性，且大多为零星发生，但是严重的营养代谢病和中毒病也会引起大批鸭发病死亡，造成严重的经济损失。因此也不可忽视。

鸭病的防治应坚持预防为主，防重于治的原则。要保证鸭群的健康，必须要建立健全鸭群卫生防疫制度，掌握鸭病传播流行的基本规律，强化饲养管理、环境卫生，合理调配饲料营养，正确使用药物，以及采用综合防治措施，预防和控制鸭病的发生和流行。

鸭传染病和寄生虫病的发生以及形成传播流行过程中，必须具备 3 个基本环节，即传染源、传染途径和易感动物，如果切断任何一个环节，流行即告终止。

（一）传染源　感染某种病原体的动物都称传染源，具体地讲传染源就是正在患病或隐性感染的带菌（毒）及带虫的鸭。

1. 患病鸭　患病鸭是传播疫病的主要传染源，包括有明显症状的典型病例或症状不明显的非典型病例。在疾病的整个传染期中，按病程经过可分为潜伏期、临床症状明显期和恢复期 3 个传染病期。而不同病期的病鸭排出病原体的传染性大小也不同。了解和掌握各种疾病的传染期是决定病鸭隔离期限的主要依据。

潜伏期的病鸭，对于大多数疾病。不具备排出病原体的条件，不能起传染源的作用，只有少数疫病如鸭瘟，感染该病毒的鸭在潜伏期内就能排出病原体传染易感群。

临床症状明显期的病鸭，尤其是在急性暴发过程中排出毒力强的病原体，在疫病的传播上危害性最大。但是有些非典型病例，由于症状轻微或临床症状不明显，难以与健康鸭区别，从而忽视隔离，如青年鸭的慢性球虫病虽不显症状，但往往就是球虫的携带者和传染源。又如青年鸭感染雏鸭肝炎病毒，多不显症状成为带毒者，此时若与非免疫状态的雏鸭接触，即成为危险的传染源。

恢复期的病鸭，虽然机体各种机能障碍逐渐恢复，外表症状消失，但体内的病原体尚未肃清，在临床痊愈的恢复期还能排出病原体。如鸭瘟痊愈后至少带毒 3 个月，仍可成为鸭瘟的传染源。

此外，病鸭尸体（包括禽类和其他动物共患病的尸体）如果处理不当，在一定的时间内也极易散布病原体。

2. 带菌、带毒或带虫的鸭　隐性感染的带菌、带毒或带虫的鸭，由于体内有病原体存在，并不断繁殖和排出病原体，引起疫病的传播。根据带菌（毒）或带虫的性质可分为健康带菌、带毒、带虫者和康复带菌、带毒、带虫者，如健康成年鸭在感染雏鸭肝炎病毒和球虫后往往不发病，而成为带毒、带虫者，它们带菌、带毒或带虫的期限长短不一。患鸭瘟的康复鸭带毒 3 个月，感染副伤寒的康复鸭，康复后带菌可达 9～16 个月，患住白细胞虫病康复禽的血液中可保留虫体达 1 年以上。此外健康带菌、带毒或带虫者有时也包括非同种动物。

（二）传染途径　病原体由传染源排出后，通过一定的传播方式再侵入其他易感鸭群所经过的途径称为传染途径。不同的病原体进入易感鸭体内都有一定的传染途径，这些病原体通过不同的传染途径直接或间接传播疫病，如曲霉菌病、鸭衣原体、霉形体等疾病主要通过呼吸道传染，禽副伤寒、雏鸭肝炎、鸭球虫病、大肠杆菌病、白色念珠菌病等主要经消化道传染，葡萄球菌引起的关节炎，主要通过皮肤创伤感染致病。鸭传染病的传播方式有两种，即水平传播和垂直传播。鸭的大多数传染病如鸭瘟、番鸭细小病毒病、禽副伤寒、禽霉形体、禽白血病等都具有双重的传播方式，既能够通过水平传播，又能通过带菌、带毒的蛋垂直传播。

（三）易感动物　易感动物就鸭而言是指易感鸭群，由于这些鸭对某种疫病缺乏免疫力，一旦病原体侵入鸭群，就能引起某疫病在鸭群中感染传播，如尚未接种鸭瘟苗的鸭群则对鸭瘟病具有易感性，当病毒侵入到鸭群就可使鸭瘟在鸭群中传播流行。

而鸭的易感性，又取决于年龄、品种、饲养管理条件和免疫状态等。如尚未免疫的雏鸭，对雏鸭肝炎病毒易感；肉鸭较蛋鸭易感鸭疫巴氏杆菌病；饲养管理不善、环境卫生差的幼龄鸭则容易感染大肠杆菌病、曲霉菌病和球虫病等。因此，在饲养过程中，必须加强饲养管理，搞好环境卫生，提高鸭机体的抗病能力，同时应选择抗病力强的鸭种，在不同时期，接种不同类型的疫苗，以降低鸭群对疫病的易感性。

二、鸭病预防的综合措施

禽病的发生取决于两个因素：一是致病因素的强弱程度和是否存在，二是禽体抵抗力的强弱。因此，在鸭病防治工作中，必须贯彻“预防为主、养防结合、防重于治”的方针，建立一整套综合性防病措施。

综合性防病措施包括：合理的鸭场建设、无病的雏鸭、良好的饲养、疫苗接种、用药、严格的卫生管理、鸭的生物安全和全价营养饲料。

（一）精心选择鸭场址，合理布局　养鸭场地要远离居民点，远离屠场、市场和交通要道，最少要相距 1～2 km。地势较高而不要位于低洼积水的地方，还要有充足和卫生的水源。

鸭场要合理布局，生产区、行政管理区、生活区要分开。鸭场的周围应栽树，鸭舍的外面要有围墙。鸭舍应建在高处，舍门朝南向阳，舍内宽敞，通风透光，并有充足活动场所，有保温防暑和安全措施，设计要便于消毒管理。鸭场有2栋以上的鸭舍时，则鸭舍之间最少要相隔10 m。供鸭游泳的池水要定期更换。兽医室、解剖室、密封的尸池、粪池应与生产区有一定的距离。

每栋鸭舍要有单独的饲养员，彼此不能有接触。

鸭舍内的垫草、鸭粪和其他废料应送往远离鸭舍1 km以外的地方，发酵后作为肥料。

（二）建立健康鸭群　欲建立健康鸭群必须做到以下几点。

1. 选择优良鸭种　预防鸭病，鸭种是根本。选择抗病力强、适应本地条件的优良鸭种是养鸭生产的基本保证。养殖户或饲养场应从种源可靠的无病鸭场引进种蛋或雏鸭。因为有些传染病如鸭副伤寒等是从感染母鸭通过受精蛋或病原体污染的蛋壳传染给新孵出的后代，这些孵出的带菌雏或弱雏在不良环境污染等应激因素影响下，很容易发病或死亡。因此选择无病原的种蛋或雏鸭是提高雏鸭成活率的主要因素。从外地或外场引进青年鸭作为种用时，必须先要了解当地的疫情，从确认无传染病和寄生虫病流行的健康鸭群引种，千万不能将发病场或发病群，或是刚刚病愈的鸭群引入。引进后的鸭先经隔离饲养，不能立即混入健康鸭群，隔离20天后，无任何异常方可入群，防止病原体带入鸭场或鸭群。

2. 有条件的饲养场或养殖户最好坚持自繁自养　孵化过程中，要严格按卫生防疫的要求去做，种禽要健康并进行必要的预防接种；孵化用种蛋要尽早消毒，消毒后要防止重复污染；做好孵化室或孵化厂的卫生工作，室内空气保持新鲜，蛋盘不外借，用后消毒；不同来源的种蛋要分别孵化，减少传染机会，也便于查清疫源。

3. 执行“全进全出”的饲养制度　即一栋鸭舍只养同一日龄的鸭。因为不同日龄的鸭有不同易感或易发的疾病，如果一栋鸭舍内饲养着不同日龄的鸭，则日龄较大的患病鸭或已病愈的鸭可能带菌或带病毒，易传染给易感的小鸭，使疾病长期传播，造成经济损失。采用“全进全出”制则可避免这种情况的发生，提高鸭的成活率。

4. 按免疫程序进行免疫　免疫程序应因地制宜，根据本地区有无疫情和鸭群情况具体制定。一般来说，疫区每年应给鸭群接种弱病毒疫苗至少 2 次为妥。

（三）建立严格的消毒制度　消毒是预防鸭病的一项重要措施，鸭场应具备必要的消毒设施和建立严格而切实可行的消毒制度，定期对鸭场、鸭舍的地面、土壤、粪便、污物以及用具等进行消毒，阻止鸭病的继续蔓延。

1. 常用消毒方法　鸭场的消毒方法通常可分为 3 大类。

(1)物理消毒法。清扫、洗刷、日晒、通风、干燥及火焰消毒等是最简单有效的物理消毒方法，而清扫、洗刷等机械性清除则是鸭场使用最普通的一种消毒法。通过对鸭舍的地面和饲养场地的粪便、垫草及饲料残渣等的清除和洗刷，就能使污染环境的大量病原体一同被清除，由此而达到减少病原体对鸭群污染的机会。但机械性清除一般不能达到彻底消毒的目的，还必须配合其他的消毒方法。太阳是天然的消毒剂，太阳射出的紫外线对病原体有较强的杀灭作用，而阳光的灼热和蒸发水分引起的干燥也同样具有杀菌作用。一般病毒和非芽孢性病原菌在阳光的直射下几分钟至几小时可被杀死，如供雏鸭所用的垫草、垫料及洗刷的用具等使用前均要放在阳光下曝晒消毒，作为饲料用的谷物也要晒干，以防霉变。

通风亦具有消毒的意义，在通风不良的鸭舍，最易发生呼吸道传染疾病。通风虽不能杀死病原体，但可以在短期内使鸭舍内空气交换，减少病原体的数量。而火焰高温烧灼可以达到彻底消毒的目的，如患有鸭瘟、番鸭细小病毒病、雏鸭病毒性肝炎等传染病，其污染的垫草、粪便以及倒毙的尸体均可用火加以焚烧。

(2)生物热消毒法。生物热消毒也是鸭场常采用的一种方法。

生物热消毒主要用于处理污染的粪便及其垫草，将其运到远离鸭舍地方堆积，在堆积过程中，利用微生物发酵产热，使其温度达70℃以上，经过一段时间（25～30天），就可以杀死病毒、病菌（芽孢除外）、寄生虫卵等病原体而达到消毒的目的，同时可以保持良好的肥效。

（3）化学消毒法。应用化学消毒剂进行消毒是鸭场使用最广泛的一种方法。许多消毒药可用于鸭舍的消毒，现在市场上的一些消毒剂各有其优缺点。如氢氧化钠（钾）、石灰乳、煤酚皂溶液（来苏儿）、百毒杀、漂白粉、农福、过氧乙酸、甲醛、新洁尔灭等多种化学药品都可以作为化学消毒剂。而消毒的效果如何，则取决于消毒剂的种类、药液的浓度、作用的时间和病原体的抵抗力以及所处的环境和性质，因此在选择时，可根据消毒剂的作用特点，选用对该病原体杀灭力强，又不损害消毒的物体、毒性小、易溶于水，在消毒的环境中比较稳定以及价廉易得和使用方便的化学消毒剂，有计划对鸭生活的环境和用具等进行消毒。

如果设备和墙壁的表面是清洁的，任何一种消毒药的效力都将会得到提高，彻底地清洗是首要的，在消毒鸭舍中这是最重要的一步。因鸭舍中鸭粪和垫料内可能有大量病原菌，消毒药附着于粪便表面而失去消毒作用，不能杀死其内部的病原菌。所以，一定要将表面的有机物清洗掉之后，消毒才能有效。

鸭场常用的化学药物消毒方式有：

（1）清洗擦拭消毒。先用扫帚清扫灰尘，再用水冲洗污物，并擦拭干净，可用洗涤剂和消毒剂擦拭。

（2）喷洒消毒。将配制好的消毒剂溶液对鸭舍环境、设备、道路进行喷洒消毒。

（3）熏蒸消毒。将消毒剂经过处理产生杀菌气体以消灭病原体，如福尔马林和过氧乙酸等经加热或加氧化剂时可产生气体。

（4）浸泡消毒。将一些小型设备和用具放在消毒池内，用药液浸泡消毒，如蛋盘，试验器材等。

2. 常用的消毒剂和使用方法

(1)氢氧化钠(苛性钠)。俗称火碱，对细菌、病毒和寄生虫卵都有杀灭作用，常用2%～4%浓度的热溶液来消毒鸭舍、饲料槽、运输用具及车辆等，鸭舍的出入口可用其2%～3%溶液消毒。

(2)氧化钙(生石灰)。一般加水配成10%～20%石灰乳液，涂刷鸭舍的墙壁，寒冷地区常撒在地面或鸭舍出入口做消毒用。石灰可自空气中吸收二氧化碳变成碳酸钙失去作用，所以，应现配现用。

(3)苯酚(石炭酸)。对细菌、真菌和病毒有杀灭作用，对芽孢无作用，常用2%～5%水溶液消毒污物和鸭舍环境，加入10%食盐可增强消毒作用。

(4)煤酚(甲酚)。毒性较苯酚小，但其杀菌作用则较苯酚大3倍，可是仍难以杀灭芽孢。常用的是50%煤酚皂溶液(俗称来苏儿)，1%～2%溶液用于体表、手和器械的消毒，5%～6%溶液用于鸭舍或污物的消毒。

(5)复合酚(菌毒敌、农乐)。含酚41%～49%，醋酸22%～26%，为深红褐色黏稠液体，有臭味。为新型广谱高效消毒药，可杀灭细菌、真菌和病毒，对寄生虫卵也有杀灭作用。可用于鸭舍、用具、饲养场地和污物的消毒，常用浓度为1%溶液，用药1次，药效可维持7天。

同类产品有农福，含煤焦油酸39%～43%、醋酸18.5%～20.5%、十二烷基苯磺酸23.5%～25.5%，为深褐色液体。鸭舍消毒用1∶(60～100)水溶液，器具、车辆消毒用1∶60水溶液浸泡。

(6)甲醛溶液(福尔马林)。含甲醛37%～40%，有刺激性气味，具有广谱杀菌作用，对细菌、真菌、病毒和芽孢等均有效。0.25%～0.5%甲醛溶液可用做鸭舍、用具和器械的喷雾以及浸泡消毒。一般用做熏蒸消毒，使用剂量因消毒的对象而不同。使用时要求室温不低于15℃(最好在25℃以上),相对湿度在70%~90%,如湿度不够可在地面洒水及向墙壁喷水。熏蒸消毒用具、种蛋时要在密闭的容器内,种蛋在孵化后24~96 h和雏鸭在羽毛干后对甲醛气体的抵抗力较弱,在此期间不要进行熏蒸消毒。种蛋的消毒是在收集之后放在容器内,每立方米用福尔马林21 mL、高锰酸钾10.5 g,20 min后通风换气。孵化器内种蛋的消毒是在孵化后的12 h之内进行,关闭机内通风口,福尔马林用量为每立方米14 mL、高锰酸钾7 g,20 min后,打开通风口换气。

(7)新洁尔灭(溴苄烷胺)溶液。一般为10%浓度瓶装,具有杀菌和去污效力,渗透力强,常用于养鸭用具和种蛋的消毒,浸泡器械时应加入0.5%亚硝酸钠,以防生锈。0.05%~0.1%水溶液用于洗手消毒,0.1%水溶液用于蛋壳的喷雾消毒和种蛋的浸泡消毒。

(8)过氧乙酸(过醋酸)。有醋酸气味,是一种广谱杀菌药,对细菌、病毒、霉菌和芽孢都有效,市售商品为15%~20%溶液,有效期为6个月,稀释液只能保存3~7天,应现配现用。0.3%~0.5%水溶液可用于鸭舍、食槽、墙壁、通道和车辆的喷雾消毒,鸭舍内可带鸭消毒,常用浓度为0.1%,每立方米用15 mL。

(9)漂白粉(含氯石灰)。含氯化合物,为次氯酸钙和氢氧化钙的混合物,有效含氯量为25%,灰白色粉末,有氯气臭味,鸭场内常用于饮水、污水池和下水道等处的消毒,饮水消毒常用量为每立方米水中加4~8 g漂白粉,污水池的消毒则为每立方米污水中加8 g漂白粉。

(10)高锰酸钾。高锰酸钾是一种强氧化剂,常用于饮水罐、水槽和食料槽的消毒,一般为0.05%~0.2%水溶液。

(11)次氯酸钠。含有效氯量为14%,溶于水中产生次氯酸,有很强的杀菌作用,可用于鸭舍和各种器具的表面消毒,也可带鸭进行消毒,常用浓度为0.05%~0.2%。

(12)酒精、碘酒和紫药水等。可用于个别鸭的局部创伤消毒。

3. 影响消毒效果的一些因素

(1)消毒剂的选择。应选择有批准文号的消毒剂,选择对要预防的疫病有高效消毒作用的消毒剂。

(2)稀释浓度。要有试验资料证明,所选择的稀释浓度可有效地杀死已知的病原。

(3)应用浓度。要达到有效的消毒效果,表面需要喷满消毒剂使其表面全湿,每平方米最少需要 300 mL。

(4)被消毒物要彻底地清洗。消毒剂需要接触到病原体才能达到有效的消毒。

(5)所有的消毒剂都需要同病原体有一定的接触时间才能将其杀死。一般需要 30 min。

(6)温度。消毒剂的效力随温度变化而变化,一般温度高时效果好,但有些药品受温度的影响较小。

(7)某些有机物的存在可降低消毒药的效果,应选择有效的消毒剂。

(8)水的质量。所有的消毒剂在硬水中都会受到某种程度的影响,应选择在稀释后对其效力影响最小的水。

4. 进雏前鸭舍的消毒　生产实践中鸭场的疫病来源主要有 3 方面。

(1)由新引进的鸭带进场内,如从病鸭场引进鸭雏、幼鸭或开产小母鸭等。

(2)污染的鸭舍,如过去曾饲养过病鸭而未经彻底消毒的鸭舍。

(3)日常工作中消毒不够和执行安全措施不严,以致将疫病经饲料、用具,人员往来和其他动物而传至场内。

正确的鸭舍消毒,应在新鸭到达之前,即已清洗和消毒完毕。每栋鸭舍应在消毒和熏蒸之后,最少空闲 2 周。鸭舍消毒效果好坏，决定于用杀菌药物前的彻底清洗程度，而不是决定于所用的消毒药。彻底清洗是最基本的方法，因为它可以减少病原体的总数，去掉隐藏病原体的污物，将病原体暴露于日光、空气、毒药和熏蒸剂之下。

鸭舍的彻底清洗和消毒步骤：

(1)移走鸭舍内的全部鸭，清除散失在鸭舍内外的全部鸭。清除存留的饲料，未食用完的饲料不应挪至另外的鸭舍。水槽、料槽和料桶应彻底清洗，一定要将附着于料箱底部和四壁上的饲料洗掉，因可能有病原体存在或附着于其上，成为疫病的传染源。

(2)设备要移出并经清洗和日光照射。脏污的设备会带有病原，所以，可移动的设备都要移至舍外，放在日光之下，并经消毒后再搬回鸭舍。未消毒的设备搬回鸭舍之后，则破坏了鸭舍的消毒效果，鸭舍可能重新被污染。

(3)初步清洗鸭舍。用水冲洗天花板、四周墙壁及窗户，去掉其上附着的灰尘，飞溅下来的水将弄湿垫料，灰尘附着其上，最后一起被移走。移走的所有垫料，转移到远离鸭舍的地方做肥料。在靠近鸭舍的地方不能堆集和散落旧垫料，因老鼠和害虫可能将其中的病原带回鸭舍。清理鸭舍外部散落的垫料、饲料间和鸭舍外的垃圾及杂草等。

(4)彻底洗刷鸭舍墙壁和设备，必要时可在水中加洗涤剂，使用洗涤剂水浸润 2 h，然后用清水洗刷(高压喷水枪冲洗时可获得较好的效果)。应用消毒剂消毒，将消毒剂溶解于水内，在鸭舍冲洗后不潮湿时进行消毒。很多消毒药都是可用的，某些消毒药可能在鸭舍内残留，所以在消毒之后，再用水轻微清洗。

(5)熏蒸。熏蒸消毒时要紧闭门窗，常用的熏蒸剂是福尔马林。

(6)应用杀虫剂在地与墙的夹缝和柱子的底部涂抹，以保证能杀死进入鸭舍的昆虫。

(7)修理鸭舍和设备等需要修理的部分，设备需要擦拭的部分要擦拭。

(8)放进新的垫料。

(9)消毒过的设备重新放入鸭舍。

(10)关闭鸭舍,空闲2～4周,残余的病原体将会死亡。

(11)做好进鸭的准备工作。放料槽、水槽和育雏器等都应准备好,雏鸭在进舍前24～48 h,要求鸭舍温度达到需要的最佳温度。

5. 鸭场的日常消毒设施和制度　鸭场,尤其是种鸭场或具有适度规模的商品鸭场,在出入口处应设紫外线消毒间和消毒池。鸭场的工作人员和饲养人员在进入饲养区前,必须在消毒间更换工作衣、鞋、帽,穿戴整齐后进行紫外线消毒10 min,再经消毒池进入鸭场饲养区内。鸭场通往各鸭舍的道路每天要用消毒药剂进行喷洒。各鸭舍应结合具体情况采用定期消毒和临时性消毒。

各鸭舍门前出入口也应设消毒槽,门内放置消毒缸(盆)。饲养员在饲喂前,先将洗干净的双手放在盛有消毒液的消毒缸(盆)内浸泡消毒几分钟。消毒池和消毒槽内的消毒液,常用2%烧碱水或20%石灰乳以及其他消毒剂配成的消毒液。而浸泡双手的消毒液通常用0.05%新洁尔灭或0.05%百毒杀溶液。

鸭舍的用具必须固定在饲养人员各自管理的鸭舍内,不准相互通用,同时饲养人员也不能相互串舍。除此以外,鸭场应谢绝参观。外来人员和非生产人员不得随意进入场内饲养区,场外车辆及用具等也不允许随意进入鸭场。凡进入场内的车辆和人员及其用具等必须进行严格地消毒,以杜绝外来的病原体带入场内。

新引进的鸭(如雏鸭、幼鸭和小母鸭)移动时要用消毒过的运输工具(如箱、篓和车辆等),病、死鸭要正确处理(最好烧掉或埋掉),运送垫料或其他物品的车要消毒。

服务人员做疫苗接种或因其他原因需要进入鸭舍时,需要穿戴消毒过的服装、帽子和靴子。

要控制和消灭鸭舍附近的昆虫,尤其是蚊、蝇、库蠓等吸血类昆虫。

饲养员和其家庭成员应避免同养禽业有关的行业相接触，如屠宰场、孵化场，不要参观其他的鸭和养鸟类等场所。

水的质量同鸭的健康有密切关系。水是一种溶剂，许多化合物和盐类可以溶解于水中，当有害化合物和盐类含量高时则对鸭产生有害的影响，如造成鸭生长不良、发病和死亡，因此，鸭饮用水的质量需要经过检查，只有没被污染的水才能供鸭饮用。水中含有大肠杆菌时可用氯进行消毒，水中加漂白粉，使水中含氯量达3 mg/kg即可。

对以下几种情况可带禽消毒：

(1)在鸭群发生急性传染病，被隔离封锁后，对禽舍活禽进行喷雾消毒。

(2)一些大型养鸭场，最好每日对禽群或禽舍进行喷雾消毒。

(3)在鸭群不时有链球菌或葡萄球菌感染和散发性禽出血性败血病等疫病发生时，每日或隔日对鸭群鸭舍喷雾消毒。

(四)加强科学饲养管理　良好的饲养管理是预防鸭病的基本要素，具体地讲鸭群需要科学地饲养、科学地管理(包括饲养密度、通风、温度、湿度、光照等)。科学的饲养管理措施包括：

1."全出全进"的饲养制度　鸭需要按群(不同批次的雏鸭不能混养)、年龄(每一鸭舍甚至鸭场只养同龄的鸭)和品种分隔开。即一栋鸭舍只养同一日龄的鸭。因为不同日龄的鸭有不同易感或易发的疾病，如果一栋鸭舍内饲养着不同日龄的鸭，则日龄较大的患病鸭或已病愈的鸭可能带菌或带病毒，易传染给易感的小鸭，使疾病长期传播，造成经济损失。采用"全进全出"制则可避免这种情况的发生，提高鸭的成活率。

2. 适宜的饲养密度　鸭群的密度要适宜，不能过大或拥挤，尤其是关养的肉用商品鸭，密度大则生长发育受阻，饲料报酬降低和生产水平下降，若饲养密度大，通风不良，氨气过浓，也很容易引发呼吸道传染病，如鸭疫巴氏杆菌病、衣原体病、霉形体病等。另外还会引起其他与应激反应有关的问题。

3. 保持良好的环境 温度的忽冷忽热，往往是引起疾病流行的直接原因，尤其在育雏阶段，要注意保持鸭棚的温度。另外，保持鸭棚内的相对湿度在70%～80%，使雏鸭和幼鸭感觉很舒适，防止贼风、过热或过冷，或温度变化不定。

另外，鸭舍要通风良好，保持良好的空气质量，防止呼吸道疾病的发生。

4. 适时饮水和开食 适时饮水和开食时间应在出壳后24 h。第1天饮5%糖水及3%维生素B杂水和0.1%氯霉素或0.02%病必宁，第2天饮0.02%高锰酸钾水，第3～6天再饮5%糖水和3%维生素B杂水及0.2%四环素和红霉素水。开始饮水后1 h即可开食。

5. 优质全价饲料是健康鸭群的保证 要保证供应全价的饲料和合格的饮水，当饮水减少时，饲料也相应地减少。饲料和饮水的明显减少，往往是发病的初期症状。

6. 保持鸭舍清洁卫生，强化卫生管理制度

(1)对每批鸭的转移，要充分清扫和消毒房舍与设备，包括用过的一切器具。消灭病原，并更新垫料。

(2)鸭舍应同其他的家禽和家畜分隔开来，因鸭、鹅、火鸡、牛、猪的一些传染病能交叉感染，如巴氏杆菌病。

(3)环境污秽，有利于病原体的滋生和疫病的传播，如雏鸭的曲霉菌病、球虫病，就与垫草、垫料霉变或潮湿有关。因此要定时清理鸭粪和更换垫料，垫过的稻草要进行焚烧，不能晒后重复使用。清除的粪便和污物需堆积发酵，进行无害化处理，以减少病原体的污染。

(4)进入鸭舍的饲料和用具等应是清洁不带病原的。无关人员不准进入鸭场区，更不允许进入鸭舍。一般不允许参观者进入鸭

场,同时工作人员也不要去其他的鸭场。

(5)对病死鸭的最好处理方法是烧掉,丢入深井和深埋是其次的方法。死鸭处理不当将是对该地区所有鸭的一种潜在威胁,少则数千只,多则几十万只。

(6)疫病流行时要及时做出确诊,经有关的人员送往诊断室化验,及时做出最佳的处理方案。鸭发病恢复后,不能留做种鸭。

(7)养鸭场还应做好经常性的杀虫、灭鼠工作。常见的蚊、蝇和双翅类吸血昆虫是多种寄生虫病和传染病的活的传染媒介,鼠类也是许多鸭传染病的传播媒介和传染源。它们在偷吃饲料时常以其排泄物污染饲料和食槽来传播疾病,如鸭瘟、鸭副伤寒等。因此要清除鸭舍周围的垃圾和杂物,铲除它们藏身场所和滋生地。用物理和化学药物的方法杀虫灭鼠在预防和扑灭鸭传染病和寄生虫病方面具有重要意义。

(8)在不散布疫情的情况下搞好紧急接种与治疗。紧急接种是在发生传染病时,为迅速控制和扑灭传染病的流行,而对疫区和受威胁区尚未发病的鸭群进行的应急性免疫接种,实践证明在疫区内早期使用某些疫苗(菌苗)能取得较好效果,如目前,在发生鸭瘟等急性传染病时,广泛采用相应的疫苗进行紧急接种,已取得了良好的预防效果。但在疫区内接种时,必须对接种的鸭逐只详细检查,对体温正常又无临床症状的鸭才能接种。

(9)治疗。对发病的鸭在严格隔离和加强护理的情况下,区别不同情况进行及时治疗。对急性传染病以抗菌药物、免疫血清为主;慢性传染病采用中、西治疗结合的办法,能收到一定效果,但要注意病鸭痊愈后的经济价值。

(五)严格免疫接种制度　对健康的鸭群免疫接种是激发鸭机体内产生特异性抵抗力,使本来对某些传染病易感的鸭群转变为不易感群的一种有效的防病方法。有计划、有目的地对鸭群进行免疫接种,是预防、控制和扑灭鸭传染病的主要措施之一。尤其在鸭的病毒性传染病，如鸭瘟、番鸭细小病毒病、雏鸭病毒性肝炎等疾病的预防措施中，免疫接种更具有关键性的作用。

（六）药物预防　对鸭群应用药物进行预防也是一项重要的防疫措施，在饲料、饮水或添加剂中加入某种既安全可靠又价格低廉的并有一定含量的抗菌药物或其他一些药物，可以预防细菌性传染病和寄生虫病以及其他内科疾病的发生，对促进鸭群的生长，增强鸭群体质，以及提高饲料的转化具有显著的效果。如在饲料、饮水中添加红霉素可以预防霉形体，添加磺胺类药物可以预防和治疗禽霍乱和住白细胞虫病等疾病，添加氟哌酸、土霉素等可以预防鸭副伤寒和大肠杆菌等疾病的发生，添加制霉菌素、克霉唑可以预防曲霉菌病；添加克球粉、地克珠利等可以预防鸭球虫病；添加丙硫咪唑可以预防鸭蠕虫病。此外，在鸭群注射疫苗后，饲料、饮水中添加适量的左旋咪唑还可以起到增加免疫力的作用。一些肠道传染病和寄生虫病以及其他因素引起的肠道疾病，这些疾病的产生常引起鸭体内维生素 A 的缺乏，往往可以通过饲料中添加维生素 A得到预防和改善。

也有一些营养代谢病和某些药物使用过量引发的疾病，可以通过添加药物得到纠正，如鸭群用河蚌、螺蛳等软体动物作为动物性蛋白质饲料，由于软体动物中，含有破坏维生素 B_1 的硫胺酶，常能引起维生素 B_1 的缺乏，若在饲料中事先添加适量的维生素 B_1，就可以避免缺乏而起着预防疾病的效果。

但必须指出，任何一种药物或同一类型药物的长期使用或使用过量，容易使病原产生耐药性或使鸭产生不良反应，如痢特灵虽然对大肠杆菌病具有良好的预防效果，但该药对雏鸭较为敏感。在使用时，要严格控制药物浓度和剂量，同时连续使用时间不能超过1 周，否则会引起过量中毒或蓄积中毒。磺胺类药物也不应过量使用或使用时间过长，否则同样也会引起不良反应。因此，在使用药物预防时，应根据药物的特性和临床实际需要，选择不同类别的药物。对于细菌性传染病，有条件的要进行细菌培养，同时还要对分离的菌株做药物敏感试验，以选用有针对性的和高度敏感的抗菌药物，更好地提高防治效果。

（七）实施定期驱虫　鸭场实施有计划地定期驱虫是预防和控制鸭寄生虫病的一项有效措施，对于促进鸭群正常生长发育，保障鸭体健康具有重要的意义。

1. 定期驱虫　鸭体内的寄生虫包括绦虫、吸虫、线虫等在内的寄生蠕虫和包括球虫、住白细胞虫等在内的寄生原虫。应用药物或其他方法可将鸭体内或体表的寄生虫驱除或杀灭，是鸭场和农村专业户在生产实践中常用的有效方法。驱虫对于已发病的鸭具有治疗作用，对感染而未发病的鸭可以起着预防作用。

一些寄生虫病具有明显的季节性，这与寄生虫从发育到感染或所需的气候条件、中间宿主或传播媒介的活动有关。因此各类寄生虫的驱虫时间应根据传播规律和流行季节来确定，通常在发病季节前对鸭群进行预防性驱虫。如鸭球虫病，其流行季节为 4～11 月份，其中以 7～9 月份发病率最高，在这期间饲养雏鸭尤其要注意球虫病的预防。

不同种类的寄生虫应选用相应的驱虫药物，通常选用高效低毒的驱虫药。如选用丙硫苯咪唑和吡喹酮，可杀灭鸭体内的鸭东方次睾吸虫、鸭棘口吸虫。鸭群驱虫宜早不宜迟，在鸭出现症状前驱虫效果要好于得病后。对于寄生蠕虫，正常情况下，放牧青年鸭 2 个月驱 1 次虫。

鸭体表的寄生虫包括永久性寄生的羽虱、羽螨和暂时性寄生的蚊、蝇、库蠓等，常寄生在鸭的皮肤和羽毛上。常用胺菊酯、溴氰菊酯、苄呋菊酯或敌百虫溶液等驱虫剂对鸭群体表进行喷雾，驱杀鸭体外寄生虫。这对于永久性寄生的羽螨、羽虱杀灭效果较好，而对于暂时性寄生的蚊、蝇、库蠓等，由于它们白天栖息在鸭舍（棚）的角落里或鸭舍（棚）外面的草丛中，因此除了用驱虫剂对鸭体表喷雾，还应对鸭舍（棚）周围环境进行喷雾驱杀。但值得提醒的是在配制驱虫药时，应注意药物的浓度，以避免发生鸭体中毒。

2. 杀灭外界环境的寄生虫　除了驱杀鸭体内外的寄生虫外，杀灭外界环境的寄生虫，尤其是粪便中的寄生虫也是预防寄生虫病十分重要的措施。许多寄生虫的虫卵、幼虫、卵囊等病原体随鸭粪排出体外，污染环境，也会引起寄生虫在鸭群中的传播和重复感染。因此鸭舍清除的粪便必须放置在远离鸭场和水源的地方堆积发酵，进行无害化处理，利用生物热杀死寄生虫卵、卵囊和幼虫，以防止粪便中的病原体污染环境和引起重复感染。

3. 消灭中间宿主　有些寄生虫如绦虫、线虫、吸虫等寄生蠕虫的传播，需要无脊椎动物作为中间宿主参与，如鸭剑带绦虫和鸭鸟蛇线虫这两种寄生虫病的发生就与鸭在吃水草时吞食了生活在水中的中间宿主——剑水蚤有关，其发病季节在4～10月份，而在寒冷季节，剑水蚤停止繁殖或死亡，这类寄生虫病就明显减少；鸭棘头虫的传播与中间宿主钩虾有关。因此消灭中间宿主也是预防某些寄生虫病的必不可少的措施之一。消灭中间宿主常采用冬、春季节干塘的方式或者在有中间宿主并遭受病原体污染的水沟、稻田等处撒布石灰等以杀死中间宿主和幼虫，中断它们的生活史，达到从根本上预防某些寄生虫病。

（八）预防鸭群中毒　一些物质通过皮肤、消化道、呼吸道进入机体后，即使是少量的，也能使正常的生理机能遭到破坏，引起器官和功能发生异常变化，甚至造成死亡，这一过程称为中毒。凡是能引起中毒的物质，称为毒物。毒物包括生物性毒物和化学性毒物。这些毒物对鸭群产生的危害切不可低估，因此必须采取有效措施预防中毒。

1. 禁喂腐败霉变和有毒的饲料　有些饲料本身含有有毒物质，饲喂时必须加以处理。如棉子饼虽富含蛋白质，但未经蒸煮的棉子饼含游离的棉酚，毒性很强，当含量高于0.02%时，就具有毒害作用，若饲喂时间过长或过量，就会引起中毒。霉变饲料，其霉菌和所产生的霉菌毒素对鸭尤其是雏鸭最为敏感，常能引起霉菌性肺炎和脑炎以及霉菌毒素中毒。含有黄曲霉毒素的饲料，若长期饲喂，可以引起胆管增生、肝硬化，以致引发肝癌。储存时间长或变质的饲料中含有大量的粉螨，鸭采食后常引起下痢。受蚜虫和蝶类寄生的蔬菜，鸭采食后会发生口腔炎、肠炎，并引起神经麻痹。在夏季饲喂腐败变质的鱼虾、肉食品以及粪坑里的蝇蛆，往往会引起肉毒梭菌毒素中毒。因此预防鸭群中毒，首先要禁止饲喂腐败、霉变和各种有毒有害的饲料。

2. 禁止在水塘、河沟等处乱扔动物尸体　在夏季，鸭采食动物腐败的尸体或动物尸体上的蝇蛆，是造成散养鸭群发生肉毒梭菌毒素中毒的主要原因。因此，死亡的动物尸体处理不当，随意在水塘、河沟及其周围乱扔，不但会传播动物的多种传染病、寄生虫病，而且会造成人类生活环境和水源的污染。对死亡动物的尸体要进行深埋，禁止乱扔。同时饲养人员在放养鸭群时，应仔细查找该地域有无动物尸体和死亡的鱼虾，一旦发现及时处理，防止鸭食后引起中毒。

3. 合理放牧，防止化学毒物对鸭群的危害　散养放牧鸭群除了防止肉毒梭菌毒素中毒外，还要防止化学毒物对鸭群的危害。化学毒物包括未经处理或处理不当的工业生产中的废水、废气、废渣和农业生产中使用的化肥农药等，并造成了空气、水源、饲料和土壤等环境的污染。当化学毒物大量污染环境时，并通过各种途径短时期进入鸭的机体内可引起急性中毒，剧毒的常导致死亡。这些环境中有毒、有害的污染物对鸭群的危害程度，取决于其毒物的性质、浓度和作用时间，一些环境中有毒有害的污染物虽然是低浓度的，但经过对机体的长期作用，也会产生慢性危害，如水中毒物的浓度在一般情况下不会很高，由于工业废水的不断排放，水源经常受到污染，而且鸭群喜欢生活在水源环境中，如果水中含有较低量的毒物，通过长期饮用和接触，也会导致慢性中毒，影响鸭群的正常生长发育，并使机体抵抗力下降，造成慢性疾病的发病率和死亡率增高。用污染的工业废水灌溉农田，也能对鸭群产生间接危害，如电镀、塑料、油漆、电池及磷肥工业生产中排放的含镉废水灌溉农田，可使镉进入农作物子粒部分，若作为饲料喂鸭可使镉在鸭体内蓄积，产生慢性中毒，造成贫血，生长发育受阻，产蛋率和受精率下降。同样鸭群若误食喷洒过农药的蔬菜、牧草以及误食为防虫害而搅拌农药的谷物都会引起中毒，甚至死亡。一些农药如呋喃丹，在植物中残留时间比较长，施药后 2 个月内的植物，鸭采食后仍可产生中毒。因此饲养人员必须管理好放牧鸭群，防止鸭群误食喷洒农药的蔬菜、牧草和谷物，同时严禁到排放工业“三废”的地域去放牧，尽量避免和减少化学毒物对鸭群产生的直接或间接的危害。

4. 中毒鸭的救治　鸭群一旦发生中毒，应查明原因，根据不同的毒物采用相应的方法、及时对中毒鸭进行救治。

若是肉毒梭菌毒素中毒，有条件的应及时注射肉毒梭菌 C 型抗毒素，每只肌肉注射 2～4 mL，症状轻的，常可奏效。

如有机磷农药中毒，对于出现症状的鸭，应立即使用胆碱酯酶复活剂解磷定或氯磷定，每只肌肉注射 1.2 mL（每毫升含 40 mg），以及应用抗胆碱药阿托品，每只肌肉注射 0.5 mg，与此同时鸭群用葡萄糖溶液饮服，以增强肝脏的解毒功能。

第二节　鸭的免疫接种

一、免疫接种的种类

免疫接种通常可分为预防接种和紧急接种。

1. 预防接种　预防接种是在健康鸭群中还没有发生传染病之前，为了防止某些传染病的发生，有计划地定期使用疫（菌）苗对健康鸭群进行预防免疫接种。

预防接种通常使用病毒疫苗或细菌菌苗等生物制剂作为抗原激发机体免疫。接种方法常为皮下和肌肉注射或者口服等，接种后经过一定的时间（5～7 天后）可获得免疫力。为了做好预防接种工作，应对当地鸭的各种传染病的发生和流行情况，进行详细的调查了解，根据所掌握的情况，拟订预防接种计划（尤其对种鸭场和适度规模的商品肉鸭饲养场），按计划中的免疫程序接种；尽可能做到只只接种。对新从外地调进的鸭，应及时补种，以提高鸭群整体的防疫程度。在使用这些疫苗时，应按照说明书的要求进行接种，以避免和减少不必要的反应和损失。

2. 紧急接种　紧急接种是在发生传染病时，为了迅速控制和扑灭疾病的流行，而对疫群、疫区和受威胁地区尚未发病的鸭群进行临时应急性免疫接种。实践证明。在疫区对鸭瘟、禽霍乱等传染病使用疫（菌）苗，进行紧急接种是切实可行的，对控制和扑灭传染病具有重要的作用。紧急接种除应用疫、（菌）苗外，在某些鸭病上常应用高免血清或高免卵黄抗体进行被动免疫，而且能够立即生效，如雏鸭病毒性肝炎，应用高免血清或高免卵黄抗体，能迅速控制该病的流行，即使对于正在患病的雏鸭群使用也具有良好的疗效。

在疫区或疫群应用疫苗做紧急接种时，必须对所有受到传染威胁的鸭群进行详细观察和检查，对正常无病的鸭进行紧急接种，而对病鸭和可能已受感染的潜伏期病鸭，必须在严格消毒的情况下，立即隔离，观察或淘汰处理，不宜再接种疫苗。

二、免疫接种注意事项

1. 疫苗接种的鸭必须是健康、活泼和易感的，在疫苗接种后才能产生坚强的免疫力　病弱鸭能影响免疫力的发生。鸭群中鸭的健康状态是不一致的，既有完全健康的鸭，也有不活泼的病鸭，所以，当疫苗接种后发生不当的反应时，鸭的健康状态是最常见的表现。获得免疫的程度一般是同鸭的健康状态成正比例的。接种疫苗前应注意了解当地有无疫病流行，如发现遭受感染的鸭群应首先采取紧急防疫措施。但是必须要在明确诊断的基础上，选择使用对该群鸭病相应的疫苗或血清。此外，还应了解和检查被接种鸭群的健康状况、日龄、饲养条件、营养状况等，对日龄较小、体质较弱或有慢性病的鸭，如果没有受到传染威胁，最好暂缓接种。以免接种后引起不良反应。对于有严重寄生虫感染的鸭群，应先驱虫，对饲养管理差的鸭群，接种后应注意改善和加强饲养管理。以确保防疫后能产生坚强的免疫力。

2．目前鸭使用的疫(菌)苗分活苗(弱毒疫苗、致弱菌苗)和灭活疫(菌)苗两种　不同性质的疫(菌)苗应按规定的温度保存，对致弱菌苗、灭活疫(菌)苗等要低温冷藏或放在干燥、阴暗的地方保存，防止因冷冻、高温和阳光直射而失去效力，但弱毒苗必须冷冻保存。

致弱菌苗和灭活菌苗在应用过程中也有不同的要求，如禽霍乱，致弱菌苗在应用期间不能使用抗菌药物，否则会将致弱细菌杀死而失去作用，而灭活菌苗则相反。

此外，在使用时如发现疫(菌)苗瓶破损，瓶签不清或没有瓶签，过期失效，制品的色泽和性状与说明书不符的均不能使用。

3．在接种前注射器和针头应进行煮沸或高压消毒　吸取疫(菌)苗的针头要固定，切勿用刚注射的针头吸苗，以防止整瓶苗受到污染。做到注射 1 只，换 1 个针头，避免通过针头传播病原体。冷冻的疫苗启封后，必须当天用完，隔夜则不能使用。

4．免疫接种时应注意鸭群情况　在进行免疫接种时应注意到有些外表正常的无病鸭群中，可能混有潜伏期的病鸭(如鸭瘟)，它们在接种鸭瘟苗后不能获得保护，反而会促使其更快地发病。因此，在接种后几天内鸭群中发病有增多现象。但一般在 1 周后发病数会明显下降，这是由于急性传染病的潜伏期较短，鸭群接种后又很快产生抵抗力，并能使疫病的流行得到控制。

5. 免疫的产生还受一些生物学因素的影响，如年龄、母源抗体、营养、寄生虫和环境卫生等

(1)年龄。雏鸭从出壳起至成年止，产生免疫的能力是逐渐增加的。低于 5 周龄的幼鸭产生免疫力一般是短期的，在长至较大的年龄时要重新做疫苗接种。一般的鸭场除非有问题时，有些病的疫苗接种最少应延至 5 周龄以上，如早期疫苗接种，也只能产生短期的免疫。因为部分鸭群在迟至 5 周龄后做疫苗接种时，将会遇到这种病的田间流行发生，所以，该病最好在 1～10 日龄时做疫苗接种，然后 7 周龄时再做二次接种。

(2)母源抗体。母鸭经过免疫后，其抗体经过鸭蛋而传递至雏鸭体内，一般可持续 2～4 周，在有高水平的母源抗体存在时做疫苗接种，结果将降低疫苗的效力或不产生免疫作用，以后还需要做免疫接种。如鸭病毒性肝炎。

(3)营养。有病的和营养缺乏的鸭不能做疫苗接种，接种营养缺乏的鸭也会加重其疫苗反应，对已知营养缺乏或营养不当的鸭群，应在疫苗接种前加以改正补充，然后再做疫苗接种。

(4)清洁卫生。当鸭饲养在不清洁不卫生的条件下，不断暴露在污秽和随时在有病原侵袭中，鸭体的防御机制忙于对付这些病原，处于一种疲劳无力的状态，对接种的疫苗不能产生强免疫反应，影响疫苗的效力。所以，在接种疫苗之前，应改善鸭的清洁卫生条件。

(5)疫苗的再次接种。当疫苗再次或多次接种时，往往会较前次接种产生较强的免疫力，产生较多的抗体，并且有较长免疫期。

三、要达到疫苗接种的预期效果应采取的措施

(1)打防疫针是用疫苗或菌苗等接种健康易感的鸭群后，经过

一定时间产生抗体，抗体有特异性，只能与相应的病原微生物发生特异性的结合，使病原微生物失去致病的作用。如用鸭瘟弱毒疫苗给鸭注射后，就能产生抵抗鸭瘟病毒的抗体，鸭只获得了免疫即不再受鸭瘟病毒的危害。由一种微生物制成的疫苗或菌苗只能预防一种传染病。由几种微生物制成的联合苗，如鸭瘟鸭病毒性肝炎二联苗，可预防鸭瘟和鸭病毒性肝炎两种传染病。无论接种何种疫苗都不可能使鸭产生终生免疫。由于接种的疫苗不同，在鸭体内所产生的抗体，能足够抵抗病原微生物侵袭的期限（即免疫期）亦不同。鸭病毒性肝炎第 1 次注射免疫期 6 个月，第 2 次注射免疫期达 9 个月。

（2）免疫程序。给家禽打预防针既要减少人力、物力的浪费，又要提高免疫质量，关键要看免疫效果。有的注射密度高，但疫病常年不断。有各种因素影响免疫效果，一个地区鸭群可能发生的传染病不止一种，而可以用来预防这些传染病的疫苗（菌苗）的性质不尽相同，免疫期长短不一，所以，一定的鸭群往往需要用多种疫苗（菌苗）来预防不同的病，也需要根据各种疫苗（菌苗）的免疫特性来制定预防接种的次数和时间，这就形成了在实践中使用的免疫程序。

（3）建立和健全冷藏疫苗的系统。疫苗或菌苗是一种生物制品，必须在低温下保存，在一定时期内才不至于失效。因此，运送疫苗应有冷藏箱，保存疫苗应有冰箱。

（4）接种前要做好动员、组织人力、备好药品器械，对注射疫苗的鸭群最好进行一次驱虫。实践证明，严重的寄生虫病能影响免疫效果。

（5）接种过程中及接种后除按规定进行操作和观察外，还必须加强饲养管理。

（6）一般的疫苗接种计划或免疫程序，疫苗制造厂、鸭病书籍或其他来源提供的，仅是一个参考性指导，通常对这种指导要按鸭场的具体情况而做必要的修改，不能机械地加以执行。

(7)严格的消毒、卫生和隔离措施对获得令人满意的疫苗接种效果是很重要的，疫苗接种不能替代有效的管理。

(8)疫苗接种的雏鸭小于10日龄时，不能产生一致或持续的免疫力，甚至没有母源抗体的雏鸭也是如此。

(9)要确实知道场内的病史，所有的病都要有试验室的确诊。发病的鸭群原则上不能用疫苗。

(10)熟悉每种疫苗的优缺点，选择最适合的疫苗。每种疫苗一定要按其说明书指定的方法去使用，过期的或保存不当的疫苗不能用。每只鸭要确实获得恰当的免疫剂量。

(11)在鸭群的场史图表和说明中，记录全部疫苗接种的日期、场家的批号和其他必要的资料。

(12)疫苗接种时，鸭舍的温度应适度，过高或过低对鸭都是一种不良刺激，将对免疫反应产生干扰作用。

(13)该地区或鸭场内曾有鸭瘟、鸭肝炎和鸭巴氏杆菌病的发生，则每年都需要用疫苗。

四、肉鸭的免疫程序

(一)大型肉鸭祖代和父母代种鸭基础免疫程序

7～10日龄：鸭传染性浆膜炎(鸭疫巴氏杆菌病)-雏鸭大肠杆菌病多价蜂胶复合佐剂二联苗，皮下注射0.5 mL。本病严重地区可于17～18日龄再免疫注射1次(0.5～1.0 mL)。

4周龄：注射鸭瘟-鸭病毒性肝炎二联苗。

5周龄：注射种鸭大肠杆菌疫苗。

6周龄：注射鸭巴氏杆菌A苗2 mL。

60～70日龄和120日龄：各注射1次禽霍乱菌苗。

21周龄：注射鸭腺病毒蜂胶复合佐剂灭活苗。

22周龄：注射种鸭大肠杆菌疫苗。

23 周龄:注射鸭巴氏杆菌 A 苗 2 mL。

24 周龄:注射鸭瘟-鸭病毒性肝炎二联苗。

25 周龄:鸭传染性浆膜炎(鸭疫巴氏杆菌病)-雏鸭大肠杆菌病多价蜂胶复合佐剂二联苗皮下注射 1 mL。

45 周龄:注射鸭瘟-鸭病毒性肝炎二联苗。

(二)商品代大型肉鸭基础免疫程序

(1)1 日龄接种鸭副伤寒福尔马林菌苗,胸肌注射 0.5 mL,10 天后重复 1 次。

(2)鸭传染性浆膜炎(鸭疫巴氏杆菌病)-雏鸭大肠杆菌病多价蜂胶复合佐剂二联苗。

①如果父母代种鸭按正规程序进行了免疫,那么商品代肉鸭只需在 7～10 日龄皮下注射 0.5 mL 即可,本病严重地区可于 17～18 日龄再免疫注射 1 次(0.5～1.0 mL)。

②如果父母代种鸭没有按正规程序进行免疫接种,或种蛋是在市场上收购的,那么商品代肉鸭需要在孵化出来的当天或 1～3 日龄皮下注射 0.5 mL 即可,本病严重地区可于 17～18 日龄再免疫注射 1 次(0.5～1.0 mL)。

③3 周龄再接种 1 次。

(3)鸭瘟-鸭病毒性肝炎二联弱毒疫苗。

①如果父母代种鸭按正规程序进行了免疫,那么商品代肉鸭没有必要再免疫注射鸭瘟-鸭病毒性肝炎二联弱毒疫苗。

②如果父母代种鸭没有按正规程序进行免疫接种,或种蛋是在市场上收购的来源不清的种蛋,那么商品代肉鸭需要在孵化出来的当天用 1～2 个剂量的鸭瘟-鸭病毒性肝炎二联弱毒疫苗进行接种。

③2 周龄和 4 周龄再各接种一次。

(4)60～70 日龄和 120 日龄:各注射 1 次禽霍乱菌苗。

五、鸭的无公害用药

目前，无公害食品的生产已成为我国农产品生产中重中之重的问题。具体到无害化鸭产品的生产是一项系统工程，涉及鸭的饲料、饮用水水质，养殖环境，兽医防疫，兽药使用，饲养管理等方面，国家现已对养鸡有相应的标准，在鸭的养饲中却未有具体标准。本书主要介绍无害化用药的基本要求。

（一）饲料和饲料添加剂使用　鸭要使用符合无公害标准的全价饲料，不得使用霉败、变质、生虫或被污染的饲料。饲料原料中若加有饲料添加剂时，应做相应的说明。饲料中使用的营养性饲料添加剂和一般性饲料添加剂产品，应是国家家禽饲养饲料使用准则所规定的品种和农业部公布的允许使用的新饲料添加剂。不应在饲料中额外添加增色剂，如胂制剂、蛋黄增色剂、铜制剂、活菌制剂、免疫因子等。蛋禽在产蛋期及开产前5周，不应使用药物性饲料添加剂（中草药有特殊规定的除外）。

添加剂的使用应符合要求：感官上具有该品种应有的色、嗅、味和组织形态特征，无异味、异臭。有害物质和微生物允许量应符合国家饲料卫生标准（GB 13078）及相关标准的要求。饲料添加剂产品，应是取得饲料添加剂产品生产许可证的企业生产的、取得产品批准文号的产品。饲料添加剂的使用，应按照产品标签所规定的用法、用量使用。

（二）兽药使用　鸭饲养的环境应符合行业标准的规定。所用饲料和饮水应符合标准，应加强饲养管理，采取各种措施以减少应激，增强动物自身的免疫力。应按照《中华人民共和国动物防疫法》和行业标准对鸭只进行免疫，建立严格的生物安全体系，防止鸭只发病和死亡，最大限度地减少化学药品和抗生素的使用。鸭病以预防免疫为主，通过科学的饲养管理，提高鸭只的机体抗病力，减少其发病率和死亡率。必要时，经确诊服用药。必须使用兽药进行疾病的预防和治疗时，应在受过专门训练并有用药经验、合格的兽医指导下进行，以便选择恰当的药品，避免滥用药物。

对鸭进行预防、诊断和治疗疾病时所用的兽药，必须符合《中华人民共和国兽药典》、《兽药质量标准》、《进口兽药质量标准》和《饲料药物添加剂使用规定》，所用兽药必须来自具有《兽药生产许可证》和产品批准文号的企业，或者具有《进出口许可证》的供应商。所用兽药的标签必须符合《兽药管理条例》的规定。

禁止在饲料中长期添加兽药，禁止使用未经农业部批准或已经淘汰的兽药，禁止使用有致癌、致畸和致突变作用的兽药，禁止使用会对环境有严重污染的兽药，禁止使用激素类或其他具有激素类作用的物质和催眠镇静类药物，禁止使用未经国家兽医行政管理部门批准的用基因工程方法生产的兽药，限制使用某些人、畜共用药。

兽药的使用要注意兽药间的配伍禁忌和在体内的相互作用。

治疗和预防药物的使用还需注意：严格遵守用药规定的使用剂量、给药途径、疗程和注意事项。化疗药物的使用，要防止耐药性的产生和传播。抗球虫药应以轮换交替方式使用。

所有药物都要遵守休药期或弃蛋期的规定，未规定休药期的品种，应遵守肉鸭不少于 28 天，蛋鸭不少于 12 天的规定。蛋鸭在产蛋期间，正常情况下，禁止使用任何药物和添加药物饲料添加剂，包括中草药和化疗药物。蛋鸭在产蛋阶段发生疾病需用药治疗时，从用药开始到用药结束后的一段时间内（即弃蛋期）产的蛋不得作为食用蛋出售，不得供人食用。《中华人民共和国兽药典》规定，用于鸭的中药材、中药成方制剂，应充分考虑药物在鸭肉和鸭蛋中的残留量。育成鸭后期要停止用药，停药时间因药物而异，应保证上市时药物的残留量符合要求。

允许使用消毒防腐剂对鸭的饲养环境、鸭舍和器具进行消毒，但不能使用酚类消毒剂，产蛋期还禁止使用醛类消毒剂。消毒剂要选择对人和禽安全、对设备无破坏性、没有残留毒性的品种，消毒剂的任一成分都不会在肉或蛋里产生有害的累积。

必须使用符合《兽用生物制品质量标准》规定的疫苗对鸭只进行免疫，并符合行业标准的要求。

在无公害肉鸭的饲养过程中，使用兽药要求建立详细记录。还要建立并保存免疫程序记录，包括所用疫苗品种、使用方法、剂量、批号和生产单位。建立并保存患病动物的预防和治疗记录，包括发病时间及症状、预防或治疗用药的经过、药物种类、使用方法及剂量、治疗时间、疗程及停药时间。所用药物的商品名称及主要成分、生产单位及批号、治疗效果等。所有记录资料应在清群后保存2年以上。

（三）国家禁用兽药　鉴于我国动物性食品中兽药残留超标的事件在国内和国际市场上时有发生，为保证动物源食品安全，维护人民身体健康，根据《兽药管理条例》的规定，农业部于2002年4月制定了《食品动物禁用的兽药及其他化合物清单》（以下简称《清单》）。《清单》规定β-受体兴奋剂、部分性激素类或具有雌激素作用的物质、氯霉素、硝基呋喃类、催眠镇静类等18种兽药的原料及其制剂停止生产、经营和在食品动物上使用，废止其质量标准，撤销其产品批准文号，另一些性激素类、催眠镇静类和硝基呋喃类药物不得在食品动物用于促生长作用。详细内容见本书附录。

（四）残留限量和休药期标准

最高残留限量：是指食品动物用药后，其可食性组织中允许存在的与药物有关的化合物的最高量或浓度。最高残留限量通常是国家公布的强制性标准，决定动物性食品的安全性和药物的休药期。

休药期：是指从停止给药到动物允许屠宰或动物性产品允许上市的间隔时间。休药期能保证药物在可食性组织中的浓度降到安全浓度以下。凡是能影响药物体内过程的因素都能影响药物的休药期。这些因素包括药物、动物、饲养管理和环境几方面。药物方面有剂型、剂量、给药途径、给药次数和时程长短、联合用药等。动物因素有种属、品种和品系、年龄、性别、机能状态和疾病等。饲养管理与环境因素有日粮组成、季节或温度等。

附录　农业部食品动物禁用化合物清单

中华人民共和国农业部公告

第193号

为保证动物性食品安全，维护人民身体健康，根据《兽药管理条例》的规定，我部制定了《食品动物禁用的兽药及其他化合物清单》（以下简称《禁用清单》），现公告如下：

一、《禁用清单》序号1至18所列品种的原料药及其单方、复方制剂产品停止生产，已在兽药国家标准、农业部专业标准及兽药地方标准中收载的品种，废止其质量标准，撤销其产品批准文号；已在我国注册登记的进口兽药，废止其进口兽药质量标准，注销其《进口兽药登记许可证》。

二、截止到2002年5月15日，《禁用清单》序号1至18所列品种的原料药及其单方、复方制剂产品停止经营和使用。

三、《禁用清单》序号19至21所列品种的原料药及其单方、复方制剂产品不准以抗应激、提高饲料报酬、促进动物生长为目的在食品动物饲养过程中使用。

食品动物禁用的兽药及其化合物清单

序号	兽药及其他化合物名称	禁止用途	禁用动物
1	兴奋剂类：克仑特罗 Clenbuterol、沙丁胺醇 Salbutamol、西马特罗 Cimaterol 及盐、酯及制剂	所有用途	所有食品动物
2	性激素类：己烯雌酚 Diethylstilbestrol 及其盐、酯及制剂	所有用途	所有食品动物
3	具有雌激素样作用的物质：玉米赤霉醇 Zeranol、去甲雌三烯醇酮 Trenbolone、醋酸甲孕酮 Mengestrol Acetate 及制剂	所有用途	所有食品动物

续前表

序号	兽药及其他化合物名称	禁止用途	禁用动物
4	氯霉素及其盐、酯 Chloramphenicol Succinate（包括：琥珀氯霉素）及制剂	所有用途	所有食品动物
5	氨苯砜 Dapsone 及制剂	所有用途	所有食品动物
6	硝基呋喃类：呋喃唑酮 Furazolidone、呋喃它酮 Furaltadone、呋喃苯烯酸钠 Nifurstyrenate sodium 及制剂	所有用途	所有食品动物
7	硝基化合物：硝基酚钠 Sodiumnitrophenolale、硝呋烯腙 Nitrovin 制剂	所有用途	所有食品动物
8	催眠、镇静类：安眠酮 Methaqualone 及制剂	所有用途	所有食品动物
9	林丹（丙体六六六）Lindane	杀虫剂	所有食品动物
10	毒杀芬（氯化烯）Camahechlor	杀虫剂、清塘剂	所有食品动物
11	呋喃丹（克百威）Carbofuran	杀虫剂	所有食品动物
12	杀虫脒（克死螨）Chlordimeform	杀虫剂	所有食品动物
13	双甲脒 Amitraz	杀虫剂	所有食品动物
14	酒石酸锑钾 Antimony optassium tartrate	杀虫剂	所有食品动物
15	锥虫胂胺 Tryparsamide		所有食品动物
16	孔雀石绿 Malachite green	抗菌、杀虫剂	所有食品动物
17	五氯酚酸钠 Pentachloroplenel sodium	杀螺剂	所有食品动物
18	各种汞制剂包括：氯化亚汞（甘汞）Calomel、硝酸亚汞 Mercurous nitrate、醋酸汞 Mercurous acetate、吡啶基醋酸汞 Pyridylmercurous acetate	杀虫剂	所有食品动物

续前表

序号	兽药及其他化合物名称	禁止用途	禁用动物
19	性激素类：甲基睾丸酮 Methyltestosterone、丙酸睾酮 Testosterone propionate、苯丙酸诺龙 Nandrolone phenylpropionate 苯甲酸雌二醇 Eatradiol benzoate 及其盐、酯及制剂	促生长	所有食品动物
20	催眠、镇静类：氯丙嗪 Chlorpromazine、地西泮（安定）Diazepam 及其盐、酯及制剂	促生长	所有食品动物
21	硝基咪唑类：甲硝唑 Metronidazole，地美硝唑 Dimetronidazole 及其盐、酯及制剂	促生长	所有食品动物

参考文献

1. 岳永生．科学养鸭．北京：中国农业大学出版社，1999
2. 程安春．养鸭与鸭病防治．北京：中国农业大学出版社，2000
3. 陈国宏，焦库华．科学养鸭与疾病防治．北京：中国农业出版社，2001
4. 王琦．野鸭养殖与加工．北京：中国农业大学出版社，2002
5. 高翔．畜禽无公害高效养殖实用新技术．北京：中国农业出版社，2003
6. 袁宗辉．家禽无公害用药技术．北京：中国农业出版社，2003